21世纪高等学校精品规划教材

C#程序设计

刘　兵　刘　冬　易　虹　王卫华　等编著

中国水利水电出版社
www.waterpub.com.cn

内 容 提 要

本书介绍 C#程序设计，按照计算机及相关专业第一门高级程序设计语言课程的要求编写，全面细致地介绍了 C#面向对象编程的概念和方法。全书共分为 12 章，内容包括：程序设计语言与程序设计方法、C#程序设计基础、结构化程序设计、数组和字符串、类和对象、继承和多态、集合、事件与委托、接口、异常处理、文件操作和多线程等。本书每章均配有一定数量的习题，以方便学生练习。本书的所有程序代码均已在 Visual Studio 2008 运行通过。

本书体系编排完整，内容结构合理，强调重要概念，各章节所选择的例题贴合重点、丰富适度。本书以培养程序设计、分析能力和计算机综合应用能力为目的，适合作为高等院校计算机及相关专业学习程序设计语言的教材，也可作为 C#程序设计培训教材，以及自学 C#程序设计的参考书。

本书配有免费电子教案，读者可以从中国水利水电出版社网站以及万水书苑下载，网址为：http://www.waterpub.com.cn/softdown/或 http://www.wsbookshow.com。

图书在版编目（CIP）数据

C#程序设计 / 刘兵等编著. -- 北京 : 中国水利水电出版社, 2011.12
21世纪高等学校精品规划教材
ISBN 978-7-5084-8890-5

Ⅰ. ①C… Ⅱ. ①刘… Ⅲ. ①C语言－程序设计－高等学校－教材 Ⅳ. ①TP312

中国版本图书馆CIP数据核字(2011)第167370号

策划编辑：雷顺加　　责任编辑：宋俊娥　　加工编辑：毕露云　　封面设计：李　佳

书　　名	21 世纪高等学校精品规划教材 C#程序设计
作　　者	刘　兵　刘　冬　易　虹　王卫华　等编著
出版发行	中国水利水电出版社 （北京市海淀区玉渊潭南路 1 号 D 座　100038） 网址：www.waterpub.com.cn E-mail：mchannel@263.net（万水） sales@waterpub.com.cn 电话：（010）68367658（发行部）、82562819（万水）
经　　售	北京科水图书销售中心（零售） 电话：（010）88383994、63202643、68545874 全国各地新华书店和相关出版物销售网点
排　　版	北京万水电子信息有限公司
印　　刷	三河市鑫金马印装有限公司
规　　格	184mm×260mm　16 开本　19.5 印张　479 千字
版　　次	2011 年 12 月第 1 版　2011 年 12 月第 1 次印刷
印　　数	0001—4000 册
定　　价	35.00 元

前　言

C#（读作 C Sharp）是微软公司基于.NET 平台推出的一种全新的、面向对象的高级程序设计语言，并充分吸收了 C/C++的优点，继承了 Visual Basic 的高效性和 C++的强大功能，基于.NET Framework 的有力支撑，提供了实现跨平台应用开发的强有力的集成开发工具和方法。用微软公司的话来说，“C#是从 C 和 C++派生出来的一种简单、现代、面向对象和类型安全的编程语言”。

C#语言作为.NET 的核心编程语言，具有语法简洁、类型安全、面向对象、灵活性与兼容性强等特点，因此，它已经成为企业解决方案的首选开发语言。如何使教材简洁、通俗、先进、实用，保持介绍知识的连贯性、系统性与先进性，得到师生的认可与好评，一直是我们努力的方向，我们力争做到：选材恰当、说理严谨、深入浅出。

本书是作者总结多年教学经验并依据应用实践编写而成的，全面细致地介绍了 C#面向对象编程的概念和方法，内容包括程序设计语言与程序设计方法、C#程序设计基础、结构化程序设计、数组和字符串、类和对象、继承和多态、集合、事件与委托、接口、异常处理、文件操作和多线程等。本书每章均配有一定数量的习题，以方便学生练习。本书的所有程序代码均已在 Visual Studio 2008 集成环境中运行通过。

本书主要是面向应用型本科院校、大专院校计算机及相关专业的学生的，也适用于 C#爱好者、初学者，还可以作为有关培训机构的培训教材。本书所配电子教案，可以从中国水利水电出版社和万水书苑网站免费下载，网址为：http://www.waterpub.com.cn/softdown/及 http://www.wsbookshow.com。

本书由刘兵负责全书统稿及定稿工作，其中刘兵编写了第 1、2、3、4 章，易虹编写了第 5、6、7 章，刘冬编写了第 8、9、10 章，王卫华编写了第 11、12 章。武汉工业学院电气信息工程系的李禹生教授认真地审阅了全书，并提出了很多宝贵意见。丰洪才、管庶安等参与了本书大纲的讨论。同时要感谢在程序案例设计和调试方面给予大力帮助的贾瑜、蒋丽华、左爱群、易逵、徐军利、孙平等。在本书的编写过程中，得到了武汉工业学院计算机与信息工程系的领导的关心和支持，在此表示感谢。另外，感谢江小丽女士对全书文字资料的录入及校排工作给予的帮助。

由于作者水平所限，书中难免存在一些疏漏及不妥之处，敬请读者批评指正。作者的电子邮件地址为：lbliubing@sina.com。

作　者

2011 年 10 月

目　　录

19.25 印张

第 1 章　C#概述

C#.NET 是微软公司推出的一种基于.NET 平台应用的现代编程语言，是一种由 C 和 C++衍生出来的面向对象的编程语言。学习本章以后，读者将对.NET 和 C#有一个初步的认识，了解 C#的开发环境，通过编写第一个 C#程序，了解 C#应用程序的基本框架和开发步骤。通过对本章的学习，读者应该掌握以下主要内容：

- .NET Framework 的功能
- Visual Studio .NET 开发工具包的使用
- 认识 C#控制台应用程序的结构

1.1　C#基本概念

1.1.1　什么是 C#

C#（读作 C Sharp）是微软公司在 2000 年 7 月发布的一种编程语言，是为生成在.NET Framework 上运行的各种应用程序而设计的。微软对 C#的定义是："一种类型安全、现代、简单，由 C 和 C++衍生而来的面向对象的编程语言"。

C#吸收了 C++、Visual Basic、Delphi、Java 等编程语言的优点，体现了当今最新的程序设计技术的功能和精华。C#继承了 C 语言的语法风格，同时又继承了 C++的面向对象的特性。不同的是，C#的对象模型已经面向 Internet 进行了重新设计，使用的是.NET 框架的类库；C#不再提供对指针类型的支持，使得程序不能随便访问内存地址空间，从而更加健壮；C#不再支持多重继承，避免了以往类层次结构中由于多重继承带来的一些不可预知的错误。.NET 框架为 C#提供了一个强大的、易用的、逻辑结构一致的程序设计环境，而公共语言运行时 CLR（Common Language Runtime）为 C#程序语言提供了一个托管的运行时环境，使程序比以往更加稳定和安全。

C# 语法表现力强，而且简单易学。C#的大括号语法使任何熟悉 C、C++或 Java 的开发人员都可以立即上手。了解上述任何一种语言的开发人员都可以在很短的时间内使用 C#高效地进行工作。C#语法简化了 C++的诸多复杂性，并添加了很多强大的功能，例如，C#支持泛型方法和类型，从而提供了更出色的类型安全和性能。C#还提供了迭代器，允许集合类的实施者定义迭代行为，以便容易被客户端代码使用。

1. 简洁的语法

在默认情况下，Visual C#的代码在.NET Framework 环境中是不允许直接对内存进行操作的。这与 C++不同，C++中会出现大量的"->"、"::"操作符，而这些在 Visual C#中已经不再出现了，Visual C#只支持“.”操作符，对于读者来说，现在需要理解的一切仅仅是名字嵌套而已。

2. 真正的面向对象设计

Visual C#语言具有面向对象语言所应有的一切特性：封装、继承、多态。在C#的类型系统中，每种类型都可以看作是一个对象，C#提供了一个叫做装箱（boxing）与拆箱（unboxing）的机制来完成这种操作，而不给使用者带来麻烦。

Visual C#中只允许单继承，即每个类只允许有一个父类（也称基类），从而避免了类型定义的混乱。同时，Visual C#不存在全局函数和全局变量，也不存在全局常数。所有的东西都必须封装在类中，这样做的好处是：代码具有更好的可读性，并且也不会有重命名冲突问题。

3. 与Web的紧密结合

Web是现今编程的一大趋势与潮流，然而由于历史原因，现在的一些开发工具不能与Web紧密地结合。而在.NET中新增的程序开发模型越来越多的解决方案需要与Web标准相结合、相统一。Visual C#对简单对象访问协议SOAP（Simple Object Access Protocal）的使用使得大规模深层次的分布式开发从此成为可能。

有了Web服务框架的帮助，对于程序员来说，网络服务就像是C#的本地对象。程序员们能够方便地开发Web服务，并允许通过Internet被运行在操作系统上的任何语言调用。例如，XML（Extensible Markup Language，可扩展标记语言）已经成为网络中数据结构传送的标准，为了提高效率，Visual C#允许直接将XML数据映射为结构，这样就可以有效地处理各种数据。

4. 完全的安全性与错误处理

语言的安全性与错误处理能力，是衡量一种语言是否优秀的重要依据。任何人都会犯错误，即使是有丰富经验的程序员也不例外（例如，忘记变量的初始化，对不属于自己管理范围的内存空间进行修改等，这些错误常常会产生难以预见的后果）。一旦这样的软件被投入使用，寻找并改正这些简单错误的代价是非常巨大的。Visual C#的先进设计思想可以消除软件开发中的一些常见错误，并提供包括类型安全在内的完整的安全性能。为了减少开发中的错误，Visual C#会帮助开发人员通过使用更少的代码来完成相同的功能，这不但减轻了编程人员的工作量，同时也有效地避免了错误的发生。

在Visual C#中，不能使用未初始化的变量，对象的成员变量由编译器负责将其置为0，当局部变量未经初始化而被使用时，编译器将给出提醒；Visual C#不支持不安全的指向，因此，它提供了边界检查与溢出检查功能。

5. 灵活的版本处理技术

Visual C#提供了内置的版本支持来减少开发费用，使用Visual C#将会使开发人员更加轻松地开发和维护各种商业应用程序。

升级软件系统中的组件（模块）是一项非常容易产生错误的工作。在代码修改过程中，可能会对现存的软件产生影响，很可能导致程序的崩溃。为了帮助开发人员处理这些问题，Visual C#内置了版本控制功能。例如，函数重载必须被显式地声明，而不会像在C++或者Java中那样隐式地进行，这可以防止代码级错误和保留版本化的特性。另一个相关的特性是接口和对接口继承的支持，这些特性可以保证复杂的软件能够被方便地开发和升级。

6. 灵活性和兼容性

在简化语法的同时，Visual C#并没有失去灵活性。尽管不是一种无限制的语言，例如，不能用它来开发硬件驱动程序，在默认状态下没有指针等，但是，在学习过程中，读者会发现，它仍然是相当灵巧的。

如果需要，Visual C#允许用户将某些类或者类的某些方法声明为非安全的，这样，就能够使用指针，并且调用这些非安全的代码不会带来任何其他问题。此外，C#还提供了委托（Delegate）来模拟指针的功能。例如，Visual C#不能支持类的多重继承，但是可以通过对多个接口的继承，来实现这一功能。

正是由于其灵活性，C#允许与 C 风格的需要传递指针型参数的 API 进行交互操作，动态链接库 DLL（Dynamic Link Library）的任何入口点都可以在程序中进行访问。Visual C#遵守.NET 公共语言规范 CLS（Common Language Specification），从而保证了 Visual C#与其他语言组件之间的互操作性。

1.1.2 .NET Framework

.NET Framework 是支持生成和运行下一代应用程序和 XML Web Services 的内部 Windows 组件。.NET Framework 的主要目的是实现下列目标：

（1）提供一个一致的面向对象的编程环境，而无论对象代码是在本地存储和执行，还是在本地执行但在 Internet 上分布，或者是在远程执行的。

（2）提供一个将软件部署和版本控制冲突最小化的代码执行环境。

（3）提供一个可提高代码（包括由未知的或不完全受信任的第三方创建的代码）执行安全性的代码执行环境。

（4）提供一个可消除脚本环境或解释环境的性能问题的代码执行环境。

（5）使开发人员的经验在面对类型完全不相同的应用程序（例如基于 Windows 的应用程序和基于 Web 的应用程序）时保持一致。

（6）按照工业标准生成所有通信，以确保基于 .NET Framework 的代码可与任何其他代码集成。

图 1-1 给出了.NET Framework 的体系框架。.NET 框架的体系结构包括以下五大部分。

（1）程序设计语言及公共语言规范（CLS）。

（2）应用程序平台（ASP.NET 及 Windows 应用程序等）。

（3）ADO.NET 及类库。

（4）公共语言运行库（CLR）。

（5）程序开发环境（Visual Studio.NET）。

下面重点介绍.NET 框架平台使用的语言、平台的作用以及采用的通信协议三方面的问题。

1. .NET 框架使用的语言

在.NET Framework 上可以运行多种语言，这是.NET 的一大优点。.NET Framework 中的公共语言规范 CLS（Common Language Specification）实际上是一种语言规范。由于.NET 框架支持多种语言，并且要在不同语言对象之间进行交互，因此就要求这些语言必须遵守一些共同的规则，CLS 定义了这些语言的共同规范，包括数据类型、语言构造等，同时 CLS 又被设计得足够小。

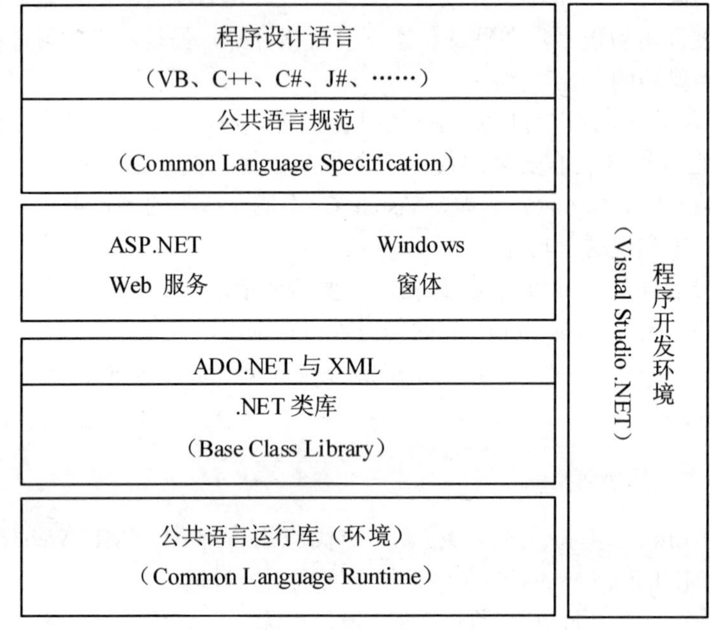

图 1-1 .NET Framework 的体系框架

凡是符合 CLS 规范的语言都可以在 .NET 框架上运行。目前已经有 C#.NET、VB .NET、C++.NET、J#.NET、JScript.NET 等（VBScript 已不再使用），预计还将有二十多种语言可以运行在.NET 框架上。目前，有些公司还在创建符合 CLS 规范的自己的语言。

由于多种语言都运行在.NET 框架之中，因此功能基本上都是相同的，只是语法有区别。程序开发者可以选择自己习惯或爱好的语言进行开发。而 Visual C#.NET 是专门针对.NET 框架开发出来的语言，非常简练和安全，最适合在.NET 框架中使用。

各种语言经过编译后，并不直接产生中央处理器 CPU 可执行的代码，而是先转变为一种中间语言（Intermediate Language，IL 或 MSIL），执行时再由公共语言运行库载入内存，通过实时解释将其转换为 CPU 可执行代码。转换的过程如图 1-2 所示。

图 1-2 从源代码到 CPU 可执行代码的转换过程

设置中间语言的目的是为了满足跨平台的需要。源程序经过编译转换为中间语言，各类平台只要装上不同的转换引擎，就可以将其转换为指定 CPU 需要的代码。由于中间语言类似于汇编语言，与二进制代码非常接近，因此实时解释的速度也很快。转换的过程如图 1-3 所示。

2. 基础类库

.NET 框架的另一个主要组成部分是类库，包括数千个可重用的“类”。各种不同的开发语言都可以用类库来开发传统的命令行程序和图形用户界面 GUI（Graphical User Interface）

应用程序。

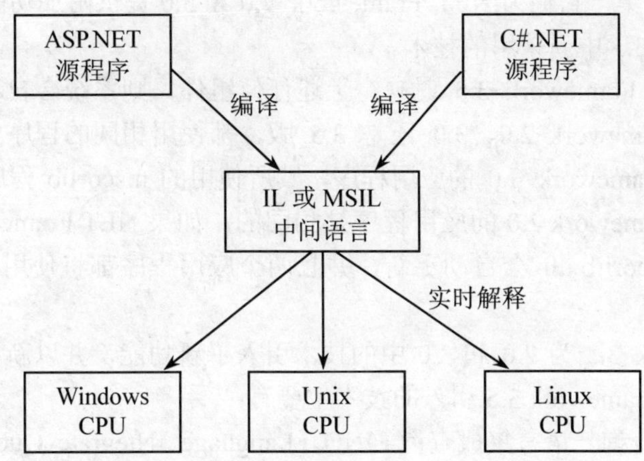

图 1-3　利用中间语言转换的过程

.NET 框架中的类被拆分为命名空间（Namespace），而命名空间是类库的逻辑分区。类库所采用的命名空间是采用分层次的结构，即命名空间下面又可以再分成子命名空间。每个命名空间都包含一组按照功能划分的相关类。这样，一个大型的.NET 库就变得易于理解和便于使用了。其分类如下：

- 所有微软公司提供的类都以 System 或 Microsoft 命名空间开头。
- 有关网络协议和简单编程接口的类放在 System.Net 命名空间中。
- 有关文件 I/O、内存 I/O、独立存储的类放在 System.IO 命名空间中。
- 基于 Windows 应用程序的用户界面的类放在 System.Windows.Forms 命名空间中。
- 有关 Web 服务器与浏览器交互，以及 Web 服务的类都放入 System.Web 及其子命名空间中。
- 所有用于处理 XML、XML 架构、XSL/T 转换、Xpath 表达式的类都放入 System.Xml 及其子命名空间中。

3. 公共语言运行库

公共语言运行库 CLR（Common Language Runtime），也称公共语言运行环境，相当于 Java 体系中的“虚拟机”，是 .NET 框架的核心，并提供了程序运行时的内存管理、垃圾自动回收、线程管理和远程处理以及其他系统服务。同时，还能监视程序的运行，进行严格的安全检查和维护工作，以确保程序运行的安全性、可靠性以及其他形式代码的准确性。

目前.NET Framework 的最新版本是 3.5 版，是以.NET Framework 2.0 版和.NET Framework 3.0 版为基础的，主要包括如下组件：

- .NET Framework 2.0。
- .NET Framework 2.0 Service Pack 1，它更新包含.NET Framework 2.0 中的程序集。
- .NET Framework 3.0，它使用.NET Framework 2.0 或.NET Framework 2.0 SP1（如果已安装）中的程序集，并且包含.NET Framework 3.0 引入的技术所必需的程序集。例如，Windows Presentation Foundation（WPF）所必需的 Presentation Framework.dll 和 PresentationCore.dll 就随.NET Framework 3.0 一起安装。

- .NET Framework 3.0 Service Pack 1，它更新包含.NET Framework 3.0 中的程序集。
- 一些新程序集，它们为.NET Framework 2.0 和 3.0 提供附加功能，同时还提供.NET Framework 3.5 中新采用的技术。

如果安装 .NET Framework 3.5 时缺少上述任何组件，则系统会自动安装。应用程序无论针对的是.NET Framework 2.0、3.0 还是 3.5 版，都使用相同的程序集。例如，对于使用 WPF 并针对.NET Framework 3.0 的应用程序，其所使用的 mscorlib 程序集与使用 Windows 窗体并针对.NET Framework 2.0 的应用程序是相同的。如果.NET Framework 2.0 SP1 已安装在计算机上，则 mscorlib.dll 会自动更新，并且两个应用程序都将使用 mscorlib.dll 的更新版本。

.NET Framework 3.5 为 2.0 和 3.0 中的技术引入了新功能，并以新程序集的形式引入了其他技术。随.NET Framework 3.5 引入的技术主要有：

（1）语言集成查询。语言集成查询 LINQ（Language INtegrate Query）是 Visual Studio 2008 和.NET Framework 3.5 中的新功能。LINQ 将强大的查询功能扩展到 C#和 Visual Basic 语言的语法中，并采用标准的、易于学习的查询模式。

（2）外接程序和扩展性。.NET Framework 3.5 中的 System.AddIn.dll 程序集为可扩展应用程序提供了强大而灵活的支持，并引入了新的结构和模型，可帮助开发人员完成向应用程序添加扩展性的初始工作，并确保开发人员的扩展在宿主应用程序发生更改时仍可继续工作。

（3）WPF。WPF（Windows Presentation Foundation）是微软推出的，提供了统一的编程模型、语言和框架，真正做到了分离界面设计人员与开发人员的工作；同时提供了全新的多媒体交互用户图形界面。WPF 包括许多功能，例如可扩展应用程序标记语言 XAML（eXtensible Application Markup Language）、控件、数据绑定、布局、二维和三维图形、动画、样式、模板、文档、媒体、文本和版式等。在.NET Framework 3.5 中，WPF 包含多个方面的更改和改进，其中包括版本控制、应用程序模型、数据绑定、控件、文档、批注和三维 UI（User Interface）元素。

（4）WCF。WCF（Windows Communication Foundation）是支持面向服务的应用程序。WCF 通过 SOAP 提供强大的交互通信支持，这是现代计算机设备的基本要素。WCF 是一个运行库和一组 API，用于创建在服务端与客户端之间发送消息的系统。同样的基础结构和 API 还可用于创建一些应用程序，这些应用程序可与同一计算机系统上或通过 Internet 访问的系统上的其他应用程序进行通信。

1.2　C#程序开发环境

1.2.1　安装 C#开发环境

本书的 Visual C# 应用程序的开发环境使用的是 Visual Studio 2008，其安装过程具体操作步骤如下：

（1）将 Visual Studio 2008 安装光盘放入光驱中自动运行或双击 Setup 文件，打开 Visual Studio 2008 安装程序界面，如图 1-4 所示。

图 1-4 “Visual Studio 2008 安装程序”界面

（2）单击图 1-4 安装提示中的第一项“安装 Visual Studio 2008”，进入安装向导界面，加载 Visual Studio 2008 的安装组件，如图 1-5 所示。

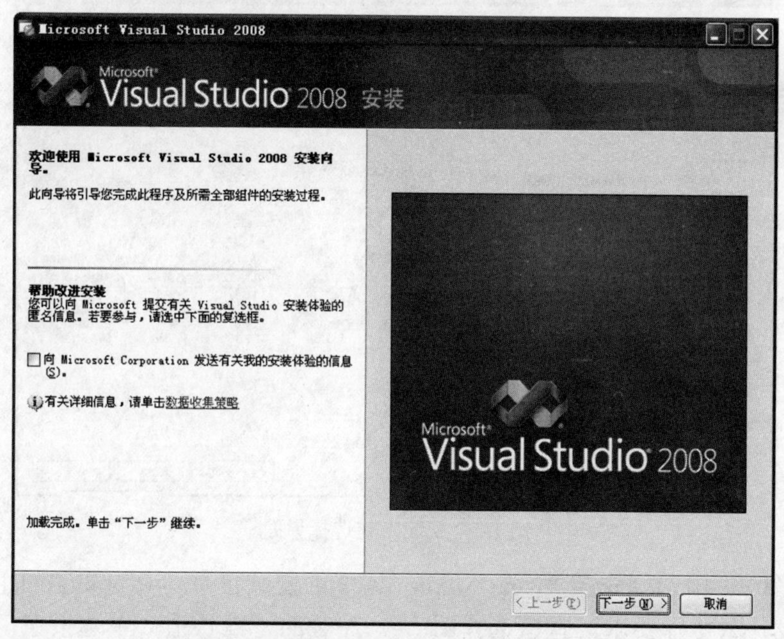

图 1-5 加载 Visual Studio 2008 的安装组件

（3）在图 1-5 中检测已经安装的组件和需要安装的组件后，直接单击“下一步”按钮，进入如图 1-6 所示的界面，在该界面中选择“我已阅读并接受许可条款”单选按钮，并输入产品密钥，单击“下一步”按钮，进入安装方式选择界面，如图 1-7 所示。

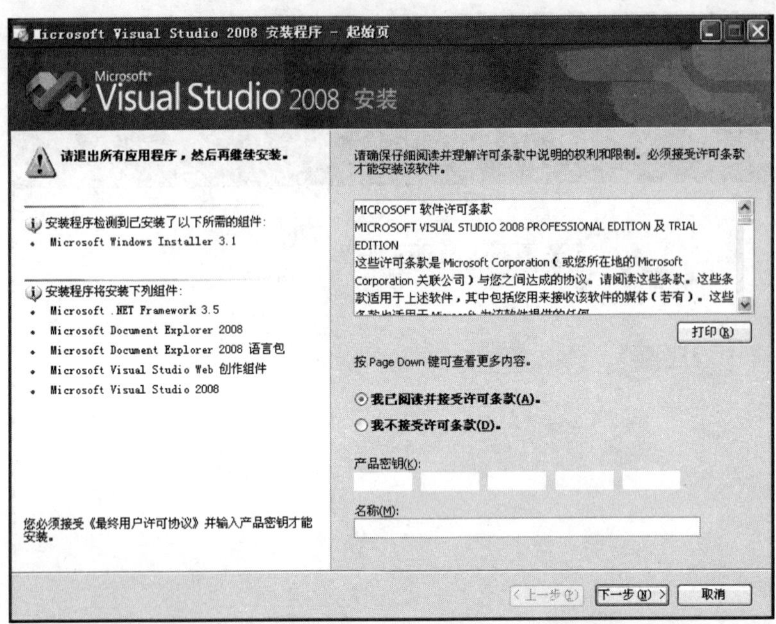

图 1-6　许可协议

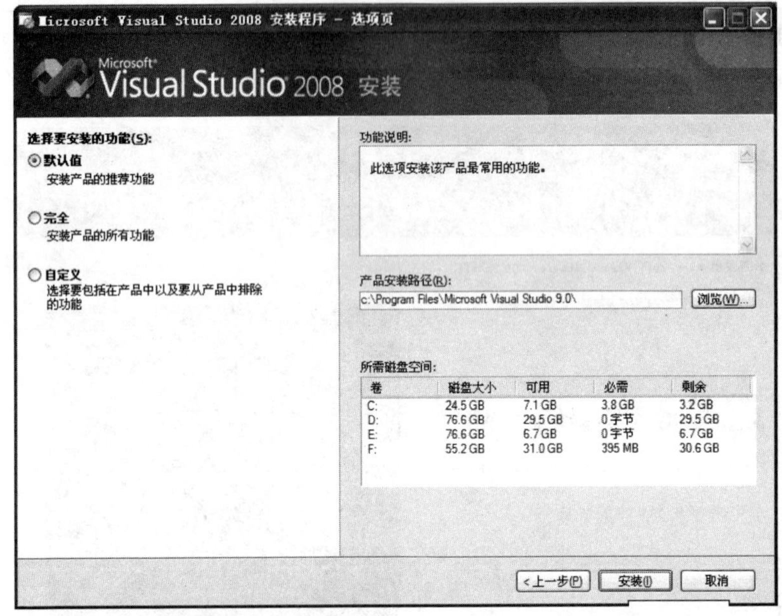

图 1-7　安装方式选择界面

（4）在图 1-7 中选择安装 Visual Studio 2008 的安装目录，并对安装的主要模块进行选择，如果没什么特殊要求，直接选择图 1-7 左边的“默认值”单选按钮，然后单击图 1-7 右下角的“安装”按钮进行安装，进入 Visual Studio 2008 安装程序文件复制界面，如图 1-8 所示。

（5）安装完成后，进入“Visual Studio 安装完成”界面（如图 1-9 所示），然后单击“完成”按钮即可。

图 1-8　Visual Studio 2008 安装程序文件复制界面

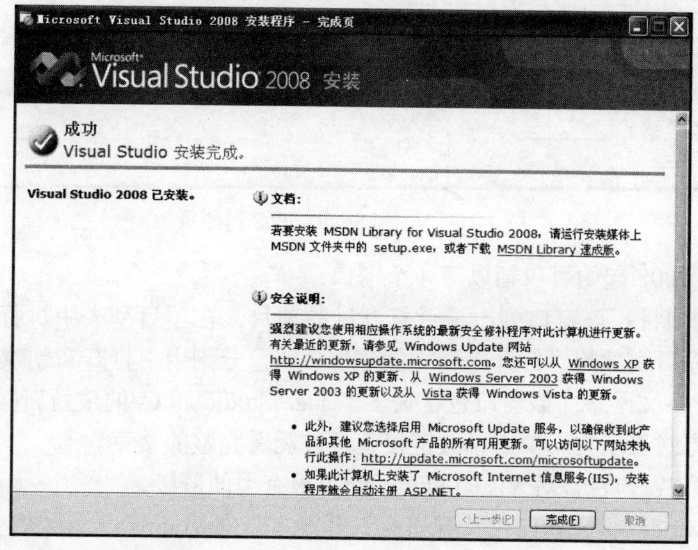

图 1-9　Visual Studio 2008 安装完成界面

1.2.2　Visual Studio 的集成开发环境

Visual Studio 2008 集成开发环境（Integrated Development Environment，IDE）是用于开发和维护托管的、本机的和混合模式的应用程序，并提供了用于创建不同类别应用程序的多种项目模板，这些模板包括 Microsoft Windows 窗体、控制台、ASP.NET 网站、ASP.NET Web 服务、SmartPhone 2003、Windows CE 5.0 以及其他类型的应用程序。此外，还提供了针对特定设备（如移动设备）的模板。而且，开发人员还可以根据需要选择不同的编程语言，包括 C#、Microsoft Visual Basic .NET 和 C++等。

1．起始页

起始页是进入 Visual Studio 2008 的入口，如图 1-10 所示。起始页对于新安装的 Visual

Studio 是其呈现的第一个窗口，即 Visual Studio 通常是从起始页开始的。如果起始页不可见，可以从菜单中依次选择“视图→其他窗口→起始页”命令。

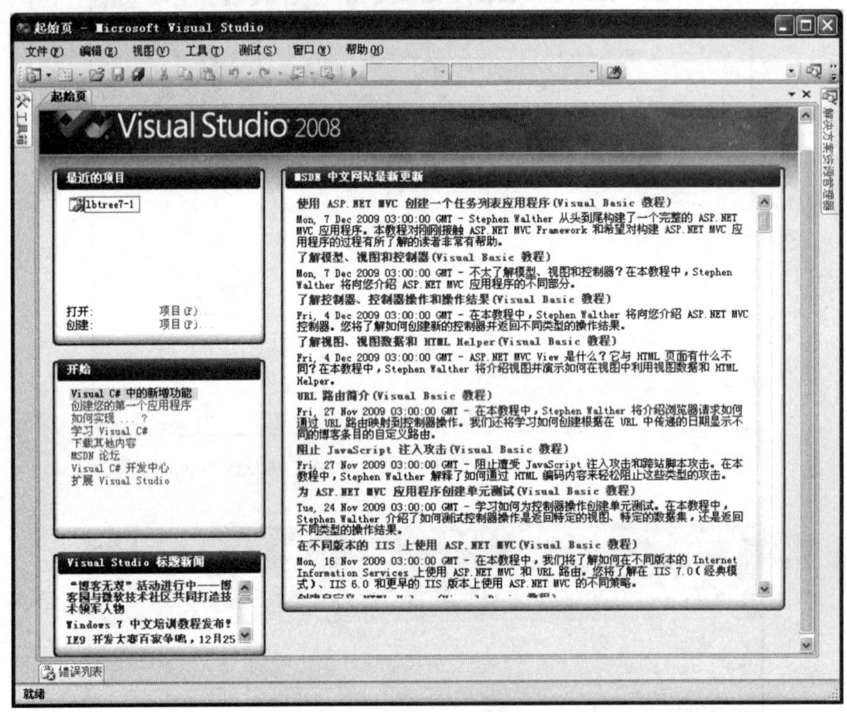

图 1-10 Visual Studio 2008 起始页

Visual Studio 2008 起始页包括以下 4 个窗口：

（1）最近的项目：该窗口列出最近打开过的项目，在项目列表中进行选择，可以打开相应的项目。该窗口底部的“打开”和“创建”按钮，分别用于打开和创建一个新项目。

（2）MSDN 中文网站：该窗口包含关于 Visual Studio 和 C#的最新新闻的链接。每个主题都是以预览的方式显示的，单击相关链接就可以观看完整的文章。

（3）开始：该窗口包含对 Visual Studio 新手很有用的链接。

（4）Visual Studio 标题新闻：该窗口允许开发人员向 Microsoft 直接提交反馈。

2. 创建一个项目

在 Visual Studio 中开发一个应用程序通常是从创建一个新项目开始的。项目是 Visual Studio 的基本组织构件，文件、资源、引用以及其他应用程序构件在这里被组织起来。创建一个项目的方法是从图 1-10 的菜单上依次选择“文件→新建→项目”命令（或者从图 1-10 上的“最近的项目”窗口中单击创建后的项目），打开如图 1-11 所示的“新建项目”对话框。

由于本书讲解的是 C#程序设计，所以在图 1-11 左边的“项目类型”中选择“Visual C#”，在右边的“模板”中选择相应的模板。由于本书重点讲解 C#的主要编程思想，所以本例中选择的模板是“控制台应用程序”，并在图 1-11 下方的项目名称中输入“helloworld”，选择该项目的存储位置，然后单击“确定”按钮建立一个新的项目。当项目建立成功之后，打开如图 1-12 所示的界面。

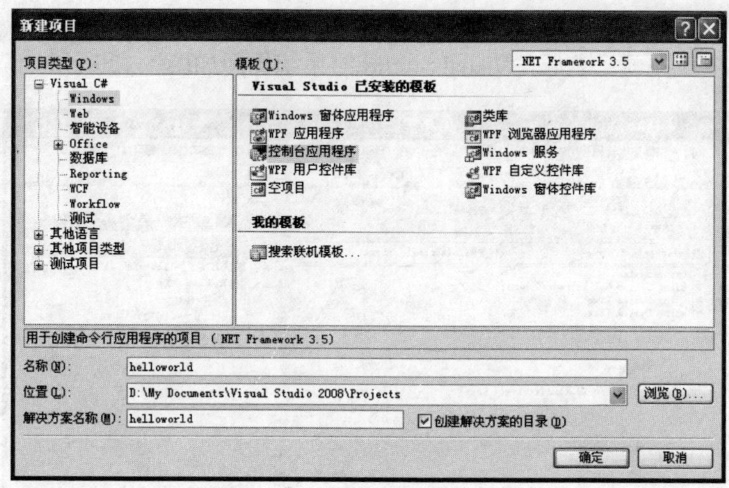

图 1-11 “新建项目”对话框

另外 Visual Studio 提供的模板类型还有：标准项目类型、Web 项目类型、其他类型，在表 1-1 中列出了可用的标准项目类型。

表 1-1 标准项目类型

模板名称	描述
Windows 应用程序	创建一个 Windows 窗体桌面应用程序
类库	创建一个托管动态链接库
Windows 控件库	为 Windows 窗体应用程序创建自定义控件
Web 控件库	为 ASP.NET 应用程序创建自定义 Web 服务器控件
控制台应用程序	创建一个控制台应用程序
Windows 服务	创建 Windows 服务应用程序，这种应用程序是可以跨登录会话运行的一种守护进程
空项目	创建一个自定义的不包含通常文件的项目。开发人员负责从零开始生成项目
水晶报表应用程序	创建一个包含水晶报表的 Windows 窗体应用程序

在图 1-11 左侧的“项目类型”中选择“Web”，则可显示 Web 应用程序模板。表 1-2 中列出了可用的 Web 模板。

表 1-2 Web 项目类型

模板	描述
ASP.NET 网站	创建一个 ASP.NET Web 应用程序
ASP.NET Web 服务	创建一个 ASP.NET Web 服务
个人网站初学者工具包	创建一个 ASP.NET 2.0 起始 Web 站点，包括一个初始主页
空网站	创建一个自定义的不包含通常文件的 Web 项目。开发人员负责从零开始生成 Web 站点
ASP.NET 水晶报表 Web 站点	新建一个包括示例水晶报表的 Web 站点

3. 解决方案资源管理器

当创建了一个工程项目之后，Visual Studio 的系统界面如图 1-12 所示。

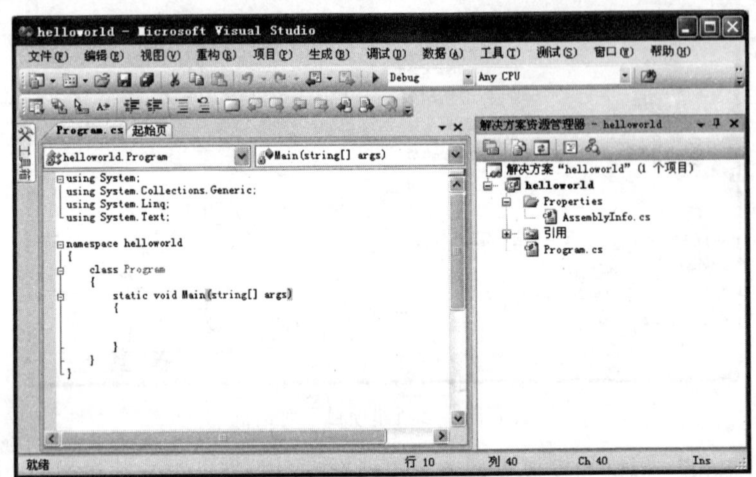

图 1-12 Visual Studio 的系统界面

在图 1-12 的右面是“解决方案资源管理器”，可以在“解决方案资源管理器”窗口中对解决方案和项目进行设置。如果“解决方案资源管理器”窗口没有在图 1-12 中出现，可从“视图”菜单中单击“解决方案资源管理器”命令将它打开。

开发人员可以改变解决方案或任何一个项目的属性，具体做法是：在“解决方案资源管理器”中，打开在解决方案或“属性”图标上的快捷菜单，然后选择“属性”选项，打开如图 1-13 所示的“项目属性”窗口。

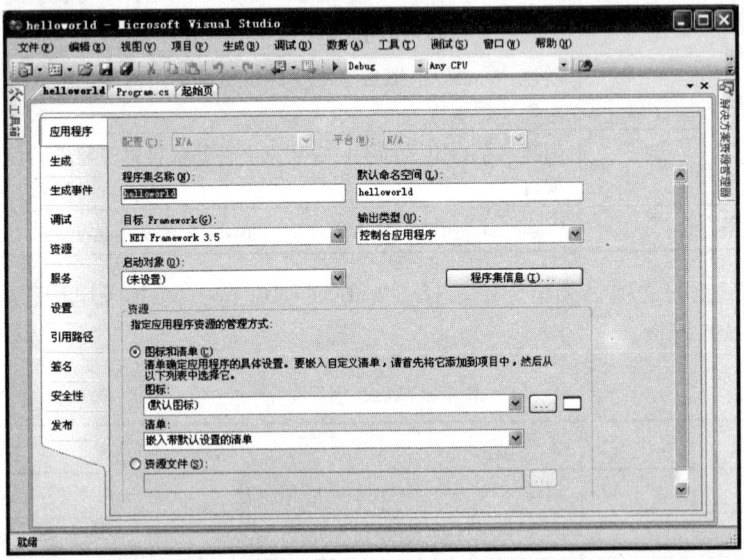

图 1-13 “项目属性”窗口

在“项目属性”窗口中，可以对“应用程序”、“生成”、“调试”、“资源”、“引用路径”、“发布”等环境进行配置。

1.2.3 C#的控制台应用程序

C#.NET 主要用于开发三类程序：控制台应用程序、Windows 程序和 Web 程序。本书使用控制台应用程序进行说明，目的是为了让读者对 C#程序设计中语句的基本语法和程序的分支控制有更加清楚的认识。

1. 新建项目

首先按前面所述方法打开图 1-11 的“新建项目”对话框，然后在图 1-11 下面的“名称”文本框中输入项目名称（本例输入“helloworld”），在“位置”文本框中输入路径，单击“确定”按钮后，一个新项目就创建好了，并打开如图 1-12 所示的 C#代码模板。

按图 1-11 所输入的路径，依次打开 helloworld 文件夹，本例的路径如图 1-14 所示。

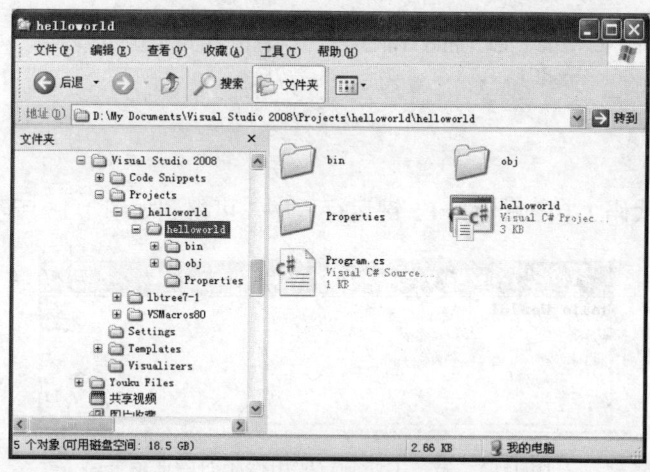

图 1-14 helloworld 项目生成的文件夹

在图 1-14 中包含 Bin 文件夹、Obj 文件夹、Properties 文件夹、helloworld.csproj 文件和 Program.cs 文件。每个文件夹和文件的含义如下：

- Bin 文件夹：用来保存项目生成后的程序集（例如扩展名为.exe 的文件），它有 Debug 和 Release 两个版本，分别对应的文件夹为 bin/Debug 和 bin/Release。Bin 文件夹是默认的输出路径，可以通过菜单依次选择“项目→属性→生成→输出路径”命令的来修改其输出路径。
- Obj 文件夹：用来保存每个模块的编译结果，因为在.NET 中，编译是分模块进行的，编译全部完成后就会合并为一个.DLL 或.EXE 保存到 bin 文件夹中。由于每次编译时默认都是采用增量编译（只重新编译改变了的模块）的，Obj 文件夹用来保存每个模块的编译结果，用来加快编译速度。
- Properties 文件夹：存放资源文件和设置，不需要了解。
- 以.csproj 扩展名结尾的文件是项目文件，创建应用程序所需的引用、数据连接、文件夹和文件的信息。
- 以.cs 扩展名结尾的文件是程序源文件。

2. 代码分析

在如图 1-12 所示的 Main()方法中添加如下两行代码：

```
Console.WriteLine("Hello World!");          //输出 Hello World!
Console.ReadLine();                         //换行
```

这样完整的代码如程序代码 1-1 所示。

程序代码 1-1：第一个控制台应用程序 Program.cs

```
using System;                                 //引用 System 命名空间
using System.Collections.Generic;             //引用 System.Collections.Generic 命名空间
using System.Linq;                            //引用 System.Linq 命名空间
using System.Text;                            //引用 System.Text 命名空间
  namespace helloworld                        //定义本例的命名空间是 helloworld
  {
    class Program                             //Program 类
    {
       public static void Main(string[] args) //主函数
       {
         Console.WriteLine("Hello World!");   //输出 Hello World!
         Console.ReadLine();                  //换行
       }
    }
  }
```

在输入完程序代码 1-1 之后，按 F5 键运行程序，可得到如图 1-15 所示的运行结果。

图 1-15　第一个控制台应用程序的运行结果

下面通过程序代码 1-1 来分析一下 C#程序的基本结构：

（1）命名空间。在 C#程序设计中，会经常使用到命名空间，例如本例中的 System 和 System.Text。命名空间（namespace）是 C#程序元素，用以组织程序。使用命名空间可以减少错误和重用代码，而且分层的组织使从一个程序的成员传到另一个程序变得更容易。尽管不强制规定，但良好的编程习惯是创建命名空间，可以清楚地识别应用程序的层次。

在使用命名空间的成员前，首先在代码中引入命名空间，然后在不引起混淆的情况下，就可以直接使用该命名空间中的各种类型成员。C#使用关键字 using 来引入命名空间，一般每个程序的头部都有一条或若干条“using …”，其作用是指示引用的程序集中的命名空间，必须以分号“;”结束，表示是一条语句。using 语句是为数极少的可以写在类外面的语句之一。“using System;”语句表示可以直接使用 System 命名空间内的资源，System 是程序集 mscorlib.dll 中的一个命名空间。不能写成：

```
using System.Console;
```

因为 Console 是命名空间 System 下的类，不是命名空间，所以不能这样使用。若不用“using System;”语句，则程序的输出语句需要写成如下的完整形式：

```
System.Console.WriteLine("Hello World!");
```

C#程序中如果有多处使用 System 命名空间中的资源，如：

```
System.Console.WriteLine(" ......");
```

就可用如下形式：

```
using System;
```

以后的输出语句就可以写成：

```
Console.WriteLine(" ……");
```

使用命名空间是为了避免程序命名的冲突而采取的措施。例如程序代码 1-1 中定义了一个命名空间 helloworld，其语句如下：

```
namespace helloworld                    //定义本例的命名空间是 helloworld
```

namespace 关键字声明了与类相关的命名空间。其后花括号中的所有代码都被认为是在这个命名空间中的。编译器在 using 指令指定的命名空间中查找没有在当前命名空间中定义，但在代码中引用的类。

using 关键字的另一个用途是给类和命名空间指定别名。如果命名空间的名称非常长，又要在代码中多次使用，就可以给该命名空间指定一个别名，其语法如下：

```
using alias = NamespaceName;
```

例如：

```
using UseForm = System.Windows.Forms;
```

以后使用 UseForm 与使用 System.Windows.Forms 命名空间相同。

注意：几乎所有的 C#程序都使用 System 命名空间中的类，所以几乎都包含“using System;”语句。

（2）C#基本语法。在 C#中，语句以一个分号“;”结尾，表示一条语句的结束。另外，一条语句可以写在多个代码行上，也可以多条语句写在同一个代码行上。

由一对花括号“{”和“}”括起来的语句序列是一个语句块，例如在程序代码 1-1 中有一个 Main()方法的语句块。语句块被视为一个独立的单元，可简单地看成是一条语句，并可以出现在程序中任何单条语句可以出现的地方。例如：

```
class Program
{
    //从“{”至“}”语句块是一个类的类体，它可以为空、一条语句或多条语句。
}
```

就是说，形式上如同一条语句，功能上由很多语句构成。语句块的内部允许为空、一条语句或多条语句，也可以再包含语句块，称为语句块嵌套。C#有很多的结构语句块，如循环、分支（选择）等，它们并不是简单地括在一起，而是各有各的功能。

语句块有一个重要功能，就是能有效利用内存空间。这是因为 C#规定，在语句块中定义的变量，只在语句块的定义位置开始至语句块的结尾有效，语句块执行完就释放其中定义的变量的空间。

（3）注释。注释可以使程序更加易于阅读和修改，所有的编程语言都提供了添加注释的方法。C#提供了两种注释方法：

第一种注释方法是使用“//”符号。“//”符号后面的内容就是注释的内容，这些内容在程序中不会被编译执行。这是一种单行注释语句，如果注释的内容很长并且必须换行时，就要在每一行的前面加上“//”符号。另外，注释的内容可以放到程序代码的后面，也可以自己成为一行。

第二种注释方法是使用“/*…*/”符号对，处于“/*”和“*/”符号之间的内容都是注释的内容。该符号不仅可以有单行注释，还可以包含多行注释。其用法和“//”一样，只是比

“//”多了注释多行的功能。应该注意的是“/*”和“*/”必须成对出现，而且“/* */”之间不能出现嵌套，否则将会出现错误。

下面的语句说明了两种注释的用法：

```
using System;                //引用 System 命名空间，是单行注释
public static void Main()    /*主函数。其中 public 表示公有函数属性，static 表示静态函数，
                               void 表示主函数没有返回值，这个是多行注释 */
```

（4）类。C#规定，除极少数语句外，C#代码必须包含在类中。C#的每一个程序至少包括一个自定义类，C#用关键字 class 定义类，其后为类的名称。关键字也叫保留字，前面出现的 using 也是一个关键字。

（5）Main()方法。C#中程序不是从上往下逐条执行的，而是首先从 Main()方法开始执行的。正如人的房子，不管有多大，有多少个房间，都只有一个入口一样。程序也要从一个固定的位置开始执行，这个固定的位置在程序中叫做“入口”，而 Main()方法就是 C#程序的入口，是所有 C#应用程序的起始点，没有 Main()方法，计算机就不知道该从哪里开始执行程序。在编写 Main()方法时，要求按照下面的格式和内容进行书写：

```
public static void Main(string[] args)
```

Main()方法必须有返回类型，返回类型可以是 void 或 int 等，一般为 void 类型，表示返回值为空；如果是 int 类型，则方法中必须有一条 return 语句结束方法执行。可在 Main()方法中执行创建其他类的对象、调用其他类的方法等操作，形成程序的有效执行，产生程序执行的效果。

“Main(string[] args)”函数的括号内是参数，用于在控制台方式下执行并传递一个或多个字符串给程序使用。声明 Main()方法时既可以不带参数，也可以带参数。Main()方法带参数时，程序可以读取命令行参数。带参数的 Main()方法现在基本不用，进行程序设计时可以不写参数，为了兼容性由系统自动生成的程序结构会自动带上这个参数。

说明：一个程序只能有一个 Main()方法，而且 C#中的 Main()方法首字母必须大写。

（6）输出语句。C#没有用于输入输出的内置关键字，而是完全依赖于 Visual Studio .NET 类。通过类方法执行输入输出。Main()方法中的输出语句如下：

```
Console.WriteLine("Hello World!");
```

该输出语句是要将字符串“Hello World!”显示到屏幕上。其中 Console 是程序集 System 命名空间下的一个类，WriteLine()是 Console 类的一个用于将字符串信息显示到屏幕上的方法。

Microsoft .NET 是面向 Internet 的计算平台，它将软件开发和应用的理念、方式和模型都推向了一个全新的境界。C#是 Microsoft 专门针对.NET 而设计的高级编程语言，它在保持强大功能的同时，能够显著地提高现代软件的开发效率。

本章从 C#和.NET Framework 的发展历史开始讲解，使读者对 C#及其程序的开发环境有一个大致的了解。并且在此基础上进一步分析了 C#程序的建立和 C#程序的结构。

本章的内容对以后的学习很重要，希望大家认真阅读，使以后的学习有一个良好的开端，并有助于读者对本书后续章节的学习。

一、选择题

1．C#源程序文件的扩展名为（　　）。

A．.vb　　B．.c　　C．.cpp　　D．.cs

2．以下说法中，不正确的是（　　）。

A．C#程序中，必须有一个 Main 函数，程序是从 Main 函数的第一条语句开始执行的

B．一个 C#程序中，可以有多个 Main 函数

C．Main 函数的位置是不固定的

D．Main 函数必须出现在某一个类中

3．以下叙述中，正确的是（　　）。

A．C#程序中的注释只能出现在语句的后面

B．C#程序中，只有一种单行注释

C．C#程序中，只有一种多行注释

D．程序执行时，不会执行注释语句

4．在 C# 程序中，用（　　）和（　　）开始和结束 Main()方法体。

A．begin 和 end　　B．if 和 endif　　C．start 和 return　　D．{ 和 }

5．在 C# 程序中，每个语句必须以（　　）作为语句的结束。

A．句号（.）　　B．分号（;）　　C．逗号（,）　　D．冒号（:）

6．（　　）符号开始了一个单行注释。

A．/　　B．//　　C．*　　D．note

7．C#在（　　）方法处开始执行。

A．Function　　B．Main　　C．main　　D．Abstract

8．关于 C#程序的书写，下列不正确的说法是（　　）。

A．区分大小写

B．一行可以写多条语句

C．一条语句可写成多行

D．一个类中只能有一个 Main()方法，因此多个类中可以有多个 Main()方法

9．C#程序设计语言属于（　　）类型的编程语言。

A．高级语言　　B．自然语言　　C．机器语言　　D．汇编语言

10．C#中声明一个命名空间的关键字是（　　）。

A．namespace　　B．nameplace　　C．this　　D．as

二、填空题

1．C#程序是从________函数的第一条语句开始执行的。

2．在 C#中，有两种类型的注释符，一种是________，另一种是________。

3．C#中一条语句的结束符是________。

4．C 语言是一种面向________的程序设计语言，而 C#语言则是面向________的程序设计语言。

5．C#.NET 主要用于开发三类程序，分别是：________、________和________。

三、简答题

1．请简要说明 C#源程序的组成部分。

2．请说明.NET 框架的体系结构包括哪几个组成部分？

3．公共语言运行库的作用是什么？

4．Console.Write 的作用是什么？

5．用 Visual Studio.NET 新建 C#控制台应用程序，会建立哪几个文件夹？每个文件夹的作用是什么？

四、程序设计

新建一个控制台应用程序，在 Main 函数中输入：

```
Console.Write("Hello");
Console.WriteLine(" C#  程序设计!");
```

运行应用程序并观察结果。

第 2 章　C#程序设计基础

本章主要讲解 C#的数据类型、变量与常量、运算符和表达式等编程的基础知识，并认识 C#中的数据类型、运算符和表达式，其形式多样，使用灵活。通过对本章的学习，读者应该掌握以下主要内容：

- 值类型和引用类型数据的使用
- 值类型和引用类型数据的区别
- 数据类型转换
- 变量和常量的使用
- 常用运算符和关键字

2.1　数据类型

C#的数据类型主要分为两类：值类型和引用类型。值类型可以分为简单类型、结构类型和枚举类型三大类。其中，简单类型分为整数类型、字符类型、布尔类型、实数类型四种；引用类型分为类、委托、数组和接口四种类型。数据类型的结构图如图 2-1 所示。

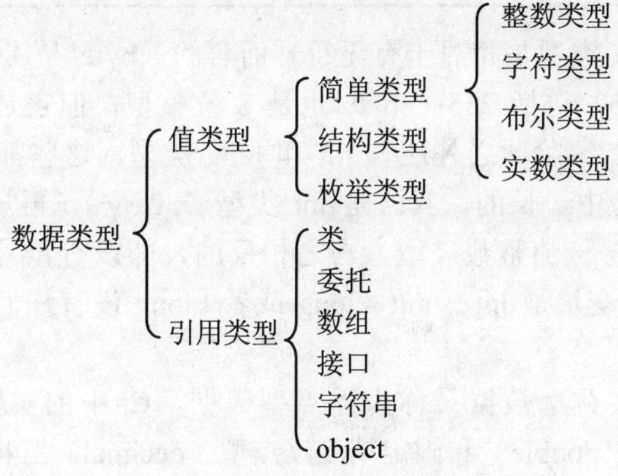

图 2-1　C#的数据类型的结构图

2.1.1　值类型

在具体讲解各种数据类型之前，先简单介绍一下变量的概念。从用户角度来看，变量是存储信息的基本单元；从系统角度来看，变量是计算机内存中的一个存储空间。用户在定义变量时必须指出其数据类型，系统会按照该数据类型为变量分配相应大小的存储空间，用这个存储空间来存放变量的值。

值类型（Value Types）最大的特点在于，值类型变量中都直接存储数据，对值类型变量的操作就是直接修改变量中存储的数据，而且对于某个变量的操作不会影响其他变量的值。C#的值类型和大部分程序设计语言的值类型有一定的区别，最显著的一点就是 C#中有些值类型的长度比其他大部分程序语言中的类型长度都长一倍，例如 C 和 C++语言中整型（int）数据的长度为 16 位，而 C#中整型数据的长度为 32 位。这样就极大地扩大了数据的表达范围，对于跨系统的应用程序可以最大程度地保留相同数据类型的数据。

值类型共分为简单类型、结构类型和枚举类型三大类，下面对它们进行分别介绍。

1. 简单类型

简单类型包含整数类型、实数类型、字符类型和布尔类型。

（1）整数类型。整数类型是 C#数值类型的一种，C#支持 8 种整数类型，分别是：byte、sbyte、short、int、long、ushort、uint 和 ulong，如表 2-1 所示。

表 2-1 C#整数类型

C#基本类型	类型说明	范围
byte	8 位无符号整型	0～255(0～2^8-1)
sbyte	8 位有符号整型	-128～127(-2^7～2^7-1)
short	16 位有符号整型	-32768～32767(-2^{15}～2^{15}-1)
int	32 位有符号整型	-2147483648～2147483647(-2^{31}～2^{31}-1)
long	64 位有符号整型	-9223372036854775808～9223372036854775807(-2^{63}～2^{63}-1)
ushort	16 位无符号整型	0～65535(0～2^{16}-1)
uint	32 位无符号整型	0～4294967295(0～2^{32}-1)
ulong	64 位无符号整型	0～18446744073709551615(0～2^{64}-1)

其中，byte 与 sbyte 类型是相对于有无符号而言的。byte 是 8 位无符号整型，取值范围是 0～2^8-1，即 0～255，包括 255；sbyte 也是 8 位整型，但它是有符号整型，取值范围是-2^7～2^7-1，即-128～127。除此之外还有 int 和 long 类型，这些都是常用的类型，long 类型（64 位），是整型类型中最长的，其次是 int 类型（32 位），再短的则是 short 类型（16 位），这 3 种都代表有符号的整数类型，与之相反的，即没有符号的则是 ulong、uint 和 ushort。如果对一个整型变量是 int、uint、long 或者 ulong 没有任何显式声明，那么这个变量默认为 int 类型。

（2）实数类型。实数型数据又称为浮点型数据，C#中的实数型包含单精度浮点型（float）、双精度浮点型（double）和固定精度浮点型（decimal）三种，如表 2-2 所示。

表 2-2 C#实数类型

C#基本类型	类型说明	范围
decimal	有 28 位小数的高精度浮点数	$\pm 1.0 \times 10^{-28}$～$\pm 7.9 \times 10^{28}$
single(float)	单精度浮点类型	$\pm 1.5 \times 10^{-45}$～$\pm 3.4 \times 10^{38}$
double	双精度浮点类型	$\pm 5.0 \times 10^{-324}$～$\pm 1.7 \times 10^{308}$

实数型的三种数据类型的主要区别在于取值范围和精度不同。计算机对浮点数的运算速

度大大低于对整数的运算速度，在对精度要求不是很高的情况下，最好采用 float 类型，即 float 类型适用于较小的浮点数，它的小数位数仅有 7 位，而 double 类型比 float 类型的精度要高一倍（15 位），但会占用更多的内存单元，处理速度也会相对较慢。精度最高的是 decimal 数据类型，其精度可以达到 28 位小数位，这是 C#专门提供给金融和货币方面计算的数据类型。使用浮点类型时要注意，赋给 float、double 和 decimal 类型的值必须在最后追加一个字母，字母定义如下：

- 浮点型数据表示：1.20f　　//或者大写 F
- 双精度型数据表示：12.5d　//或者大写 D，不追加字母也可以，默认为 double 类型
- 固定精度浮点型数据表示：25.7m　　//或者大写 M

（3）字符类型。过去用于计算机内的字符集是 ASCII 码，现在使用的是 Unicode 编码。Unicode 编码是一个国际化和标准化通用的字符集，将世界各国的文字和符号都包含其中。Unicode 字符集比 ASCII 字符集范围大很多。ASCII 码是 8 位字符集，最高位用于校验，始终为“0”，其余 7 位用于表示字符，其可以表示 128 个字符。Unicode 编码是 16 位字符集，最多可表示 65536 个字符，并且 ASCII 码字符集被包含于 Unicode 字符集中，所以 ASCII 码的字符值与相应的 Unicode 编码值是相同的。为了方便字符或信息的传输和使用，字符集将字符数字化，每一个字符都有唯一的值，这样字符型变量的值可以与整数类型的值相互转换。在屏幕上显示字符是通过显卡接收字符的数字化值，再转换成可显示在屏幕上的字模来实现的。

字符型的内容要用单引号括起来。如果把字符放到双引号中，编译器会把它视为字符串，从而导致编译错误。例如字符型数据：'A'和'a'。

另外，可以直接通过十六进制转义符（前缀\x）或 Unicode 表示法（前缀\u）来使用字符类型的数据。例如：'\x0032'和'\u0032'。一些字符还可以用转义序列表示，如表 2-3 所示。

表 2-3　转义序列

转义序列	字符说明
\'	单引号
\"	双引号
\\	反斜杠
\0	空
\a	警告
\b	退格
\f	换页
\n	换行
\r	回车
\t	水平制表符
\v	垂直制表符

（4）布尔类型。布尔类型的数据只含有两个数值：true 和 false，即变量为真或者为假。

在布尔类型和其他类型之间不存在任何标准转换。值得注意的是，布尔类型与整数类型完全不同，布尔值不能用在需要整数值的地方，反之亦然。

2. 结构类型（struct types）

实际生活中的对象通常更为复杂，很难用一个简单值类型就能描述清楚，而是需要使用多个简单值类型的组合来描述。把一系列相关的信息组织成为一个单一实体的过程，就是创建一个结构的过程。结构类型采用关键字 struct 进行定义，其中可以包含 0 个或任意多个成员的定义。声明一个结构体类型的一般形式如下：

```
struct 结构体名
    {
        //成员列表
    }
```

例如，建立一个通讯录联系人 People 的结构体，每个联系人包含姓名、年龄和电话。定义语句如下：

```
struct People
    {
        public string name;
        public int age;
        public string telephone;
    }
```

其中给结构成员添加了 public 修饰符（设定结构体成员的访问权限），目的是允许所生成的 People 结构类型的变量能够访问其值。使用该结构要声明一个 People 类型的变量，声明方法如下：

```
People m;
```

这里 m 就表示一个 People 结构类型的变量。结构类型包含的成员类型没有限制，可以是简单值类型，也可以是结构类型或枚举类型，还可以是各种引用类型。

对结构成员的访问通过圆点连接符“.”进行，即结构变量加连接符再加成员变量；多层成员关系可以连续使用圆点连接符。例如，访问结构类型变量 m 的 name 成员的方法是：

```
m.name = "刘艺丹";
```

下面通过程序代码 2-1 来说明结构体类型的定义和访问方法，程序的运行结果如图 2-2 所示。

程序代码 2-1：结构体类型的定义和访问

```
using System;                              //引用 System 命名空间
using System.Collections.Generic;          //引用 System.Collections.Generic 命名空间
using System.Linq;                         //引用 System.Linq 命名空间
using System.Text;                         //引用 System.Text 命名空间
    namespace P2_1                         //命名空间
    {
        class Program                      //Program 类
        {
            static void Main(string[] args)    //Main()方法(程序入口)
            {
                People m;
                m.name = "刘艺丹";
                m.age = 7;
                m.telephone = "027-87654321";
```

```
                Console.WriteLine("姓名：{0}",m.name);
                Console.WriteLine("年龄：{0}岁", m.age );
                Console.WriteLine("电话号码：{0}", m.telephone);
                Console.ReadLine();
            }
        }
    struct People
        {
            public string name;
            public int age;
            public string telephone;
        }
}
```

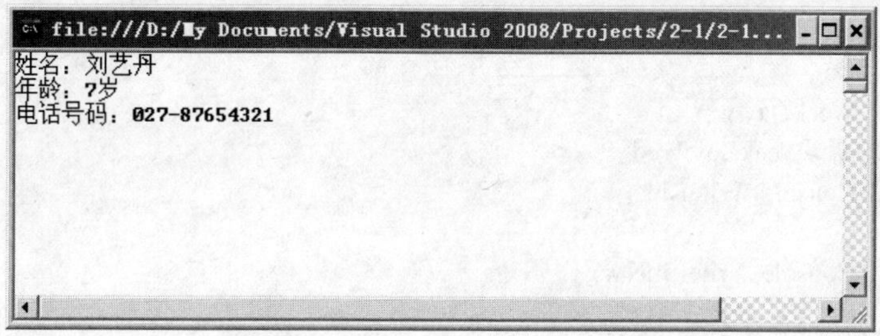

图 2-2　程序代码 2-1 的运行结果

3. 枚举类型

枚举类型是另一种复合值类型，和结构类型不同的是，枚举类型要求成员只能是整数类型。所谓枚举是指将变量的值一一列举出来，变量的值只限于在列举出来的值的范围内。例如一个星期的七天可以放到一起作为新的数据类型来描述星期类型，这时，星期一到星期日的集合就构成了一个枚举类型，而星期一到星期日是枚举类型的组成元素。枚举的实质是为一组在逻辑上密不可分的整数值提供便于记忆的符号。例如：

```
enum WeekDay{
    Sun,Mon,Tue,Wed,Thu,Fri,Sat
}
```

如果不指定，那么 C#编译器默认枚举中的第一个元素对应的整数值为 0，其后每个元素的值依次递增 1。例如上面定义的枚举类型 WeekDay 的成员值：Sun 的值为 0，Sat 的值为 6。用户也可以自定义枚举元素的值，例如：

```
enum WeekDays{
    Sat=1,Sun=2,Mon=3,Tue=4,Wed=5,Thu=6,Fri=7
}
```

需要注意的是，结构类型是由一组不同类型的成员所组成的新的数据类型，结构类型的变量值包含所有成员的值；而枚举类型只是列举出各个成员，枚举类型的变量在某一时刻只能取其中某个成员的值。例如，WeekDay 类型的变量用于日期的星期表示，在一个时刻只能代表一个星期中的某一天（例如星期二），而不能同时既是星期二又是星期三。对枚举成员的访问同样通过圆点连接符“.”进行，只不过不是通过枚举类型的变量，而是通过枚举类型的名称。例如：

```
WeekDay w;
```

```
w = WeekDay.Mon;
```

下面通过程序代码 2-2 来说明枚举类型的定义和访问方法，程序的运行结果如图 2-3 所示。

程序代码 2-2：枚举类型的定义和访问

```
using System;                              //引用 System 命名空间
using System.Collections.Generic;          //引用 System.Collections.Generic 命名空间
using System.Linq;                         //引用 System.Linq 命名空间
using System.Text;                         //引用 System.Text 命名空间

  namespace _2_2                           //命名空间
  {
      class Program                        //Program 类
      {
          static void Main(string[] args)  //Main()方法(程序入口)
          {
              WeekDay w;
              w = WeekDay.Wed;
              Console.WriteLine(w);
              w = w + 2;
              Console.WriteLine(w);
              w = (WeekDay)4;
              Console.WriteLine(w);
              Console.ReadLine();
          }
          enum WeekDay
          {
              Sun, Mon, Tue, Wed, Thu, Fri, Sat
          }
      }
  }
```

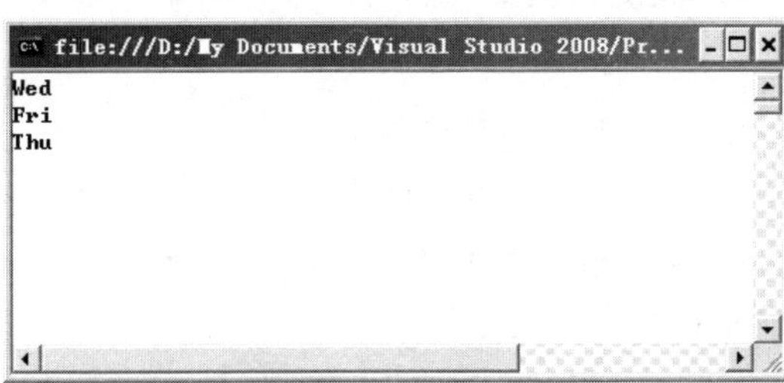

图 2-3　程序代码 2-2 的运行结果

2.1.2　引用类型

定义某一类型的多个变量后，不管是值类型还是引用类型，每一个变量所占用的内存空间都是一样大的。引用类型与值类型相比，值类型变量保存数据，引用类型变量保存实际数据存储位置，即保存引用；从保存数据的空间来看，值类型的空间直接保存数据，所以数据空间是一样大的；引用类型保存的是数据的存放位置，保存数据的空间大小就不一定相同了。字符串变量就是最好的实例，字符串是引用类型，字符串变量可以指向一个很长的字符串常量，也可以指向一个很短的字符串，显然，字符串变量指向的数据（字符串常量）占用的内存空间不可能一样大，如果一样大，保存很短的字符串将会浪费许多存储空间。其实这也是引用类型存在的原因之一，就是要有效地利用内存空间。

例如，将字符串设计为值类型，值类型变量占用的内存空间要求一样大，那么，下面的程序该给字符串类型分配多少字节的内存空间呢？

```
string s1 = "MM";
string s2 = "Hello C# World!";
```

字符串变量 s2 指向的字符串共有 15 个字符，每个 Unicode 编码占用 2 个字节的内存空间，共占用 30 个字节。如果将字符串变量设计为值类型，也分配 30 个字节，以保证程序能够运行。变量 s1 只有一个字符，用 4 个字节保存足够，却也分配 30 个字节，变量 s1 将浪费 26 个字节的内存空间；再有字符串限制只能存储 15 个字符，难以保证程序设计的需要，那分配多大的内存空间合适呢？

显然字符串变量应该设计为引用类型才合理，从上面的分析可以看出，引用类型对程序设计是非常重要的。在 C#中提供以下引用类型：

- 类类型
- 接口类型
- 委托类型
- 数组类型
- 字符串类型
- object 类型

这几种引用类型在理解和定义上要比值类型困难，将在后续章节中进行详细说明。

2.1.3 数据类型转换

开发应用程序时，经常需要将数据从一种数据类型转换到另一种数据类型。若要对两种不同类型的数据进行操作，则必须进行数据类型转换。在.NET 框架中有两种类型转换：显式转换和隐式转换。

隐式转换是一种由 CLR 自动执行的类型转换，只有在确保不会丢失信息的情况下，才可以使用这种转换；显式转换是一种需要明确请求编译器执行的类型转换，否则可能会丢失信息或产生转换错误。

1. 隐式转换

表 2-4 列出了 C#支持的隐式类型转换。

表 2-4 C#数据类型隐式转换表

源类型	目的类型
sbyte	short，int，long，float，double 或 decimal
byte	short，ushort，int，uint，long，ulong，float，double 或 decimal
short	int，long，float，double 或 decimal
ushort	int，uint，long，ulong，float，double 或 decimal
int	long，float，double 或 decimal
uint	long，ulong，float，double 或 decimal

续表

源类型	目的类型
long	float，double 或 decimal
char	ushort，int，uint，long，ulong，float，double 或 decimal
float	double
ulong	float，double 或 decimal

说明：

① 从 int、uint 或 long 类型转换到 float 型，以及从 long 型转换到 double 型可能导致精度上有一些损失；

② 转换至 char 类型必须用显式转换；

③ 浮点型和 decimal 类型之间的转换也必须是显式转换；

④ 只要 int 型常数表达式的值位于要转换类型的表示范围之内，int 类型的常量表达式值就可转换为 sbyte、byte、short、ushort、uint 或 ulong 类型。如超出范围则出错。

下面是一个隐式转换的示例。

```
int X = 654321;          //int 类型为 4 字节整数
long Y=X;                //隐式转换为 long 类型
```

2. 显式转换

显式转换是指数据类型值之间转换需强制类型说明才可以进行。显式转换的语法如下：

```
类型    变量名 = （强制类型名） 变量名
```

以下是显式类型转换的示例：

```
int a = 168;
short b = (short)a;      //使用(short)先将 a 的值转换成 short 型再赋值给 b
```

3. 使用 System.Convert 转换数据类型

System.Convert 提供一种与语言无关的方法来执行转换，可用于针对公共语言运行库的所有语言，并可支持不相关数据类型的转换。例如，支持从 string 转换为数字类型，从 DateTime 类型转换为 string 类型，以及从 string 类型转换为 boolean 类型。

可将要转换的值传递给 Convert 类中的某一相应方法，并将返回的值初始化为新变量。例如，下面的代码使用 Convert 类将 string 值转换为 boolean 值。

```
string MyString = "true";
bool MyBool = Convert.ToBoolean(MyString);        //MyBool 的值为 True
```

如果要将字符串转换为数字值，Convert 类也十分有用。下面的代码将包含数字字符的字符串转换为 Int32 值。

```
string newString = "123456789";
int MyInt = Convert.ToInt32(newString);        //MyInt 的值为 123456789
```

也可将 Convert 类用于无法以用户所使用的特定语言来隐式执行的收缩转换。下面的代码显示了使用 Convert.ToInt32 方法从 Int64 到较小的 Int32 的收缩转换。

```
Int64 MyInt64 = 123456789;
int MyInt = Convert.ToInt32(MyInt64);          //MyInt 的值为 123456789
```

有时，执行有 Convert 类的收缩转换会改变所转换项目的值。下面的代码将 double 值转换为 Int32 值。在这种情况下，值从 42.72 四舍五入为 43，以完成转换，其转换语句如下：

```
Double MyDouble = 42.72;
int MyInt = Convert.ToInt32(MyDouble);         //MyInt 的值为 43
```

2.2 变量和常量

变量和常量是程序设计中常用的存储数据的单元，变量是程序设计中值可以改变的量；常量是程序设计在编译时就规定了值，不能再改变的量。变量必须先定义后使用，这是因为变量没有定义，就没有存储变量内容的空间。任何没有定义就使用的变量，在程序编译时都会出错。这里的变量和常量是指在方法中定义，只在定义的位置开始至所在语句块结束位置的区域内有效的量。

2.2.1 变量

假设要在程序中计算两个整数 x 和 y 的和，就必须首先声明变量 x 和 y，将数据类型指定为整数，然后为其赋值，才能计算其和。声明变量语句如下：

```
int x;          //定义整型变量 x
int y;          //定义整型变量 y
```

进行此声明后，系统会为 x 和 y 分配存储数据值的存储位置，内存状态如图 2-4 所示。

这些存储位置称为“变量”。而 x 和 y 是与存储位置相关联的名称，称为变量名。做出上述声明之后，x 和 y 的值只能是整数值。使用赋值运算符“=”给 x 和 y 赋值。例如：

```
x=168;          //给变量 x 赋值 168
y=88;           //给变量 y 赋值 88
```

此时 x 的值是 168，y 的值是 88。内存状态如图 2-5 所示。

图 2-4 声明整型变量的结果　　图 2-5 整型变量 x 和 y 赋值的结果

变量有 3 个属性：存储变量值的存储位置、存储于该存储位置的数据类型和用来引用该存储位置的名称。

尽管为精确起见，必须说“x 和 y 是变量名”，但更多地使用“x 和 y 是变量”或“x 和 y 是整型变量”这样的简写形式。

若接着执行以下赋值语句：

```
x=60
```

则变量 x 原有值 168 被覆盖掉，变为 60。

通过上面对变量的定义和使用，说明变量名代表存储地址，变量的类型决定了存储在变量中的数值类型。C#是类型安全的语言，C#的编译器能够保证每个变量之中都存储了正确类型的数据。每个变量的值都可以通过赋值来改变，或者使用一元操作符“++”和“--”来改变。定义变量的一般格式为：

```
[访问修饰符][变量修饰符] 变量的数据类型 变量名 1, 变量名 2, ……;
```

其中：

（1）访问修饰符用于描述对变量进行访问的限制级别，也就是规定了如何访问变量。

C#提供了下面几种访问修饰符：

① public：表示对变量的访问不受任何限制；

② protected internal：表示可以在类的内部访问该变量；

③ protected：表示只能在包含变量的类或派生类中对变量进行访问；

④ internal：表示变量的访问范围只能在当前项目（project）或者模块内；

⑤ private：表示变量的访问范围只能在包含它的类中。

（2）变量修饰符可用来区分静态变量和其他变量，比如 static 修饰符表示静态变量，ref 修饰符表示形式参数变量。变量的数据类型为 C#中数据类型对应的关键字。

（3）变量名必须是符合语言规定的标识符。C#中关于变量名的规定如下：变量名称必须以字母、下划线或@符号开头，其后的字符可以是字符、下划线或数字。其中@表示逐个转义指定，常放在保留关键字前以保持与其他语言兼容。C#中保留的关键字如表 2-5 所示。

表 2-5　C#关键字

abstract	as	base	bool	break
byte	case	catch	char	checked
class	const	continue	decimal	default
delegate	do	double	else	enum
event	explicit	extern	false	finally
fixed	float	for	foreach	goto
if	implicit	in	int	interface
internal	is	lock	long	namespace
new	null	object	operator	out
override	params	private	protected	public
readonly	ref	return	sbyte	sealed
short	sizeof	stackalloc	static	string
struct	switch	this	throw	true
try	typeof	uint	ulong	unchecked
unsafe	ushort	using	virtual	volatile
void	while			

一般来说，常量名全部用大写字母；而变量名的第一个单词的第一个字母用小写，后面每个单词的第一个字母用大写。例如，判断下面变量名的合法性：

```
int count;                    //合法
float   5s;                   //非法，变量名首字母不能是数字
bool using;                   //非法，using 是关键字
bool @ using;                 //合法
string lb@sina;               //非法，字符@只能作为前缀
string lbsina;                //合法
string lb&sina;               //非法，字符&不能用于标识符
short countdrive;             //合法，不规范
short Countdrive;             //合法，不规范
```

```
short countDrive;                    //合法，规范
```

2.2.2 常量

在计算机程序设计语言中，常量是指其值在程序中设置，在程序运行过程中始终不再改变的量。C#中有两种常量，分别是常数常量和只读常量。

1. 常数常量

常数常量使用关键字 const 来定义。常数常量所在的字段必须在定义时就进行赋值，这样在编译时字段的值就已经固定了，以后为类型创建的每个实例都共享这一常量。常数常量的工作方式类似于静态变量，属于类型本身所有。使用关键字 const 修饰的字段，不允许也没有必要再增加关键字 static 来进行修饰。例如定义一个圆周率常数常量：

```
public const double PI= 3.14159;
```

在定义之后，任何对常数常量的使用都只能是读取常量的值，而不允许对常量值进行改动。常数常量通常为值类型；如果为引用类型的话，那么只能在初始化时为其赋予 null 值。

2. 只读常量

只读常量使用关键字 readonly 来定义。对只读常量的赋值有两种方法：一种是在字段定义时就进行赋值；另一种是在类或结构的构造函数中进行初始化。只读常量的值是在程序运行中首次使用时才确定的。只读常量可以是静态的，也可以是非静态的，这取决于字段定义时是否使用了关键字 static。例如：

```
public readonly int x;
public static readonly int y;
```

除了在定义时或在构造函数中赋值，任何对只读常量的使用都只能读取常量的值，而不允许对常量值进行改动。只读常量既可以是值类型，也可以是引用类型。

2.3 操作符和表达式

2.3.1 操作符

表达式由操作数（即操作对象）和操作符组成。操作数可以是一个变量、常量或者一个表达式，操作符则指明作用于操作数的操作方式。依据所作用操作数的个数，操作符可以分为 3 类：

- 一元操作符：作用于一个操作数的操作符，又可以分为前缀操作符和后缀操作符，使用时分别放置于操作数的前面和后面。
- 二元操作符：作用于两个操作数的操作符，使用时放在两个操作数之间。
- 三元操作符：作用于三个操作数的操作符。

C#中仅有一个三元操作符，即条件操作符“? :”，使用时它的两个符号“?”和“:”分别放在第一个与第二个，以及第二个与第三个操作数之间。

一个表达式中可以包含多个操作符，此时表达式求值的顺序由操作符的优先级决定：先取优先级较高的操作符进行运算，将运算结果再运用于优先级较低的操作符。例如下面的表达式：

```
a = x + y * z
```

根据运算符的优先级别，表达式总是先计算乘法（y*z），然后再计算加法，最后将所得结果赋值给 a。这是因为乘法操作符“*”比加法操作符“+”有着更高的优先级（这和数学运算中的先乘除后加减是一致的），而赋值操作符“=”的优先级最低。

表 2-6 按优先级降低的顺序提供了所有操作符；同一行中的操作符具有相同的优先级，按在表达式中出现的顺序从左向右计算。

表 2-6　操作符优先级

<table>
<tr><th>类别操作符</th><th>操作符</th></tr>
<tr><td>初级操作符</td><td>(x)　x.y　f(x)　a[x]　x++　x--　new　type　of　sizeof　checked　unchecked</td></tr>
<tr><td>一元操作符</td><td>+　-　!　~　++x　--x　(T)x</td></tr>
<tr><td>乘除操作符</td><td>*　/　%</td></tr>
<tr><td>加减操作符</td><td>+　-</td></tr>
<tr><td>移位操作符</td><td><<　>></td></tr>
<tr><td>关系操作符</td><td><　>　<=　>=　is　as</td></tr>
<tr><td>等式操作符</td><td>==　!=</td></tr>
<tr><td>逻辑与操作符</td><td>&</td></tr>
<tr><td>逻辑异或操作符</td><td>^</td></tr>
<tr><td>逻辑或操作符</td><td>|</td></tr>
<tr><td>条件与操作符</td><td>&&</td></tr>
<tr><td>条件或操作符</td><td>||</td></tr>
<tr><td>条件操作符</td><td>?:</td></tr>
<tr><td>赋值操作符</td><td>=　*=　/=　%=　+=　-=　<<=　>>=　&=　^=　|=</td></tr>
</table>

当两个操作符优先级相同时，表达式按照操作符出现的顺序以及操作符的结合性来决定求值的顺序：

- 赋值操作符和条件操作符属于右结合的操作符，在操作符优先级相等的情况下，表达式按照从右向左的顺序进行运算。
- 其他所有操作符均属于左结合的操作符，在操作符优先级相等的情况下，表达式按照从左向右的顺序进行运算。

由于括号具有最高的优先级，因此任何表达式的结合顺序都可以使用括号进行控制。如果无法确定，则应尽量采用括号来保证表达式运算的顺序，这样也使得程序一目了然。例如下面的语句就使用括号来使表达式先计算 x 与 y 的和，再进行乘法运算：

```
a = (x + y) * z
```

2.3.2　算术操作符

算术操作符是用于组合数字、数值变量、数值字段和数值函数以得到另一个数字的。用于连接运算表达式的各种算术操作符如表 2-7 所示。

除了几种基本的算术操作符以外，还有两种特殊的算术操作符：++（自增操作符）和--（自减操作符），其作用是使变量的值自动增加 1 或者减少 1。++（自增操作符）、--（自减操作符）都是一元操作符，只能用于变量，而不能用于常量或表达式，例如 12++或--(x+y)都是错误的。

表 2-7 算术操作符

操作符	操作符定义	举例	说明
+	加法符号	X=A+B	X 等于 A 加 B 后所得的结果
-	减法符号	X=A-B	X 等于 A 减 B 后所得的结果
*	乘法符号	X=A*B	X 等于 A 乘 B 后所得的结果
/	除法符号	X=A/B	X 等于 A 除 B 后所得的商
%	取模符号	X=A%B	X 等于 A 除 B 后所得的余数

使用这两种操作符对变量进行运算有两种不同的表达方式，如：

```
++a;            //变量 a 自增
--a;            //变量 a 自减
a++;            //变量 a 自增
a--;            //变量 a 自减
```

从运算结果来看，a++和++a 都相当于 a=a+1。其不同之处在于：a++是先使用 a 的值，再进行 a+1 的运算；++a 则是先进行 a+1 的运算，再使用 a 的值。a--和--a 类似于 a++和++a。例如：执行下列语句之后，x 和 y 的值分别是多少？

```
int x=5,y=0;
y=++x;          //操作后 x=6，y=6
```

又例如：执行下列语句之后，x 和 y 的值分别是多少？

```
int x=5,y=0;
y=x++;          //操作后 x=6，y=5
```

2.3.3 赋值操作符

赋值操作符用于赋值运算。在 C#.NET 中常用的赋值操作符及其描述如表 2-8 所示。

表 2-8 赋值操作符

操作符	操作符定义	举例	说明
=	赋值	X=A	
+=	加	X+=A	X=X+A
-=	减	X-=A	X=X-A
*=	乘	X*=A	X=X*A
/=	除	X/=A	X=X/A
%=	取余	X%=A	X=X%A

其中“=”是基本的赋值运算符，作用是将数据赋值给某一变量，数据可以是常量，也可以是表达式。例如，a=1 或者 a=(5+7)都是合法的，它们分别执行了一次赋值操作。

除了基本的赋值运算符外，其他的赋值运算符都是在“=”之前加上其他运算符，这样就构成了复合赋值运算符。复合赋值运算符的运算非常简单，例如 a+=1 就等价于 a=a+1，相当于对变量进行一次自加操作。复合赋值运算符的结合方向为自右向左。

同样，也可以把表达式的值通过复合赋值运算符赋予变量，这时复合赋值运算右边的表达式是作为一个整体参加运算的，相当于表达式有括号。例如 x%=y-3 相当于 x%=(y-3)，它与 x=x%(y-3)是等价的。

2.3.4 关系操作符

关系操作符用于比较两个对象之间的相互关系，返回值为 true 和 false。各种关系操作符如表 2-9 所示。

表 2-9 关系操作符

操作符	说明	举例	结果
==	操作符检验两个操作数 AB 是否相等	"a"=="A"	false
>	操作符检验第一个操作数 A 是否大于第二个操作数 B	"ab">"aB"	true
<	操作符检验第一个操作数 A 是否小于第二个操作数 B	9<2	false
!=	操作符检验两个操作数 AB 是否不相等	9!=2	true
>=	操作符检验第一个操作数 A 是否大于或等于第二个操作数 B	9>=2	true
<=	操作符检验第一个操作数 A 是否小于或等于第二个操作数 B	9<=2	false

关系运算符都是二元运算符。值得注意的是：在 C#中，“==”被认为是一个关系运算符，所以“A1==A2”这样的表达式只可能有两种运算结果，即 true 或 false。

2.3.5 逻辑操作符

逻辑操作符的作用是对操作数进行逻辑运算。操作数可以是逻辑量（true 或 false）或关系表达式，逻辑运算的结果也是一个逻辑量。表 2-10 中列出了 C#.NET 中的逻辑操作符。

表 2-10 逻辑操作符

操作符	操作符定义	举例	说明
&&	与	A && B	A 与 B 同时为 True 时，结果为 True
||	或	A || B	A 与 B 有一个取值为 True 时，结果为 True
!	非	! A	如 A 原值为 True，结果为 False
^	异或	A ^ B	AB 相反时结果为 True

下面是一些示例：

```
bool x ;
x = ! (23 > 12);              // x = False
x =   ( 23 > 12) && (12 >4);  // x = True
x =   (23 > 12) || (4 > 12);  // x = True
x =   (23 > 45) ^ (12 > 4);   // x = True
x =   (23 > 12) ^ (12 > 4);   // x = False
```

2.3.6 位运算符

位运算符表示对操作数进行的位运算。位运算是指进行二进制位的运算。C#语言提供的位运算符如表 2-11 所示。

表 2-11　C#的位运算符

符号	描述
~	按位取反
&	按位与
|	按位或
<<	左移
>>	右移
^	按位异或

在这些运算符中，除“~”运算符外都是二元运算符。位运算符的操作数只能为整型或字符型，不能为实型数据。位运算符的操作数参加运算时都应当作为二进制位的集合，并且应当根据二进制数的补码进行运算。

1．按位取反运算符（~）

“~”运算符是一元运算符，是对二进制数进行按位取反，运算规则是将二进制数的 0 转换为 1，1 转换为 0。例如对整数 1 进行按位取反操作，结果可表示为：

```
1:   00000000 00000000 00000000 00000001
~1:  11111111 11111111 11111111 11111110
```

而对整数-1（-1 按二进制补码形式存储为 11111111 11111111 11111111 11111111）的取反为：

```
-1:   11111111 11111111 11111111 11111111
~-1:  00000000 00000000 00000000 00000000
```

很明显，~1 和-1 的值不相等，并且 1 和~-1 的值也不相等。这说明取反是位运算，与数值运算并不相同。按位取反运算一般用于把一个数的所有位取反。

2．按位与运算符

“&”运算符是二元运算符，在“按位与”运算的两个操作数中，进行运算的两个相应位中任意一位为 0 时，运算结果的对应位就会被置为 0。运算规则是：1&1=1，0&1=0，0&0=0。例如：13 & 10

```
    00000000 00000000 00000000 00001101
&   00000000 00000000 00000000 00001010
    -----------------------------------
    00000000 00000000 00000000 00001000
```

其中 13 的二进制数是 00000000 00000000 00000000 00001101，10 的二进制数是 00000000 00000000 00000000 00001010，13 & 10 的结果是 8。按位与运算一般用于把一个数的某些位清 0。

3．按位或运算符

“|”运算符是二元运算符，如果两个操作数相应的二进制位中有一个是 1，那么相应位的结果就是 1，否则为 0。运算规则是：1|1=1，1|0=1，0|0=0。例如：13 | 10

```
    00000000 00000000 00000000 00001101
1   00000000 00000000 00000000 00001010
    -----------------------------------
    00000000 00000000 00000000 00001111
```

其中 13 的二进制数是 00000000 00000000 00000000 00001101，10 的二进制数是 00000000 00000000 00000000 00001010，13 | 10 的结果是 15。按位或运算一般用于把一个数的某些位设定为 1。

4. *按位异或运算符（^）*

“^”运算符也称为 XOR 运算符，是二元运算符，如果两个操作数相应的二进制位相同，那么相应位的结果为 0，否则为 1。运算规则是：1^1=0，1^0=1，0^0=0。例如：13^10

```
    00000000 00000000 00000000 00001101
^   00000000 00000000 00000000 00001010
    -----------------------------------
    00000000 00000000 00000000 00000111
```

其中 13 的二进制数是 00000000 00000000 00000000 00001101，10 的二进制数是 00000000 00000000 00000000 00001010，13^10 的结果是 7。按位异或运算一般用于把一个数的某些位取反。

5. *左移运算符（<<）*

“<<”运算符是二元运算符，是将数的二进制位全部向左移动指定的位数，并在后面的空位补入 0，而前面的高位移出后会被舍弃。例如：将 15 向左移一位（15<<1）、二位（15<<2）、三位（15<<3）、四位（15<<4）的运算。各移位运算结果分别表示如下：

左移之前的二进制数 00001111 对应十进制的值为 15

左移一位后的二进制数 00011110 对应十进制的值为 30

左移二位后的二进制数 00111100 对应十进制的值为 60

左移三位后的二进制数 01111000 对应十进制的值为 120

左移四位后的二进制数 11110000 对应十进制的值为 240

左移运算一般用于把某个数乘以 2^n，其中 n 为向左移动的位数。

6. *右移运算符（>>）*

“>>”运算符是二元运算符，是将数的二进制位全部向右移动指定的位数，如 x>>n 表示把变量 x 的每一位向右移 n 位。当 x 为有符号数时，左边空位补符号位上的值，这种位移称为算术右移；当 x 为无符号数时，左边空位补 0，这种位移称为逻辑右移。例如：15 右移一位（15>>1）、二位（15>>2）、三位（15>>3）的运算。

各移位运算结果分别表示如下：

右移之前的二进制数 00001111 对应十进制的值为 15

右移一位后的二进制数 00000111 对应十进制的值为 7

右移二位后的二进制数 00000011 对应十进制的值为 3

右移三位后的二进制数 00000001 对应十进制的值为 1

例如：-15 右移一位（-15>>1）、二位（-15>>2）、三位（-15>>3）的运算。各移位运算结果分别表示如下：

右移之前的二进制数 11110001 对应十进制的值为-15

右移一位后的二进制数 11111000 对应十进制的值为-8

右移二位后的二进制数 11111100 对应十进制的值为-4

右移三位后的二进制数 11111110 对应十进制的值为-2

本章首先介绍了 C#的数据类型和数据类型转换。数据类型是 C#程序设计的基本内容，C#数据类型分值类型和引用类型。其中值类型包括布尔类型、整数类型、浮点数类型、小数类型、结构类型和枚举类型；引用类型包括字符串、数组、类、接口、委托和 object 类型。值类型变量直接保存数据，引用类型变量保存数据的存储位置。

然后本章说明变量和常量的使用方法。其中重点是如何创建变量，如何对变量赋值，如何处理变量。同时，介绍了一些基本的用户交互，描述了如何把文本输出到控制台应用程序上，如何读取用户的输入。这涉及到一些非常基本的类型转换。

另外，本章还介绍了如何把运算符和操作数组合为表达式，并说明了这些运算符的执行方式，以及执行它们的顺序。运算符为了方便记忆可编成口诀：初单算关，位逻条赋，大致表示运算符的优先级顺序。同级运算符一般从左至右优先，也有少量是从右至左优先，它们是一元运算符（也叫单目运算符）、条件运算符和赋值运算符。表达式的运算顺序与运算符优先级紧密相关，要注意的是任何表达式都有数据类型和值。

一、选择题

1．C#的值类型包括简单类型、结构类型和（　　）。

A．类类型　　B．接口类型　　C．委托类型　　D．枚举类型

2．C#的引用类型包括类类型、接口类型、委托类型和（　　）。

A．数组类型　　B．简单类型　　C．结构类型　　D．枚举类型

3．有两个 double 型变量 x 和 y，分别取值 8.8 和 4.4，则表达式(int)x－y/y 的值是（　　）。

A．7　　B．7.0　　C．7.5　　D．8.0

4．已知大写字母 A 的 ASCII 码是 65，小写字母 a 的 ASCII 码是 97，则十六进制字符常量'\u0042'表示（　　）。

A．字符 a　　B．字符 A　　C．字符 b　　D．字符 B

5．使用变量 a 存放数据 389，则将变量 a 声明为（　　）类型最合适。

A．byte　　B．short　　C．int　　D．long

6．表达式"abcde"=="abcde" + "2006"的值为（　　）。

A．true2006　　B．true　　C．false　　D．0

7．以下程序的输出结果是（　　）。

```
int a= 1;
int b=10;
Console.WriteLine(++a & b );
```

A．1　　B．0　　C．10　　D．11

8．（　　）是非法的转义字符。

A．'\\'　　B．'\xff'　　C．'\u0054'　　D．'\0098'

9．对于下列程序语句：

```
char c='\x0032';
Console.WriteLine(c);
```

上述语句的输出结果是（　　）。

A．32　　B．50　　C．2　　D．0

10．C#中每个 int 类型的变量占用（　　）个字节的内存。

A．1　　B．2　　C．4　　D．8

11．为了将字符串 str="123,456"转换成整数 123456，应该使用的语句是（　　）。

A．int Num = int.Parse(str);

B．int Num = str.Parse(int);

C．int Num = (int)str;

D．int Num = int.Parse(str,Globalization.NumberStyles.AllowThousands);

12．在 C#语言中，下列能够作为变量名的是（　　）。

A．if　　B．3ab　　C．a_3b　　D．a-bc

13．在 C#语言中，下面的运算符中,优先级最高的是（　　）。

A．%　　B．++　　C．/=　　D．>>

14．定义枚举类型的语句是（　　）。

A．enum WeekDays {Sun,Mon,Tue,Wed,Thu,Fri,Sat};

B．struct PhoneBook;

C．class Test

D. public Main()

15．请问经过表达式 a=3+3>5?0:1 的运算，变量 a 的最终值是（　　）。

A．6　　B．1　　C．0　　D．true

二、填空题

1．C#数据类型分为________、________和________三大类。

2．已知 a=3.5，b=5，c=8.8，则表达式“b>a && c<a && !c>b”的值为________。

3．能够把值类型隐式转换为引用类型的是________转换；能够把引用类型显式转换为值类型的是________转换。

4．C#中的三元运算符是________。

5．211 & 255 的运算结果是________，211 && 255 的运算结果是________。

三、求下面表达式的值

1．设 a=true，b=true，c=false，d=5，求下列表达式的值：

（1）!a||d&&b||c

（2）a&&3<=7||d>=8&&c

2．x*10+y%8/2　　（设 x=2，y=34）

3．(int)(a+b)>0&&c==0（设 a=1.3，b=5，c=-2）

四、程序阅读

请说明下面程序的运行结果。

```
using System;
namespace A2_1
{
    class Program
    {
        static void Main()
        {
            int x = 9;
            Console.WriteLine((x--) + (x--) + (x--));
```

```
                Console.WriteLine(x);
                int y = (--x) + (--x) + (--x);
                Console.WriteLine(y);
                Console.WriteLine(x);
            }
        }
}
```

五、简答题

1．分别写出下列语句的执行结果。

（1）Console.WriteLine("{0}--{0:p}good",12.34F);

（2）Console.WriteLine("{0}--{0:####}good",0);

（3）Console.WriteLine("{0}--{0:00000}good",456);

2．C#支持的数据类型有哪些？

3．C#语言中，值类型和引用类型有哪些不同？

4．C#中不同整型之间进行转换的原则是什么？

5．什么是变量？变量的作用域是怎样的？变量和常量有什么区别？

六、程序设计

编写程序求圆的面积和周长，要求从键盘输入半径。

第 3 章　结构化程序设计

程序设计语言是由语句构成的，只有很好地掌握程序设计的各种基本语句，才能编写正确的程序。本章主要说明结构化程序设计的三种基本结构形式和基本程序流程控制语句。基本结构分别为顺序结构、选择（分支）结构和循环结构。通过对本章的学习，读者应该掌握以下主要内容:

- 条件语句的语法与使用
- 各种循环语句的特点与使用方法
- 跳转语句的使用

程序语句一般都是按照语句书写的顺序执行，但实际上在编写程序时会根据一定的条件来执行不同的程序语句段，这就需要有相关的控制语句来控制程序的流程。这种改变语句流程的语句叫控制语句。在 C#中控制程序结构的语句包括选择语句、循环语句和跳转语句。

3.1　选择语句

使用选择结构语句块中的条件表达式可以控制程序中哪些语句被执行，以及按什么样的次序执行。在 C#中选择语句又可分为两种：一种是 if 语句，主要用于分支比较少的情况；另一种是 switch 语句，主要用于多分支的情况。

3.1.1　if 语句

if 条件分支语句的语法格式如下：

```
if  (布尔表达式)
    语句 1 ;
else
    语句 2;
```

if 语句首先判断布尔表达式的值是真还是假，如果表达式的值为真，就执行语句 1，然后跳出 if 语句，继续执行 if 语句后面的语句；如果表达式的值为假，就执行 else 后面的语句 2。这种分支语句称为双分支语句，其控制流程如图 3-1（a）所示。

if 语句中的关键字 else 和语句 2 可以省略，这时 if 语句的语法格式为：

```
if  (布尔表达式)
    语句 1;
```

在这种情况下，如果布尔表达式的值为真，就执行语句 1；否则就跳过语句 1，执行 if 语句后面的语句，这种分支语句称为单分支语句，其控制流程如图 3-2（b）所示。

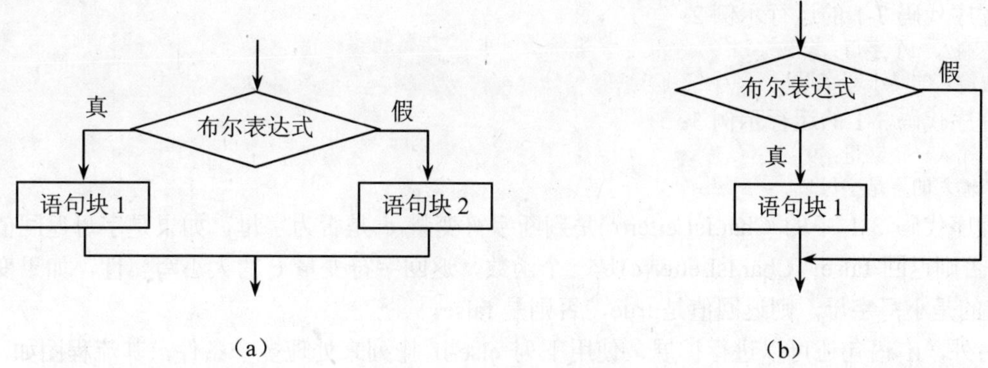

图 3-1　if 语句控制流程图

程序代码 3-1 从键盘输入一个字符，程序检查输入字符是否为字母。如果输入的字符是字母，则程序检查是大写还是小写，并给出相应的信息。

程度代码 3-1　判断输入的是大写字母还是小写字母

```
using System;
namespace P3_1
{
    class Program
    {
        static void Main(string[] args)
        {
            Console.Write("请输入一个字母：");
            char c = (char)Console.Read();
            if (Char.IsLetter(c))                          //判断用户输入的是否是字母
            {
                if (Char.IsLower(c))                       //判断用户输入的是否是小写字母
                {
                    Console.WriteLine("您输入的是小写字母!");
                }
            else
                {
                    Console.WriteLine("您输入的是大写字母!");
                }
            }
            else
            {

                Console.WriteLine("您输入的不是字母!");
            }
            Console.ReadLine();
        }
    }
}
```

程序代码 3-1 的运行示例 1：

```
请输入一个字母：A
您输入的是大写字母！
```

程序代码 3-1 的运行示例 2：

```
请输入一个字母：a
您输入的是小写字母！
```

程序代码 3-1 的运行示例 3：

```
请输入一个字母：9
您输入的不是字母！
```

程序代码 3-1 中的 Char.IsLetter(c)是判断字符变量 c 是否为字母，如果是字母返回值是 true，否则返回 false；Char.IsLetter(c)是一个函数，返回字符变量 c 的大小写属性，如果变量 c 存储的是小写字母，则返回值是 true，否则是 false。

另外，if 语句还可以进行扩展，使用下列 else-if 排列来处理多个条件，其流程图如 3-2 所示。

```
if (布尔表达式 1)
{
    //语句 1;
}
else if (布尔表达式 2)
{
    //语句 2;
}
else if (布尔表达式 3)
{
    //语句 3;
}
else
{
    //语句 4;
}
```

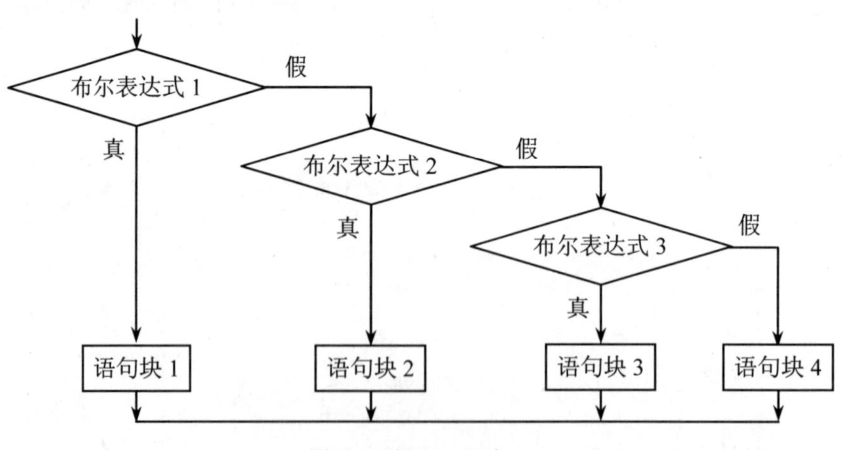

图 3-2 扩展 if 语句

程序代码 3-2 完成的功能与程序代码 3-1 相同，同样是判断输入的字符是小写字符、大写字符还是数字，并给出相应的提示。

程序代码 3-2 判断输入的是大写字母、小写字母还是数字

```
using System;
namespace P3_2
```

```
{
    class Program
    {
        static void Main(string[] args)
        {
            Console.Write("请输入一个字母：");
            char c = (char)Console.Read();
            if (Char.IsUpper(c))
            {
                Console.WriteLine("输入的是大写字母.");
            }
            else if (Char.IsLower(c))
            {
                Console.WriteLine("输入的是小写字母.");
            }
            else if (Char.IsDigit(c))
            {
                Console.WriteLine("输入的是数字.");
            }
            else
            {
                Console.WriteLine("输入的既不是数字也不是字母.");
            }
            Console.ReadLine();
        }
    }
}
```

在 if 语句中的布尔表达式可以由多个表达式组成，这些表达式可使用与（&&）、或（||）、非（!）进行连接。例如，在下列 if 语句中，若 Score 的值大于等于 60 且小于等于 100，那么让字符串变量 str1 设为“你通过测试!”，其语句如下：

```
if  (Score>= 60) && (Score<=100){
    str1 = "你通过测试!";
}
```

另外，C#有一个三元运算符（?:）是 if...else 语句的省略形式，当需要进行比较并返回一个布尔值时，该运算符是很有用处的。例如：

```
int Number=80;
string str1;
str1 = (Number>=60)?"通过":"下次再来";                    //str1="通过"
```

3.1.2 switch 语句

使程序实现多条选择路径的另一种方法是使用 switch 语句，也叫开关语句，此语句根据一个表达式的多个可能取值来选择要执行的代码段。其格式形如：

```
switch (控制表达式){
    case 常量表达式 1: 语句 1;
        break;
    case 常量表达式 2: 语句 2;
        break;
    ……
```

```
        default: 语句;
            break;
    }
```

其中，控制表达式的类型可以是整数类型（包括枚举类型和字符类型）和字符串类型，而各个 case 标签后的常量表达式的类型必须与控制表达式的类型相同，或者能够隐式地转换为控制表达式的类型。

switch 语句的形式是以 switch 表达式开始，后跟一连串的 switch 块，每个 switch 块通过 case 来标记。在执行过程中，程序将控制表达式的值与常量表达式 1 和常量表达式 2 等依次进行比较，如果相等则执行对应 case 标签下的语句，然后执行 break 语句来结束 switch 语句。如果控制表达式的值与所有常量表达式的值均不匹配，则执行 default 标签后的程序段，default 部分是可选的，即在 switch 语句中可以不出现。

需要强调说明的是，在每个 switch 块结束处必须使用 break 语句，否则就会产生编译错误，因为编译器不允许连续执行多个 switch 块。

程序代码 3-3 是当用户输入一个百分制的学生成绩时，根据所输入的数值程序能自动显示该成绩对应的优、良、中、及格和不及格。

程序代码 3-3　switch 实例 1

```
using System;
namespace P3_3
{
    class Program
    {
        static void Main(string[] args)
        {
            Console.WriteLine("请输入分数:");
            int x;
            if (!int.TryParse(Console.ReadLine(), out x))                //判断用户输入的是否是数字
            {
                Console.WriteLine("输入的不是数字！");
            }
            else
            {
                switch (x/10)
                {
                    case 10:
                        Console.WriteLine("优秀");
                        break;
                    case 9:
                        Console.WriteLine("优秀");
                        break;
                    case 8:
                        Console.WriteLine("良好");
                        break;
                    case 7:
                        Console.WriteLine("中");
                        break;
                    case 6:
```

```
                        Console.WriteLine("及格");
                        break;
                    default:                                    // 6分以下均不及格
                        Console.WriteLine("不及格");
                        break;
                }
            }
        }
    }
}
```

程序代码 3-3 中使用 int.TryParse()方法把用户输入的字符转换为整数类型，如果转换成功则返回 true，否则返回 false。该方法的最后一个参数为输出值，如果转换失败，则输出值为 0。

程序代码 3-3 中首先把用户输入的数字字符转换为相应的整数，该整数的范围应该是在 0~100 之间，然后把该数除以 10，这样做的目的是取成绩变量值中的十位数字，这样可以根据所得到的十位数字的值来确定该数的级别，在此例中输入 0~100 之内的数字都会得到正确的等级，但是输入 100 以外的数字，按照该例程序的运行结果将会显示“不及格”，例如输入 120，这样变量 x 的值就是 120，进行 x/10 运算之后得到的值是 12，这样执行 switch 语句的 default 块，就会显示“不及格”。

程序代码 3-4 可以用来解决上面所提到的程序错误问题，它主要是为了说明空 case 标签可以从一个 case 标签贯穿到另一个 case 标签。

程序代码 3-4　switch 实例 2

```
using System;
namespace P3_4
{
    class Program
    {
        static void Main(string[] args)
        {
            Console.WriteLine("请输入分数:");
            int x;
            if (!int.TryParse(Console.ReadLine(), out x))
            {
                Console.WriteLine("输入的不是数字！"+x);
            }
            else
            {
                switch (x/10)
                {
                    case 10:
                    case 9:
                        Console.WriteLine("优秀");
                        break;
                    case 8:
                        Console.WriteLine("良好");
                        break;
                    case 7:
```

```
                    Console.WriteLine("中");
                    break;
                case 6:
                    Console.WriteLine("及格");
                    break;
                case 5:
                case 4:
                case 3:
                case 2:
                case 1:
                case 0:
                    Console.WriteLine("不及格");
                    break;
                default:
                    Console.WriteLine("您输入的分数不在 0~100 之间，不能进行等级转换");
                    break;
            }
        }
    }
  }
}
```

3.2 循环语句

循环语句用于在一定条件下多次重复执行一组语句。可以根据下列条件重复执行语句：直到条件为真时、直到条件为假时、指定的次数、集合中的每个对象执行一次。C#支持的循环结构包括 for 语句、foreach 语句、while 语句、do...while 语句。

3.2.1 while 语句

当循环体的执行次数不确定时，可使用 while 语句，具体执行次数取决于条件表达式的值。只要条件为 true，则重复执行语句块。while 语句在开始循环体前先检查该条件表达式的值，再执行循环体，因此 while 循环的执行次数可能是零次或多次，其程序流程如图 3-3 所示，语法结构形式如下所示：

```
while(表达式)
{
    语句块;
}
```

其中：

- 表达式：可隐式转换为 bool 或包含重载 true 和 false 运算符的类型。此表达式用于测试循环终止条件。
- 语句块：要执行的嵌入语句。

while 语句的执行顺序是：

①计算逻辑表达式的值；

② 若逻辑表达式的值为假（false）则转移至④；

③ 若逻辑表达式的值为真（true），则执行循环体语句（循环体语句应包括对循环条件的修改），循环体语句执行完转移至①；

④ 循环语句执行完毕。

需要说明的是 while 循环语句结尾是没有分号“;”的，加上分号程序会出错，C#规定一个语句块（用大括号括起来的语句）结尾不加分号“;”。另外逻辑表达式不能为空，否则会出错。

如果一个循环是“while (true) { … … }”，按 while 语句执行规则（如果循环体中没有另外的出口），则无法结束程序，进入死循环。这不是程序设计人员开发应用程序的目的。所以要避免死循环的出现，就要对循环语句的循环条件进行有效控制，满足实际的循环需求。

程序代码 3-5 利用 while 语句实现 100 以内的数字累加，其程序流程如图 3-4 所示。

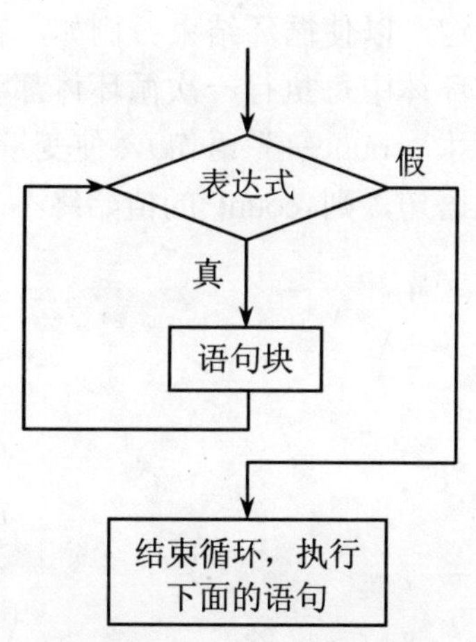

图 3-3　while 循环的流程图

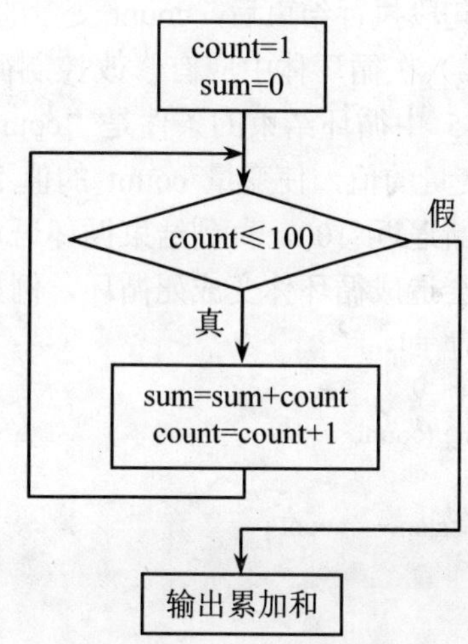

图 3-4　while 语句实现 1～100 累加的程序流程图

程序代码 3-5　while 语句实现 100 以内的数字累加

```
using System;
namespace P3-5
{
    class Program
    {
      static void Main(string[] args)
        {
            int count,sum;
            count = 1;
            sum = 0;                              //累加和变量初值清 0
            while (count <= 100)
            {
                sum += count ;
                count++;
            }
            Console.WriteLine("1 到 100 的累加和是：{0}",sum);
            Console.ReadLine();
```

```
        }
    }
}
```

说明：

（1）循环体如果包含一个以上的语句，应该用大括号括起来，以复合语句的形式出现。如果不加大括号，则 while 语句的控制范围仅限于 while 后紧跟的第一条语句。例如，下列语句执行完成后，count 和 sum 的值分别为多少？

```
count = 1;
sum = 0;
while (count <= 100)
        count++;
sum += count ;
```

由于 while 语句没加大括号，所以 while 语句的范围只到 while 后面的第一条语句，这样上面语句段执行结束后，count 变量的值是 101，sum 变量的值是 101。

（2）在循环体中应有修改控制循环结束变量值的语句，以使循环结束。例如，在程序代码 3-5 中循环结束的条件是“count<=100”，因此在循环体中每执行一次循环体都要修改 count 变量的值，使变量 count 的值不断增加（本例中使用“count++”语句），使变量 count 的值不断逼近 100，直到结束循环语句的条件。如果无此语句，则 count 的值始终不改变，这样就会造成循环体变成死循环，例如下面的语句：

```
count = 1;
sum = 0;
while (count <= 100)
{
      sum += count ;
}
```

3.2.2 do…while 语句

当事先不知道需要执行多少次循环体时，可使用 do…while 语句，执行的具体次数取决于条件表达式的值，可以在条件表达式为 true 时一直重复执行循环语句。它与while语句的区别是：

（1）while 语句是先判断循环结束条件，再执行循环体。也就是说循环体的执行次数可能是零次或者多次。

（2）do 语句是先执行循环体，后判断循环结束条件，也就是说循环体至少被执行一次。

do…while 语句语法结构如下所示：

```
do{
      循环体语句;
} while (逻辑表达式);
```

do…while 语句执行规则如下：

① 执行循环体语句（在进入循环体语句之前应有对循环的初始化，循环体内应有对循环条件的修改）；

② 计算循环判断逻辑表达式的值；

③ 若循环判断逻辑表达式的值为假（fasle）则转移至④，若逻辑表达式的值为真 true 转移至①；

④ 循环语句执行完毕。

要注意的是，do…while 语句结尾有分号“;”，因为结尾不是循环体。如果没有分号程序会出错，C#规定一条语句以分号“;”结束。

如果一个循环是“do{ … … } while (true);”，按 do…while 语句执行规则（如果循环体中没有另外的出口），则无法结束程序，和 while 循环一样进入死循环。一个完整的 do…while 语句程序也应有初始化、循环判断、循环条件修改。

其中，逻辑表达式是用于测试循环终止条件；而循环语句块是要执行的循环体。do…while 语句流程图如 3-5 所示。

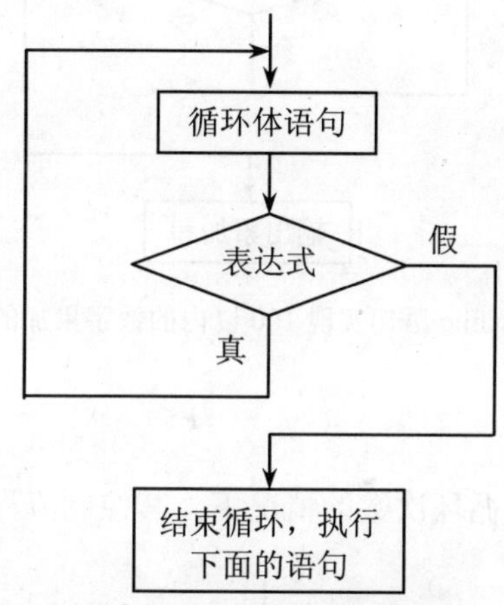

图 3-5　do…while 语句流程图

程序代码 3-6 利用 do…while 语句实现 100 以内的数字累加，其程序流程如图 3-6 所示。

代码 3-6　do…while 语句实现 100 以内的数字累加

```
using System;
namespace P3-6
{
    class Program
    {
        static void Main(string[] args)
        {
            int count,sum;
            count = 1;
            sum = 0;
            do
            {
                sum += count;
                count++;
            } while (count <= 100);
            Console.WriteLine("1 到 100 的累加和是：{0}",sum);
```

```
                Console.ReadLine();
            }
        }
    }
```

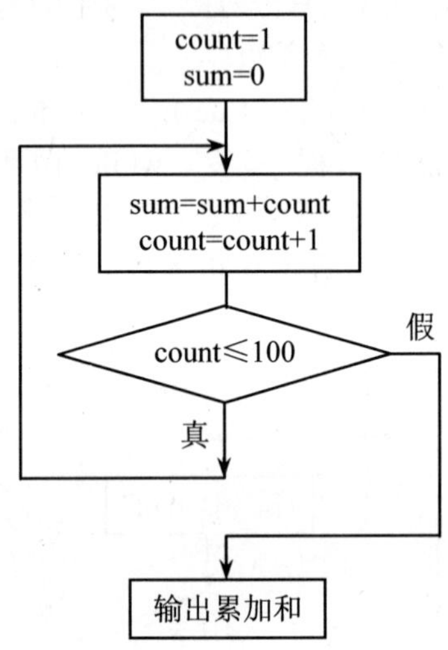

图 3-6　do…while 语句实现 100 以内的数字累加的程序流程图

3.2.3　for 语句

for 循环语句适合用在已知循环次数的情况下，其控制流程如图 3-7 所示。

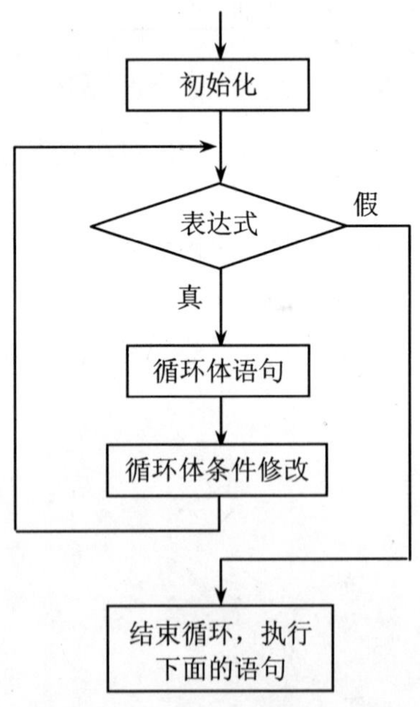

图 3-7　for 语句控制流程图

for 循环语句的语法格式如下：

```
for ([初始化];[循环判断];[循环条件修改])
{
    //for 循环语句循环体
}
```

for 语句执行规则：

① 执行初始化项（只执行一次）；

② 计算循环判断逻辑表达式项的逻辑表达式的值；

③ 若循环判断逻辑表达式的值为假（false）则转移至⑥；

④ 若循环判断逻辑表达式的值为真（true），则执行 for 循环的循环体语句（循环体语句一般不包含循环条件的修改）；

⑤ 执行循环条件修改项，进行循环条件的修改，循环条件修改执行完转至②；

⑥ 若逻辑表达式的值为假（false），则循环语句执行结束。

程序代码 3-7 利用 for 语句实现 100 以内的数字累加。

程序代码 3-7　for 语句实现 100 以内的数字累加

```
using System;
namespace P3-7
{
    class Program
    {
      static void Main(string[] args)
        {
          int count,sum;
            sum = 0;
            for (count = 1; count <= 100;count++ )
            sum += count;
            Console.WriteLine("1 到 100 的累加和是：{0}",sum);
            Console.ReadLine();
      }
    }
}
```

for 语句嵌套时可以实现多层循环，以完成大量重复性的工作。

程序代码 3-8 打印出斐波纳契（Fibonacci）数列的前 20 项。斐波纳契数列源于古典的数学问题，理论上指数列的前两项都为 1，从第三项开始，数列的每一项为前两项之和，如：1　1　2　3　5　8　13　21　34　55　89　……

可以先声明两个整形变量：f1 和 f2，初始化 f1 = 1，f2 = 1。

先输出 f1，f2，再使用公式：

```
f1 = f1 + f2
f2 = f2 + f1;
```

再输出 f1，f2，再使用公式：

```
f1 = f1 + f2                // 循环体
f2 = f2 + f1;
……
```

直到输出第 40 项。

程序代码 3-8　斐波纳契（Fibonacci）数列的前 20 项

```
using System;
```

```
namespace P3_8
{
    class Program
    {
        static void Main(string[] args)
        {
            int i , f1 = 1, f2 = 1;
            for (i=1; i <= 10; i++)                       //定义并初始化三个变量
            {
                Console.Write("{0} {1} ", f1, f2);    //输出 f1，f2
                if (i % 2 == 0)   Console.WriteLine();        //控制每输出四个数据项换行一次
                f1 = f1 + f2;                         //计算 f1
                f2 = f2 + f1;                         //计算 f2
            }
            Console.ReadLine();
        }
    }
}
```

程序执行后输出如图 3-8 所示。

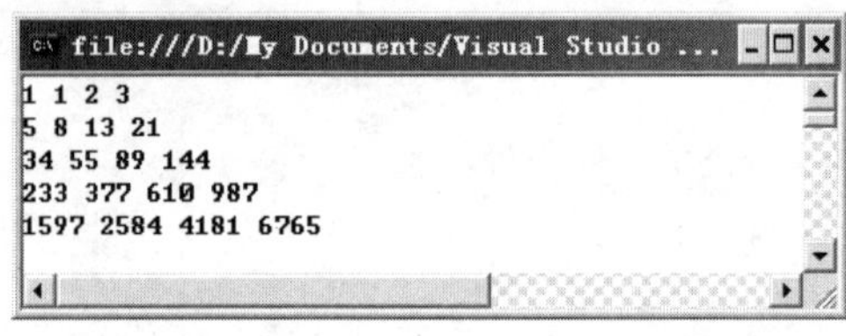

图 3-8 程序代码 3-8 的执行结果

程序代码 3-9 通过双重循环来实现输出三角形。此程序由用户先输入所需要显示的三角形的行数，然后根据输入值显示相应行数的三角形。其程序思想是：外循环控制所输出的三角形的行数；内循环是两个，前面一个内循环输出规定的空格数，后面一个内循环输出指定的“*”个数。

程序代码 3-9 输出三角形

```
using System;
namespace P3_9
{
    class Program
    {
        static void Main(string[] args)
        {
            Console.Write("请输入行数:");
            int lines = int.Parse(Console.ReadLine());
            Console.WriteLine("");
            for (int i = 1; i <= lines; i++)
            {
                for (int k = 1; k <= lines - i; k++)
                    Console.Write(" ");
                for (int j = 1; j <= i * 2 - 1; j++)
                    Console.Write("*");
```

```
                Console.WriteLine("");
            }
            Console.ReadLine();
        }
    }
}
```

程序执行后输出如图 3-9 所示。

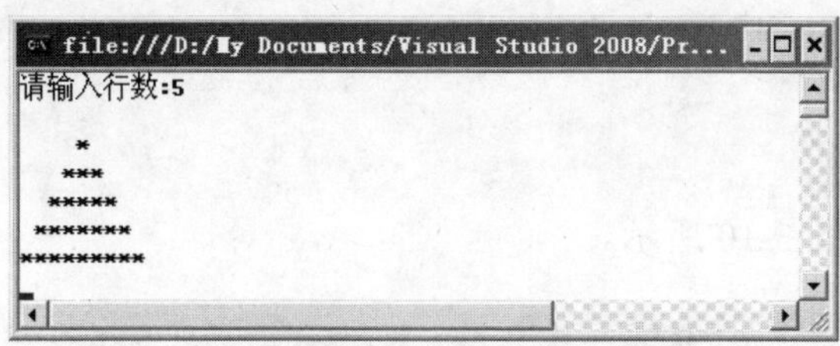

图 3-9　程序代码 3-9 的执行结果

也可根据程序代码 3-9 来实现倒三角形的显示。

3.2.4　foreach 语句

foreach 循环语句用于对数组、字符串及集合类型实例中的每一个元素进行只读访问。foreach 语句用于循环访问集合以获取信息，但不用于更改集合内容。foreach 循环语句的语法形式如下：

```
foreach (迭代类型 迭代变量名 in 集合)
{
    //foreach 语句循环体
}
```

其中：

- 迭代类型不是一种新数据类型，而是 C#数据类型之一，可以定义迭代变量，从集合中重复、交替地取元素，将元素的值传递给迭代变量。
- 集合是指实现 System.Collections.IEnumerable 接口的类的实例对象，包括.NET 框架 System.Collection 中的集合类的实例对象、数组、字符串等的实例对象。

foreach 循环语句的运行过程如下：每一次循环时，从集合中取出一个新的元素值，放到迭代变量中去，括号中的整个表达式的返回值为 true，然后执行循环体；如果集合中的元素都已经被访问过，foreach 括号中的整个表达式的值为 false，控制流程就转入到 foreach 语句块后面的第一条可执行语句。下面通过程序代码 3-10 说明 foreach 循环的使用方法，程序代码的功能是根据用户输入的数据，统计出其中大写字母和小写字母的个数。

程序代码 3-10　foreach 循环的使用方法

```
using System;
namespace P3_10
{
    class Program
    {
      static void Main(string[] args)
        {
            Console.WriteLine("请输入一个字符串:");
```

```
                string text = Console.ReadLine();
                int COUNT = 0;
                foreach (char ch in text)
                {
                    if (ch >= 'a' && ch <= 'z' || ch >= 'A' && ch <= 'Z')
                        COUNT ++;
                }
                Console.WriteLine("字符共出现{0}次", COUNT);
                Console.ReadLine();
        }
    }
}
```

程序执行后输出如图 3-10 所示。

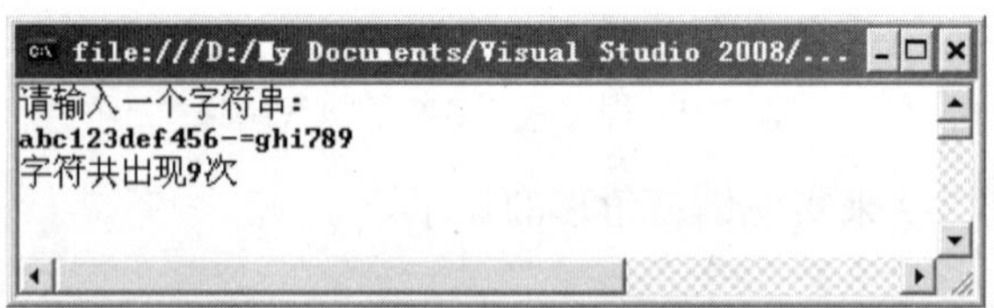

图 3-10　程序代码 3-10 的执行结果

在程序代码 3-10 中，首先由用户输入一串字符并送给字符串变量 text，foreach 语句先取字符串变量 text 的第一个字符送给字符变量 ch，判断该字符是否在小写的“a”到“z”之间，或者大写的“A”到“Z”之间，如果是则把计数器 COUNT 的值加 1，否则取下一个字符送给字符变量 ch，再次进行判断，直到把字符串变量的每一个字符都读取一遍为止。

3.3　跳转语句

使用循环语句时，如果循环条件不被改变，循环就会一直进行下去，这就是“死循环”。避免“死循环”有两种方法：一是改变循环条件，二是使用跳转语句。跳转语句能够无条件地改变程序的控制权。

3.3.1　break 语句

在 switch，while，do…while，for 或 foreach 语句的循环体中，使用 break 语句将直接退出当前正在执行的循环或 switch 语句。break 语句的语法格式如下：

```
break;
```

如果 break 语句不在循环内或被 switch 语句所封闭（try 块除外），则会发生编译错误。

程序代码 3-11 用于判断一个正整数是否为素数。如果一个数除了 1 和本身之外，不能被小于该数的数整除，则该数为素数，素数也称为质数。程序代码 3-11 的算法是把输入的数依次除以 2～$\sqrt{x}$ 之间的数，若都不能整除则为素数；若有一次被整除则不是素数，退出循环。

程序代码 3-11　判断素数

```
using System;
namespace P3_11
```

```
{
    class Program
    {
        static void Main(string[] args)
        {
            Console.WriteLine("请输入一个正整数:");
            int x,i;
            bool flag = true;
            int.TryParse(Console.ReadLine(), out x);
            for (i = 2; i <=Convert.ToInt32 ( Math.Sqrt(x)); i++)
            {
                if (x % i == 0)
                {
                    Console.WriteLine("{0}不是一个素数", x);
                    flag = false;
                    break;
                }
            }
            if (flag )
                Console.WriteLine("{0}是一个素数", x);
            Console.ReadLine();
        }
    }
}
```

程序代码 3-11 的执行结果如图 3-11 所示。

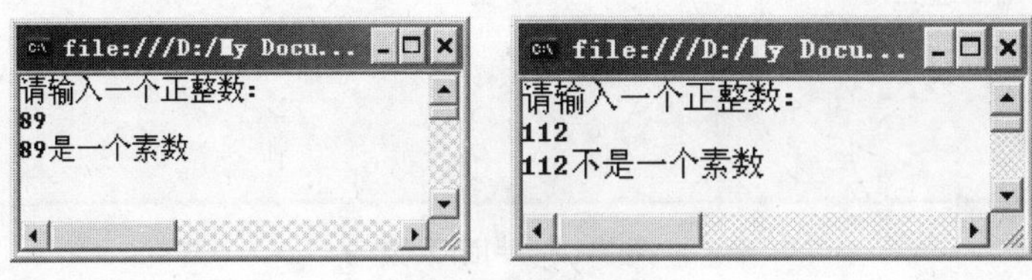

图 3-11　判断素数

程序代码 3-11 说明如下：

（1）Math.Sqrt(x)是对变量 x 求平方根运算。

（2）Convert.ToInt32 (x)是把变量 x 转换成整型数。

（3）布尔变量 flag 初始值是 true，当经过循环语句的检测后其值仍然是 true，表示在 $2\sim\sqrt{x}$ 之间的数没有数能整除用户所输入的数，表示该输入的数是素数。

程序代码 3-12 是对程序代码 3-11 的一个改写，使用双重循环实现让用户输入一个数，然后把比该数小的所有素数都显示出来。

程序代码 3-12　显示比某数小的所有素数

```
using System;
namespace P3_12
{
    class Program
    {
        static void Main(string[] args)
        {
```

```
                Console.WriteLine("请输入一个正整数:");
                int i,x, l;
                bool flag ;
                int.TryParse(Console.ReadLine(), out x);
                for (i = 2; i <= x; i++)
                {
                    flag = true;
                    for (l = 2; l <= Convert.ToInt32(Math.Sqrt(i)); l++)
                    {
                        if (i % l == 0)
                        {
                            flag = false;
                            break;
                        }
                    }
                    if (flag)
                        Console.Write("{0}    ", i);
                }
                Console.ReadLine();
            }
        }
    }
```

程序代码 3-12 的执行结果如图 3-12 所示。

```
file:///D:/My Documents/Visual Studio 2008/Projects/helloworld/hellow...
请输入一个正整数:
100
2  3  5  7  11  13  17  19  23  29  31  37  41  43  47  53  59  61  67  71  73
79  83  89  97  _
```

图 3-12　判断素数

3.3.2　continue 语句

continue 语句主要用在 while、do…while、for 或 foreach 等循环语句中，用于结束本次循环，即跳过 continue 语句后面尚未执行的语句。continue 语句并不跳出当前的循环体，只是终止本次循环，接着进行下一次循环是否执行的判定。continue 语句的格式如下：

```
continue;
```

如果 continue 语句不是在循环体内，则会发生编译错误。当 continue 语句在多个循环语句彼此嵌套的最里层时，同 break 语句一样，continue 语句只对最里层的循环语句起作用。若要穿越多个嵌套层直接转移控制，也须使用 goto 语句。

程序代码 3-13 用于计算数列 1+2+3+6+7+9+11…+99 之和（不包括 4 和 5 的倍数）。

程序代码 3-13　计算数列 1+2+3+6+7+9+11…+99 之和（不包括 4 和 5 的倍数）

```
using System;
namespace P3-13
{
    class Program
```

```
    {
        static void Main(string[] args)
        {
            int i, s = 0;
            for (i = 1; i < 100; i++)
            {
                if ((i % 4 == 0)||(i % 5 == 0))
                    continue;                                //不计算 4 和 5 的倍数
                Console.Write(i);
                if (i < 99) Console.Write("+");
                s += i;
            }
            Console.Write("=");
            Console.WriteLine(s);
            Console.ReadLine();
        }
    }
}
```

程序代码 3-13 的执行结果如图 3-13 所示。

图 3-13　计算数列 1+2+3+6+7+9+11…+99 之和（不包括 4 和 5 的倍数）

3.3.3　goto 语句

goto 语句可以直接跳转到程序中用标号所指定的另一条语句。标号是一个标识符后跟一个冒号，标号用于指定程序的语句位置。由于 goto 语句打乱结构化程序设计语句的顺序，所以目前的高级语言都不建议使用。goto 语句的语法格式如下：

```
goto 标号;
```

goto 语句可以从语句块跳出。goto 语句不能跳转到其他的语句块内，也不能从一个方法跳转至另一个方法，更不能跳出类的范围。

程序代码 3-14 是实现当用户输入身份证号码后，能判别其是男性还是女性。目前我国使用的身份证号码是 18 位，其中前 6 位为省市地区码，接着的 8 位为出生年月日，后 4 位中的最后一位是校验码，可用于区分身份证号码的真假，紧挨着的 3 位是顺序码，用于同一地区在同年同月同日出生的人的身份区别，这 3 位数单数表示男，双数表示女。所以，可用 18 位身份证号的倒数第 2 位的单双区分男女。

程序代码 3-14　根据身份证号判断性别

```
using System;
namespace P3-14
{
    class Program
    {
```

```
            static void Main(string[] args)
            {
                 string slb;
                Console.Write("请输入 18 位身份证号码：");
                do
                {
                    slb = Console.ReadLine();
                    if (slb.Length == 18)              //测试身份证的长度是否是 18 位
                        goto   LB_OUT;                 //跳转至标号 LB_OUT
                    Console.Write("长度不正确\n 请重新输入 18 位身份证号码：");
                }while(slb.Length != 18);
    LB_OUT:
                Console.Write("身份证号码为: "+slb);
                if (slb[16] % 2 == 0)
                    Console.WriteLine("，性别为女");
                else
                    Console.WriteLine("，性别为男");
                Console.ReadLine();
            }
        }
}
```

程序代码 3-14 的执行结果如图 3-14 所示。

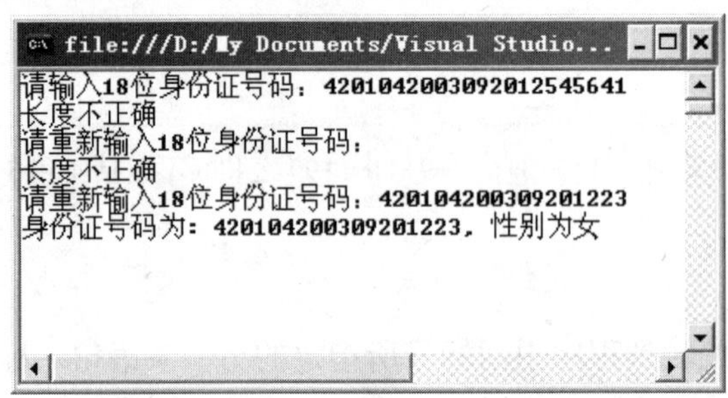

图 3-14　程序代码 3-14 的执行结果

goto 语句是典型的非结构化控制语句，在程序中应限制使用。此外，goto 语句尽管看上去很强大，但通过循环语句和其他跳转语句，总是能够实现 goto 语句所能实现的任何功能。下面使用代码 3-15 来消除代码 3-14 中的 goto 语句。

程序代码 3-15　根据身份证号判断性别

```
using System;
namespace P3_15
{
    class Program
    {
        static void Main(string[] args)
        {
             string slb;
            Console.Write("请输入 18 位身份证号码：");
            do
            {
```

```
                slb = Console.ReadLine();
                if (slb.Length == 18)            //测试身份证的长度是否是 18 位
                {
                    Console.Write("身份证号码为: " + slb);
                    if (slb[16] % 2 == 0)
                        Console.WriteLine(", 性别为女");
                    else
                        Console.WriteLine(", 性别为男");
                }
                else
                    Console.Write("长度不正确\n 请重新输入 18 位身份证号码: ");
            }while(slb.Length != 18);
             Console.ReadLine();
        }
    }
}
```

3.3.4 return 语句

return 语句用于方法的结束，并将控制权转移给方法的调用程序。程序主方法 Main() 中的 return 语句表示整个应用程序的退出点。return 语句要求后面要跟与方法返回类型相同的表达式。如果方法返回类型为 void，则可以使用不带表达式的 return 语句。例如程序代码 3-16 中定义了判断一个数是否是偶数的 IsNumic 方法，如果是偶数，则方法返回 true，否则返回 false。

程序代码 3-16　判断奇偶数

```
using System;
namespace P3_16
{
    class Program
    {
        static void Main(string[] args)
        {
            Console.WriteLine("请输入一个正整数:");
            int x;
             int.TryParse(Console.ReadLine(), out x);
             if (CzMath.IsNumber(x))
                 Console.WriteLine("{0}是一个偶数", x);
             else
                 Console.WriteLine("{0}不是一个奇数", x);
              Console.ReadLine();
        }
    }
    public class CzMath
        {
            public static bool IsNumber(int x)
            {

                if (x % 2 == 0)
                    return true;
```

```
                else
                    return false;
            }
        }
}
```

本章主要说明控制结构如何改变程序执行的流程，而在 C#中控制结构使用的关键字包括：选择控制——if、else、switch、case；循环控制——while、do、for、foreach；跳转控制——break、continue、return、goto。而在这些控制结构中比较难的是对循环结构语句的选取，需要特别说明的是 while 循环语句也称当型循环语句，主要在事先不知道需完成的循环次数时使用；do…while 循环语句也称为直到型循环语句，主要在已知至少完成一次循环时使用；for 循环主要在已知需完成的循环次数时使用；foreach 循环主要应用于集合类型，用于遍历集合内各元素。

控制结构是结构化程序设计中的关键要素。把正常的顺序执行与这些选择、循环、跳转语句结合起来，能够在程序中实现各种复杂的算法。

一、选择题

1. 以下程序的输出结果是（　　）。

```
using System;
class Program
{
   static void Main()
   {
       int a=10;
       int b;
       b=2*a+20;
       Console.WriteLine(b);
   }
}
```

A．10　　B．20　　C．30　　D．40

2. 对于跳转语句 break 和 continue，说法正确的是（　　）。

A．continue 语句只能用于循环体中

B．break 语句只能用于循环体中

C．continue 和 break 语句的跳转范围不明确，容易产生歧义

D．break 语句是无条件跳转语句，continue 语句不是

3. 有下列语句

```
int a = 20, b = 5, c = 10, d = 3;
bool s, e = false;
```

则表达式“(s = a < c) && (e = b;d > 0)”运算后，e 的值是（　　）。

A．0　　B．1　　C．true　　D．false

4、能够列举集合中的每一个元素的循环语句是（　）。

A．while　　B．do…while　　C．for　　D．foreach

5．for(int i=10,j=1000;i>=0 && j!=0;i++)循环的执行次数是（　）。

A．1000　　B．11　　C．10　　D．0

6．if 语句后面的表达式应该是（　）。

A．逻辑表达式　　B．条件表达式

C．算术表达式　　D．任意表达式

7．能够中断当前的选择或循环，并跳出当前的选择或循环的语句是（　）。

A．exit　　B．break　　C．goto　　D．continue

8、能够结束本次循环的语句是（　）。

A．exit　　B．break　　C．goto　　D．continue

9．下列程序所计算的数学式是（　）。

```
int a=0,i=2;
while(i<100){ a+=i; i+=2; }
Console.WriteLine("a={0}",a);
```

A．a=1+2+4+…+98　　B．a=1+2+4+…+100

C．a=2+4+6+…+98　　D．a=2+4+6+…+100

10．以下程序的输出结果是（　）。

```
int a=10;
do
{
    Console.WriteLine(a);
}while(a>10);
```

A．10　　B．9　　C．无输出　　D．死循环

11．若“int m,n,r;”，则以下正确的是（　）。

A．if(m <> n) r ;　　B．if(m == n) r ;　　C．if(!m) r;　　D．if(m=<n) r ;

12．阅读下面程序：

```
using System;
class test
{
    static void Main()
    {
      int s=0;
       for(int i=1;i<=100;i++)
       {
          if(i%2==0)
          s=s+i;
       }
      Console.WriteLine(s);
    }
}
```

程序的执行结果是输出（　）。

A．1 到 100 之间的整数之和　　B．0 到 100 之间的所有整数

C．1 到 100 之间的偶数之和　　D．1 到 100 之间的奇数之和

二、指出下语句段中的错误并改正

1．if (nMyValue1=5) i=1;

2．if(nMyValue2==1)i=1;

3．int[] myInt={1,2,3};

```
foreach(int test in myInt)
{
    test++;
    Console.WriteLine(temp);
}
```

4．int[] myInt1={1,2,3};

```
foreach(int test in myInt1)
{
    Console>WriteLine(test);
}
```

三．阅读程序

1．下面程序段执行结束后，输出结果是什么？

```
int r=0;
for (int i = 1; i <= 10; i ++)
{
    while(true)
    {
        if (i % 4==0) break;
        else
            i++;
    }
        r+=i;
}
Console.WriteLine(r);
```

2．分析下面的程序，试找出并改正其中的错误；如果没有错误则写出程序的运行结果。

```
using System;
namespace Q3_1
{
    class Program
    {
        static void Main()
        {
            int[] iArray = new int[] { 5, 6, 7 };
            Color[] cArray = (Color[])iArray;
            Console.WriteLine("{0}    {1}    {2}", cArray[0], cArray[1], cArray[2]);
        }
    }
    enum Color
    {
        赤, 橙, 黄, 绿, 蓝, 靛, 紫
    };
}
```

3．下面程序的输出结果是什么？

```
using system;
Class Example1
{
```

```
    Public Static void main()
    {
        int x=1,a=0,b=0;
        Switch(x)
        {
            Case 0:b++,break;
            Case 1:a++,break;
            Case 2:a++,b++,break;
        }
        Console.Writeline("a={0},b={1}",a,b);
    }
}
```

4．下列代码的输出结果是什么？

```
namespace Answer
{
    class Program
    {
        static void Main(string[]  args)
        {
            int i,j;
            for(i=1;i>=0;i--)
                for(j=0;j<=i;j++)
                  Console.WriteLine("i*j={0}",i*j);
        }
    }
}
```

5．分析下面程序的运行结果。

```
using System;
class Test
{
    public static void Main()
    {
        int[,] a=new int[6,6];
        a[0,0]=1;
        for(int i=1;i<=5;i++)
        {
            a[i,0]=1;
            a[i,i]=1;
            for(int j=1;j<=i;j++)
            {
                a[i,j]=a[i-1,j-1]+a[i-1,j];
            }
        }
        for(int i=0;i<=5;i++)
        {
            for(int j=0;j<=i;j++)
            {
                Console.Write(" {0} ",a[i,j]);
            }
```

```
                Console.WriteLine();
            }
        }
    }
```

四、程序填空

若十进制的三位数中每一位的数字均不相同，则这样的三位数共有多少个？以下程序回答了这个问题。请在空白处填入适当的内容，把程序补充完整。

```
int r=0;
for (int i = 1; i < 10; i++)
{
    for (int j = 0; j < 10; j++)
    {
        if ( ____(1)____ ) continue;
        else
        {
            for (int k = 0; k < 10; k++)
                if ( ____(2)____ ) r++;
        }
    }
}
Console.WriteLine(r);
```

五、程序设计

1．一个数如果恰好等于除它本身之外的各个因子之和，则称该数为“完数”，例如：6 的因子为1,2,3，且 6=1+2+3。编写一个控制台程序，能够求出 1000 以内的所有“完数”。

2．编写一个控制台程序，能够计算 1!+2!+3!+4!+…+n!的值，n 从键盘输入。

第 4 章 数组与字符串

本章讲解函数、数组和字符串。其中函数表示每个输入值对应唯一输出值的一种对应关系；数组是把具有相同类型的若干变量按有序的形式组织起来的一种形式；字符串是由零个或多个字符组成的有限序列。通过对本章的学习，读者应该掌握以下主要内容：

- 数组的定义和初始化
- 数组元素的访问
- 字符串的定义
- 字符串的基本操作

4.1 函数

4.1.1 函数的基本概念

函数是完成一定功能，可以重复执行的代码块。同时在面向对程序设计中，函数也叫方法。函数可以使代码的可读性更高，可以创建多用途的代码。

程序代码 4-1 的功能是显示 1~N，其中 N 是由用户来定义其初值的。

程序代码 4-1 显示 1~N

```
using System;
namespace P4_1
{
    class Program
    {
        static void Main(string[] args)
        {
            int N=5;
            for(int i=0;i<N;i++)
            {
              Console.WriteLine(i);
            }
            Console.ReadLine();
        }
    }
}
```

将程序代码 4-1 用函数实现，其程序代码如 4-2 所示。

程序代码 4-2　用函数实现显示 1~N

```
using System;
namespace P4_2
{
    class Program
    {
        static void Display(int M)
        {
            for (int i = 0; i < M; i++)
            {
                Console.WriteLine(i);
            }
        }
        static void Main(string[] args)
        {
            int N = 5;
            Display(N);
            Console.ReadLine();
        }
    }
}
```

在程序代码 4-2 中，Display 是用来标记这个函数的，叫函数名；Display 括号内的 M 是形式参数；Display 后的{}里的内容组成了函数体，函数就是由函数名和函数体组成的。static 是修饰符，而 void 表示没有返回值。由此得到一个函数一般定义的语法格式如下：

```
函数修饰符    返回类型      函数名 (数据类型   数据变量名，……)
{
        //函数体
}
```

其中函数修饰符可以分以下几种：

- public：访问不受限制，任何地方都可以访问。
- protected：访问仅限于类或派生类。
- private：访问仅限于类。
- internal：访问仅限于当前程序集。
- protected internal：访问仅限于当前程序集或派生类。

而函数的返回类型可以是合法的 C#的数据类型；参数列表的参数类型可以是值类型、引用类型、输出类型和可变类型。

程序在执行到调用函数的代码时会转入函数的功能代码，执行完后再转入函数调用语句的下一句。程序代码 4-3 说明函数的执行过程，其执行结果如图 4-1 所示。

程序代码 4-3　函数的执行过程

```
using System;
namespace P4_3
{
    class Program
    {
        static void myFunction()
        {
```

```
            Console.WriteLine("        进入调用函数");
            Console.WriteLine("                运行函数体");
            Console.WriteLine("        退出函数调用");
        }
        static void Main(string[] args)
        {
            Console.WriteLine("在主程序中运行。");
            myFunction();               //函数调用
            Console.WriteLine("返回主程序");
            Console.ReadLine();
        }
    }
}
```

图 4-1　函数的执行结果

4.1.2　函数的返回值

函数可以有各种形式的返回值，其格式如下：

```
static  返回数据类型  函数名(){
    return 返回数据;
}
```

函数返回值需要使用 return 语句，而且 return 语句的返回值必须与函数定义的返回数据类型一致。return 语句的作用是把返回程序控制权给调用程序，所以在函数中当 return 语句之后还有其他语句时，编译器会发出错误警告，因为 return 语句后的语句将不会被执行，是无用的代码。另外，当函数的返回使用 void 时，可以省略 return 语句。程序代码 4-4 说明函数返回的使用方法。

程序代码 4-4　函数返回实例

```
using System;
namespace P4_4
{
    class Program
    {
        static int myFunction()
        {
            return 168;
        }
        static void Main(string[] args)
        {
            int count;
            count = myFunction();
            Console.WriteLine("函数返回的值是：{0}",count );
```

```
                Console.ReadLine();
            }
        }
    }
```

程序代码 4-4 的运行结果如下：

```
函数返回的值是：168
```

程序代码 4-4 的 myFunction 函数的返回值是整型数据，其值是 168，并把该值赋值给主程序中定义的 count 变量。

4.1.3 函数的参数

本节说明如何向函数传递数据，即定义带有参数的函数。在定义函数时，如果参数的个数不止一个时，参数之间要用逗号分开。例如定义一个两个数相加的函数 addFunction：

```
static int addFunction(int x,int y)
{
    return x+y;
}
```

其中参数中所定义的 x 和 y 也叫形式参数（简称形参）。如果要调用带有形参的函数，需要有与形参的个数和类型相匹配的实参。例如调用两个数相加的 addFunction 函数的方法如下：

```
int a=12,b=24;
sum = addFunction(a,b);
```

其中，变量 a 和 b 是实际参数（简称实参），必须是整型数据，因为要与 addFunction 函数中定义的形参 x 和 y 的类型匹配。程序代码 4-5 是调用两个数相加函数的完整程序。

程序代码 4-5　带有参数的函数

```
using System;
namespace P4 _5
{
    class Program
    {
    //定义带有参数的两个数相加的函数
        static int addFunction(int x,int y)
        {
            return x+y;

        }
        static void Main(string[] args)
        {
            int a,b,sum;                    //定义三个变量
            a = 12;
            b = 24;
            sum = addFunction(a,b);         //调用 addFunction 函数
            Console.WriteLine("a 和 b 两数相加的结果是：{0}",sum );
            Console.ReadLine();
        }
    }
}
```

程序代码 4-5 的运行结果如下：

```
a 和 b 两数相加的结果是：36
```

在 C#中函数的参数有四种类型：值参数、输入引用参数（以 ref 修饰）、输出引用参数（以 out 修饰）和数组型参数（以 params 修饰），下面分别进行说明。

1. 值参数

值类型变量直接包含其数据，这与引用类型变量不同，后者包含对其数据的引用。因此，向函数传递值类型变量意味着向函数传递变量的一个副本。函数内发生的参数更改对实参变量中存储的原始数据无任何影响。如果希望所调用的函数更改实参值，必须使用 ref 或 out 关键字通过引用传递该参数。

程序代码 4-6 说明传递值类型参数的用法。通过值将变量 mainInt 传递给函数内的形参变量 proInt，函数内发生的任何对形参变量 proInt 的更改对实参变量的原始值均无任何影响。

程序代码 4-6 传递值类型参数

```
using System;
namespace P4_6
{
    class Program
    {
        static void Main(string[] args)
        {
            int mainX = 168;
            int mainY = 861;
            Console.WriteLine("调用函数之前变量的值是：mainX= {0}    mainY={1} ", mainX, mainY);
            swap(mainX,mainY );
            Console.WriteLine("调用函数之后变量的值是：mainX= {0}    mainY={1} ", mainX, mainY);
            Console.ReadLine();
        }
        static void swap( int x, int y)
        {
            int temp = x;
            x = y;
            y = temp;
            Console.WriteLine("函数内变量的值是：x={0}     y={1}",x,y);
        }
    }
}
```

程序代码 4-6 的运行结果如下：

```
调用函数之前变量的值是：mainX= 168    mainY=861
函数内变量的值是：x=861     y=168
调用函数之后变量的值是：mainX= 168    mainY=861
```

在程序代码 4-6 中，当主函数执行到 swap(mainX,mainY)语句时，编译器会调用 swap(int x, int y)函数，但被调用函数的执行并不影响主函数中 mainX 和 mainY 的值，因为传递给函数的是主函数实参的数值。如果要将函数对变量值的更改带回到主函数中，就需要用引用参数。

2. 输入引用参数

引用参数并不开辟新的内存区域，当利用引用型参数向函数中传递形参时，编译程序将把实参值在内存中的地址传递给函数。ref 关键字后应跟与形参的类型相同的类型声明。程序代码 4-7 说明输入引用型参数的函数的使用方法。

程序代码 4-7　输入引用类型的函数

```
using System;
namespace P4_7
{
    class Program
    {
        static void Main(string[] args)
        {
            //定义两个整型变量
            int mainX = 168;
            int mainY = 861;
            Console.WriteLine("调用函数之前变量的值是：mainX= {0}    mainY={1} ", mainX, mainY);
            //调用交换函数
            swap(ref mainX,ref mainY );
            //输出交换后两个整型变量的值
            Console.WriteLine("调用函数之后变量的值是：mainX= {0}    mainY={1} ", mainX, mainY);
            Console.ReadLine();
        }
        static void swap( ref int x, ref    int y)
        {
            int temp = x;
            x = y;
            y = temp;
            Console.WriteLine("函数内变量的值是：x={0}     y={1}",x,y);
        }
    }
}
```

ref 关键字使参数按引用方式进行传递。该关键字的作用是当控制权传递给调用函数时，在函数中对参数的任何更改都将反映在该变量中。如果要使用 ref 参数，则函数定义和调用函数都必须显式使用 ref 关键字。在程序代码 4-7 中是把调用函数中的实参变量 mainX 的地址传递给函数中的形参变量 x，把调用函数中的实参变量 mainY 的地址传递给函数中的变量 y，这样在函数中对形参变量 x 和 y 的值的修改，就会影响调用函数中的实参变量 mainX 和 mainY。

在使用 ref 关键字时，传递到 ref 的参数必须先初始化，否则编译时会提示错误。

3. 输出型参数

out 关键字是定义输出型参数，该参数通过引用来传递，这与 ref 关键字类似。不同之处在于 ref 要求变量必须在传递之前进行初始化，而使用 out 定义的输出型参数在调用方法之前可以不进行对实参变量的初始化，但是在函数或方法的返回值中必须要对相应的实参变量进行初始化。程序代码 4-8 说明了输出型参数的使用方法。

程序代码 4-8　输出型参数

```
using System;
namespace P4_8
{
    class Program
    {
        static void Method(out int i)
        {
            i = 168;
        }
        static void Main()
        {
            int value;
            Method(out value);
            // value 现在的值是 168
            Console.WriteLine(value);
            Console.ReadLine();
        }
    }
}
```

由程序代码 4-8 可以看出主函数中定义了整型变量 value，在没有对 value 变量赋初值的情况下调用了 Method 函数，在该函数中对形参变量 i 进行了赋值，然后在主程序中对 value 值进行显示，显示结果是在函数体内修改的值 168。

当希望函数返回多个值时，声明 out 型参数很有用。使用 out 参数的函数仍然可以将变量用作返回类型。另外还可以将一个或多个对象作为 out 参数返回给调用函数或方法。程序代码 4-9 使用 out 型参数在一个函数调用中返回两个变量值。

程序代码 4-9　多个返回值的输出型参数

```
using System;
namespace P4_9
{
    class Program
    {
        static void Method(out int i, out string s1)
        {
            i = 168;
            s1 = "函数中的返回值";
        }
        static void Main()
        {
            int value;
            string str1;
            Method(out value, out str1);
            Console.WriteLine("value 的返回值是：{0}",value);
            Console.WriteLine("str1 的返回值是：{0}", str1);
            Console.ReadLine();
        }
    }
}
```

程序代码 4-9 的运行结果如下：

```
value 的返回值是：168
str1 的返回值是：函数中的返回值
```

4.2 数组

4.2.1 一维数组

1. 数组的定义

数组是包含多个变量的数据结构，这些变量称为数组的元素，数组元素可以通过索引值进行访问。C#语言中的数组是从 0 开始的，也就是说，数组的索引值从 0 开始。所有的数组元素必须具有相同的数据类型，这个类型称为数组的元素类型。数组元素可以是任何类型。数组可以是一维的，也可以是多维的，并且数值型的数组元素的默认值为零，而引用元素的默认值为 null。数组是由抽象基类型 System.Array 继承的引用类型。

在 C#中，数组定义的语法格式如下：

```
数组类型修饰符[] 数组名=new 数组类型[]{数组元素初始化列表};
```

数组类型修饰符可以是任何在 C#中定义的类型，数组类型修饰符后面的方括号不能少，否则就成了普通变量的定义了，数组名只要符合普通变量命名规则即可，并且不和其他成员名发生冲突。另外，大括号之后必须使用分号作为语句定义的结束。下面的例子声明了一个包含 4 个整数的数组。

```
int[] lbArray = new int [4];
```

该数组包含 lbArrary[0]到 lbArray[3]的 4 个元素。new 操作符用来创建数组并使用默认值初始化数组元素。在这个例子中，所有数组元素的初始值都为 0。

2. 数组初始化

可以在声明数组的时候进行初始化，此时不需要指定数组中元素的数目，因为初始化列表中包含的元素个数就确定了数组中元素的个数。例如：

```
int[] lbArray = new int[] {10,8,6,4,2};
```

可以使用相同的方法初始化字符串数组。下面声明了一个字符串数组，并用星期名称初始化数组元素。

```
string[] weekDays =   new string[]{"Sun","Sat","Mon","Tue","Wed","Thu","Fri"};
```

大括号中间的值不必都是常数，也可以是在运行时通过调用方法而得到的值，例如：

```
Random r = new Random();
int[] lbArray = new int[4]{
    r.Next() % 100,
    r.Next() % 100,
    r.Next() % 100,
    r.Next() % 100
};
```

大括号内值的个数必须与将要创建的数组实例的大小精确匹配。例如：

```
int[] lbArray = new int[3]{ 10,8,6,4,2 }; //编译错误
int[] lbArray = new int[4]{ 10,8,6 };       //编译错误
int[] lbArray = new int[4]{ 10,8,6,4 };    // 编译通过
```

也可以声明一个数组变量而不进行初始化。当要把数组赋给这个变量时，必须使用 new 操作符。例如：

```
int[]lbArray;
lbArray = new int[] {10,8,6,4,2};          //正确
lbArray = {10,8,6,4,2};                    //错误
```

3. 访问数组元素

若要访问数组中的某个数组元素，可以首先写出数组变量名，然后是一对方括号，并且在方括号中间写入将要访问元素的整数索引，即这个整数索引值称为下标。数组元素下标是从 0 开始的，通过下标 1 访问的是第 2 个元素，也就是说如果要访问 lbArray 数组的第 3 个元素，应该使用以下代码：

```
lbArray [2]
```

可以在读取或写入时使用这个表达式，例如：

```
lbArray [2] = 168;              //写入
Console.WriteLine(lbArray [2]); //读取
```

程序代码 4-10 遍历整个数组的所有元素。需要说明的是该例中"Length"属性获取数组的长度。

程序代码 4-10　遍历整个数组的所有元素

```
using System;
namespace P4_10
{
    class Program
    {
        static void Main(string[] args)
        {
            int[] lbArray = new int[4]{10,8,6,4};
            for (int index = 0; index != lbArray .Length; index++){
                int lb = lbArray[index];
                Console.Write(lb+",     ");
            }
            Console.ReadLine();
        }
    }
}
```

程序代码 4-10 的运行结果如下所示：

```
10, 8, 6, 4
```

在遍历数组的过程中，可能会出现各种各样的错误，例如，下标可能从 1 开始而不是从 0 开始，这样将错过第一个数组元素；也可能在循环终止条件中使用了"<="操作符，这种情况会导致错误，并引发一个 IndexOutOfRangeException 异常；可能忘记了递增数组下标，此时，for 循环将成为死循环。其实通过使用 foreach 语句来遍历数组元素可以避免这些潜在的错误。例如，可以把程序代码 4-10 中的 for 语句重写为等价的 foreach 语句，代码块如下所示：

```
int[] lbArray = new int[4]{10,8,6,4};
foreach (int lb in lbArray){
        Console.Write(lb+",     ");
}
```

foreach 语句声明了一个循环变量（在本示例中是 int lb），用于自动依次获得数组中每个元素的值（in 是一个关键字）。foreach 语句直接表达了代码的意图，并且移除了所有的 for 循环构架，具有更强的可读性。但是在以下情况下，必须使用 for 语句：

（1）foreach 语句总是遍历整个数组。如果只需要遍历数组的特定部分（例如前半部分），或者需要绕过特定元素（例如，只遍历索引为偶数的元素），最好是使用 for 语句。

（2）foreach 语句总是从索引 0 遍历到索引 Length－1。如果需要反向遍历，最好是使用 for 语句。

（3）如果循环体需要知道元素索引，而不仅仅是元素值，必须使用 for 语句。

（4）如果需要修改数组元素，必须使用 for 语句。这是因为 foreach 语句的循环变量是一个只读变量。

4.2.2 数组的基本操作

1. 复制数组

数组是引用类型。复制的意思就是新建一个和被复制数组一样的数组对象，而不是创建一个和它相同的引用，这意味着将得到两个数组。例如：

```
int[] lbArray = new int[4]{10,8,6,4};
int [] alias = lbArray;
```

这样只是为数组 lbArray 创建了另一个引用 alias，修改其中任何一个，另一个也会随之变化。若要复制某个数组的内容，首先要创建一个新的数组对象，新数组对象在类型和大小方面必须与原数组完全相同，例如，在 C#语言中有四种复制数组的方法。

（1）使用 for 循环。就是使用一个循环来访问源数组的所有元素，然后把这些元素复制到目标数组的对应元素。

（2）使用数组对象中的 CopyTo()方法。

（3）使用 Array 类的静态方法 Copy()。

```
int[] lbArray = new int[4]{10,8,6,4};
int []copy3 = new int[lbArray.length];
Array.Copy(lbArray,copy3, lbArray.Length);
```

（4）使用 Array 类中的方法 Clone()，可以一次调用，但是 Clone()方法返回一个对象，所以要强制转换成适当的类型。

代码 4-11 说明了以上四种方法进行数组复制，其程序的运行结果如图 4-2 所示。

程序代码 4-11　数组复制实例

```
using System;
namespace P4_11
{
    class Program
    {
        static void Main(string[] args)
        {
            int[] lbArray = new int[4]{10,8,6,4};
            int[] copyArray1 = new int[lbArray.Length];
            int[] copyArray2 = new int[lbArray.Length];
```

```
            int[] copyArray3 = new int[lbArray.Length];
            int[] copyArray4 = new int[lbArray.Length];
            //第一种复制数组方法
            for (int i = 0; i != lbArray.Length ; i++)
            {
                copyArray1[i] = lbArray[i];
            }
            //第二种复制数组方法
            lbArray.CopyTo(copyArray2,0);
            //第三种复制数组方法
            Array.Copy(lbArray, copyArray3, lbArray.Length);
            //第四种复制数组方法
           copyArray4 = (int[])lbArray.Clone();
            Console.WriteLine("第一种复制数组方法...");
            foreach (int lb in copyArray1)
            {
                Console.Write(lb + ",      ");
            }
            Console.WriteLine();
            Console.WriteLine("第二种复制数组方法...");
            foreach (int lb in copyArray2)
            {
                Console.Write(lb + ",      ");
            }
            Console.WriteLine();
            Console.WriteLine("第三种复制数组方法...");
            foreach (int lb in copyArray3)
            {
                Console.Write(lb + ",      ");
            }
            Console.WriteLine();
            Console.WriteLine("第四种复制数组方法...");
            foreach (int lb in copyArray4)
            {
                Console.Write(lb + ",      ");
            }
            Console.ReadLine();
        }

    }
}
```

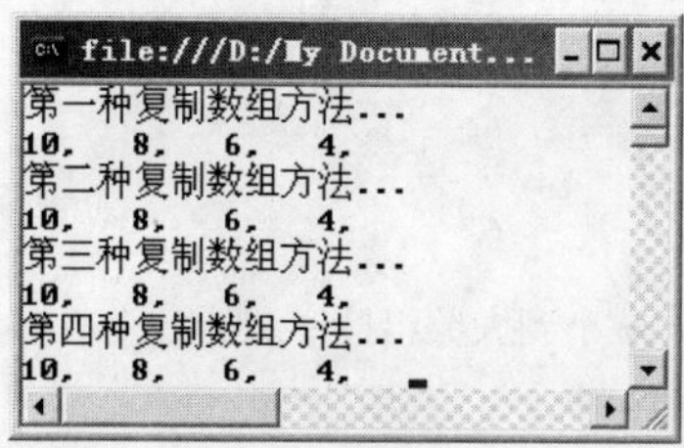

图 4-2　数组复制

2. 数组排序

排序是编程中常用的算法之一，数组排序的方法有很多种。下面介绍 C#提供的两种简单有效的排序方法。

（1）Array.Sort(arr,beginIndex,count)。用于对一维 arr 数组的部分元素进行排序，从 beginIndex 索引开始，操作 count 个元素，默认是从小到大进行排序。

（2）Array.Reverse(arr,beginIndex,count)。反转一维 arr 数组或部分 arr 数组中元素顺序（即从大到小进行排序），从 beginIndex 索引开始，操作 count 个元素。

程序代码 4-12 说明了数组排序输出的几种方法，其程序的运行结果如图 4-3 所示。

程序代码 4-12 数组排序实例

```
using System;
namespace P4_12
{
    class Program
    {
        static void Main(string[] args)
        {
            int[] lbArray = new int[4]{8,4,10,6};
            int[] sortArray = new int[lbArray.Length ];
            Console.WriteLine("原始数组顺序...");
            foreach (int lb in lbArray)
            {
                Console.Write(lb + ",     ");
            }
            Console.WriteLine();
            //复制数组
            Array.Copy(lbArray, sortArray, lbArray.Length);
            //逆序数组排序
            Array.Reverse(sortArray);
            //遍历数组
            Console.WriteLine("逆序数组元素...");
            foreach (int lb in sortArray)
            {
                Console.Write(lb + ",     ");
            }
            Console.WriteLine();

            //复制数组
            Array.Copy(lbArray, sortArray, lbArray.Length);
            //从小到大进行排序
            Array.Sort(sortArray);
            //遍历数组
            Console.WriteLine("从小到大数组排序...");
            foreach (int lb in sortArray)
            {
                Console.Write(lb + ",     ");
```

```
            }
            Console.WriteLine();
            //复制数组
            Array.Copy(lbArray, sortArray, lbArray.Length);
            Array.Sort(sortArray,2, 2);
            Console.WriteLine("对数组中从第 2 索引位对 2 个元素进行排序：");
            foreach (int lb in sortArray)
            {
                Console.Write(lb + ",    ");
            }
            Console.WriteLine();
            //复制数组
            Array.Copy(lbArray, sortArray, lbArray.Length);
            Array.Reverse(sortArray, 2, 2);
            Console.WriteLine("对数组中从第 2 索引位对 2 个元素进行逆序：");
            foreach (int lb in sortArray)
            {
                Console.Write(lb + ",    ");
            }
            Console.WriteLine();
            Console.ReadLine();
        }
    }
}
```

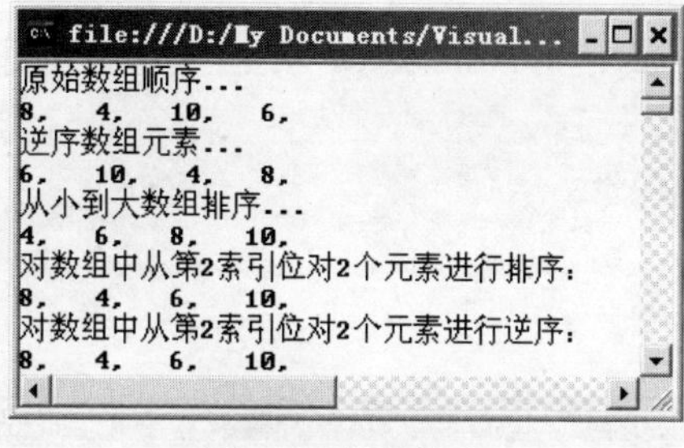

图 4-3　数组排序

3. 数组的查找

数组的顺序查找是把待查找的数与数组中的数从头到尾逐一比较，用一变量 idx 来表示当前比较的位置，初始为数组的最小下标，当待查找的数与数组中 idx 位置的元素相等时结束，否则 idx=idx+1 继续比较，当 idx 大于数组的最大长度时结束查找，并且说明在数组中没有找到待查找的数据。

数组的折半查找法（又称二分法）是对有序数列进行查找的一种高效查找办法，其基本思想是逐步缩小查找范围，因为是有序数列，所以采取折半作为分割范围可使比较次数最少。

在 C#语言中提供了两种主要的方法进行数组的排序，分别如下：

（1）Array.IndexOf(arr,obj,beginIndex,count)。功能是查找 arr 数组中第一个出现 obj 元素的索引下标值，beginIndex 是指从数组的哪个索引位开始查询，count 是指从 beginIndex 开

始向后查找数据元素的个数。

（2）Array.LastIndexOf(arr,obj)。查找 arr 数组中最后一个出现 obj 元素的索引下标值，beginIndex 是指从数组的哪个索引位开始查询，count 是指从 beginIndex 开始向前查找数据元素的个数。

程序代码 4-13 说明了数组查找的几种方法，其程序的运行结果如图 4-4 所示。

程序代码 4-13　数组查找实例

```
using System;
namespace P4_13
{
    class Program
    {
        static void Main(string[] args)
        {
            int[] lbArray = new int[] { 3, 2, 1, 2, 5, 2, 4 };
            Console.WriteLine("原始数组元素的数据是：");
            foreach (int lb in lbArray)
            {
                Console.Write(lb + ",      ");
            }
            Console.WriteLine();
            Console.WriteLine();
            Console.WriteLine("数组第一次出现 2 的索引位：" + Array.IndexOf(lbArray, 2));
            Console.WriteLine("数组最后一次出现 2 的索引位：" + Array.LastIndexOf(lbArray, 2));
            Console.WriteLine("使用 IndexOf 方法数组中间出现 2 的索引位：" +
Array.IndexOf(lbArray, 2, 2, 3));
            Console.WriteLine("使用 LastIndexOf 方法在数组中间出现 2 的索引位：" +
Array.LastIndexOf(lbArray, 2, 4, 3));
            Console.ReadLine();
        }

    }
```

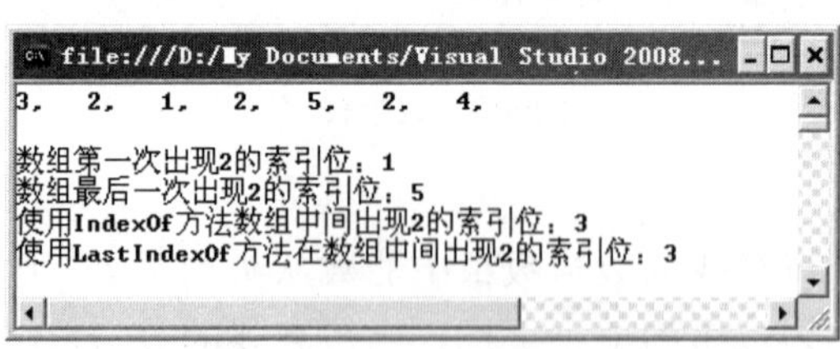

图 4-4　数组查找

4.2.3　多维数组

数组有一个维度，数组的维度又称为秩。维度为 1 的数组称为一维数组。维度大于 1 的数组称为多维数组。根据维度的大小将多维数组分为二维数组、三维数组等。

数组的每个维度都有一个关联的长度，是一个大于或等于零的整数。维度的长度不是数组类型的组成部分，只与数组类型的实例相关联，是在创建实例时确定的。维度的长度确定该维度的下标的有效范围：对于长度为 n 的维度，下标范围可以为 0～n-1。数组中的元素总数是数组中各维度长度的乘积。如果数组中的一个或多个维度的长度为零，则称该数组为空。

声明二维数组并赋初值的方法如下：

```
int[,] arr = { {1, 11}, {2, 12}, {3, 13} };
```

此赋值为“横向扫描”赋值，该例相当于对如下每个二维数组元素赋值，其结果为：

```
arr[0, 0] = 1;
arr[0, 1] = 11;
arr[1, 0] = 2;
arr[1, 1] = 12;
arr[2, 0] = 3;
arr[2, 1] = 13;
```

另外，下列声明创建一个二维（4，2）数组：

```
int[,] arr = new int[4, 2];
```

第一维的长度为 4，第二维的长度为 2。下面通过方法来获取这个二维数组的维数。

```
int len = arr.Length; //获取定义数组元素的个数，这里是 8。
int len2 = arr.GetLength(0)    //这种方法可以获取任意维的数组长度，参数表示要获取第几维的数组
                               //长度，从 0 开始。
```

下面通过程序代码 4-14 说明二维数组的定义、初始化及遍历方法，该程序的运行结果如图 4-5 所示。

程序代码 4-14 二维数组的定义、初始化及遍历方法

```
using System;
namespace P4_14
{
    class Program
    {
        static void Main(string[] args)
        {
            int i, j;
            int[,] lbArray = new int[3,2]{{0,1},{10,11},{20,21}};
            int m = lbArray.GetLength(0); // GegLength(0)返回 3
            int n = lbArray.GetLength(1); // GetLength(1)返回 2
            Console .WriteLine("lbArray 数组的第一维的长度是：{0}",m);
            Console .WriteLine("lbArray 数组的第二维的长度是：{0}",n);
            Console.WriteLine("lbArray 数组的元素个数是：{0}", lbArray.Length);
            for(i=0;i<m;i++)
            {
                for(j=0;j<n;j++)
                {
                    Console.Write("    lbArray[{0}][{1}]={2}",i,j,lbArray[i,j]);
                }
                Console.WriteLine();
            }
            Console.ReadLine();
        }
    }
}
```

```
file:///D:/My Documents/Visual Studi...
lbArray数组的第一维的长度是：3
lbArray数组的第二维的长度是：2
lbArray数组的元素个数是：6
  lbArray[0][0]=0  lbArray[0][1]=1
  lbArray[1][0]=10  lbArray[1][1]=11
  lbArray[2][0]=20  lbArray[2][1]=21
```

图 4-5 代码 4-14 的运行结果

4.2.4 交错数组

交错数组，也称锯齿形数组，是一种不规则的二维数组，其与矩形数组（二维数组）最大的差异在于数组中每一行的长度并不相同，可以想象成把不同长度的一维数组组合而成的二维数组，所以交错数组也被称为“数组中的数组”，比规则的矩形数组节省内存空间。创建交错数组所使用的语法不同于前面的矩形数组，必须使用两个“[]”运算符，第一个 [n] 代表行数。下面以图 4-6 为例说明交错数组的声明和使用方法。

2	4	6	8	10
1		3		
5	9			
	11	33		

图 4-6 交错数组图例

（1）交错数组中行的声明是固定的，方法如下：

```
int[][] lbArray  = new int[4][];
```

在声明交错数组时，元素的个数必须书写，因为交错数组的行是固定的，而每行的列是不固定的，所以在初始化时必须在第一个[]中写明行数 4。

（2）交错数组每行初始化。例如：

```
lbArray [0] = new int[5];        //定义 5 列
lbArray [1] = new int[4];        //定义 4 列
lbArray [2] = new int[2];        //定义 2 列
lbArray [3] = new int[3];        //定义 3 列
```

用每行的一个一维数组定义列数，然后采用索引赋值法，给单个元素赋值。

（3）采用索引赋值法，给单个元素赋值。例如：

```
lbArray [2][0] = 5;
lbArray [3][2] = 33;
```

也可以直接为每一行都赋值。例如：

```
lbArray [0] = new int[] { 2,4,6,8,10};
lbArray [1] = new int[] { 1,0, 3,0 };
lbArray [2] = new int[] { 5,9 };
lbArray [3] = new int[] {0,11, 33 };
```

还可以在声明数组时将其初始化，例如：

```
int[][] lbArray  = new int[][]
{
    new int[] { 2,4,6,8,10},
    new int[] {1,0, 3,0},
```

```
        new int[] {5,9 },
        new int[] {0,11, 33}
};
```

程序代码 4-15 说明了交错数组的使用方法，其程序的运行结果如图 4-7 所示。

程序代码 4-15　交错数组实例

```
using System;
namespace P4_15
{
    class Program
    {
        static void Main(string[] args)
        {
            int[][] lbArray = new int[2][]; //声明一个交错数组 lbArray，lbArray 中有三个元素。分别是
                                            //lbArray[0]，lbArray[1]，lbArray[2]每个元素都是一个数组
            //以下是声明交错数组的每一个元素的，记住每个数组的长度可以不同
            lbArray[0] = new int[] { 1, 2, 3, 4, 5, 6 };
            lbArray[1] = new int[] { 9, 8, 7, 6, 5};
            //lbArray[2] = new int[] { 444, 333, 3, 33, 33, 3, 3, 3, 3, 3 };
            //lbArray.Length 是得到 lbArray 的元素的个数，也就是其间含有数组的个数
            for (int i = 0; i < lbArray.Length; i++)
            {
                //lbArray[i].Length 是得到交错数组中第一个元素数组的元素的个数（或者叫长度）
                for (int j = 0; j < lbArray[i].Length; j++)
                {
                    Console.Write(lbArray[i][j]);
                }
                Console.WriteLine();
                Console.WriteLine("------------------------------------");
            }
            Console.ReadLine();
        }
    }
```

图 4-7　代码 4-14 的运行结果

4.2.5　将数组作为参数传递

数组可以作为参数传递给方法。因为数组是引用类型，所以方法可以更改元素的值。首先说明将一维数组作为参数传递的方法。可以将初始化的一维数组传递给方法。例如：

```
PrintArray(theArray);
```

上面的行中调用的方法可以定义为：

```
void PrintArray(int[] arr)
{
    //方法代码
}
```

也可以在一个步骤中初始化并传递新数组。例如：

```
PrintArray(new int[] { 1, 3, 5, 7, 9 });
```

在程序代码 4-16 中，初始化一个字符串数组并将其作为参数传递给 PrintArray 方法，PrintArray 方法的作用是遍历数组中的元素并显示出来。该程序的运行结果如图 4-8 所示。

程序代码 4-16　将一维数组作为参数传递的方法

```
using System;
namespace P4_16
{
    class Program
    {
        static void Main(string[] args)
        {
            // 定义并初始化一个数组
            string[] weekDays = new string[] { "Sun", "Mon", "Tue", "Wed", "Thu", "Fri", "Sat" };
            // 通过方法传递数组
            PrintArray(weekDays);
            Console.ReadLine();
        }
        static void PrintArray(string[] arr)
        {
            for (int i = 0; i < arr.Length; i++)
            {
                Console.WriteLine ("arr[{0}] = {1}",i,arr[i]);
            }
        }
    }
}
```

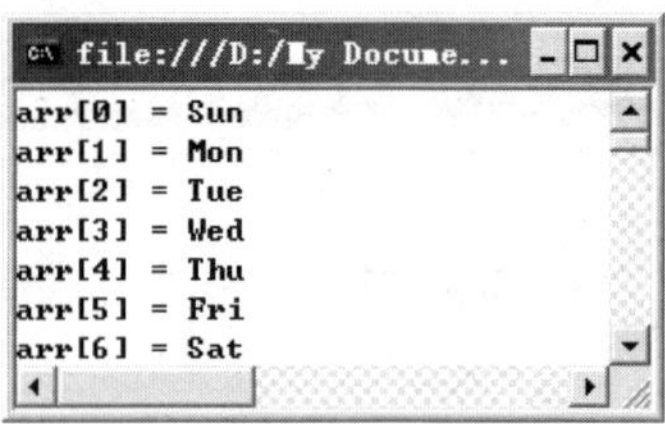

图 4-8　代码 4-16 的执行结果

在程序代码 4-17 中，初始化一个二维数组并将其作为参数传递给 PrintArray 方法，PrintArray 方法的作用是遍历数组中的元素并显示出来。程序的运行结果如图 4-9 所示。

程序代码 4-17　将二维数组作为参数传递的方法

```
using System;
namespace P4_17
{
    class Program
    {
```

```
        static void Main(string[] args)
        {
            // 传递二维数组参数
            PrintArray(new int[,] { { 1, 2 }, { 3, 4 }, { 5, 6 }, { 7, 8 } });
            Console.ReadLine();
        }
        static   void PrintArray(int[,] arr)
        {
            // 显示二维数组参数
            for (int i = 0; i < arr.GetLength(0) ; i++)
            {
                for (int j = 0; j < arr.GetLength(1); j++)
                {
                    System.Console.WriteLine("Element({0},{1})={2}", i, j, arr[i, j]);
                }
            }
        }
    }
}
```

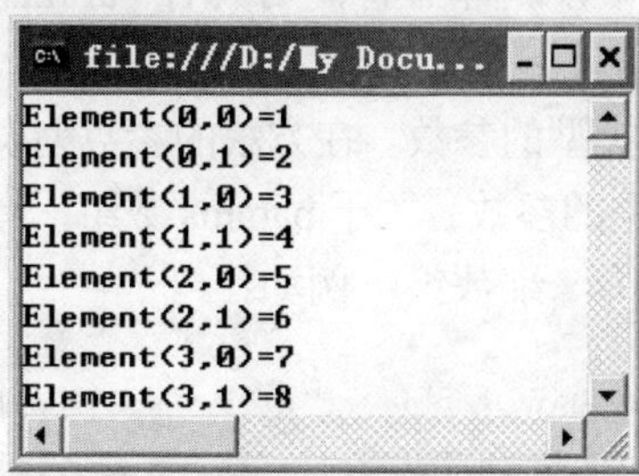

图 4-9　代码 4-17 的执行结果

4.2.6　params 关键字的应用

在某些情况下，方法的参数个数是不可预知的。例如，要求设计一个能计算任意个整数之和的方法。接受未知数目的参数，要使用关键字 params。该关键字用于函数参数列表中，声明在参数列表的最后面。params 关键字一般与数组一起使用。

当值被传递给函数时，编译器首先查看是否有匹配的函数。如果有，则调用该函数；如果没有，编译器将查看是否有包含参数 params 的函数。如果找到这样的函数，编译器将参数列表放到一个数组中，并将该数组传递给函数。程序代码 4-18 说明了 params 关键字的应用。

代码 4-18　params 关键字的应用

```
using System;
namespace P4_18
{
    public class ParamExample
    {
        public int Sum(params int[] list)
        {
```

```
            int total = 0;
            foreach (int i in list)
            {
                total += i;
            }
            return total;
        }
    }
    class Program
    {
        static void Main()
        {
            ParamExample pe = new ParamExample();
            int total = pe.Sum(1, 2, 3, 4, 5, 6, 7);
            Console.WriteLine(total); // total=28
            Console.ReadLine();
        }
    }
}
```

在 pe.Sum 方法的调用语句中，编译器将调用具有 params 参数的方法，并且创建一个数组，然后把这个数组传递给该方法。

params 关键字可以修饰任何类型的参数。在方法的参数列表中，除了可以有一个 params 修饰的参数之外，还可以有其他类型的参数。关于 params 数组，有以下几点需要注意：

（1）params 关键字只能修饰一维数组。例如：

```
//编译错误
public static int Sum(params int[,] table)
```

（2）不能仅基于 params 关键字来重载方法，params 关键字不是方法签名的组成部分。例如：

```
//编译错误：重复声明
public static int Min(int[] array)
public static int Min(params int[] array)
```

（3）不允许对 params 数组使用 ref 或 out 关键字。例如：

```
//编译错误
public static int Min(ref params int[] array)
public static int Min(out params int[] array)
```

（4）params 数组必须是最后一个参数（即每个方法只能有一个 params 数组）。例如：

```
//编译错误
public static int Min(params int[] array, int i)
```

（5）类型转换规则适用于 params 参数。编译器可以检测并拒绝具有潜在二义性的重载。例如，下面的两个 Min 重载方法就具有二义性。如果传递两个 int 型参数，编译器将不知道应该调用哪个方法。例如：

```
//编译错误
public static int Min(params in t[ ] array)
public static int Min(int, params int[] array)
```

（6）没有使用 params 数组的方法总是比使用了 params 数组的方法优先权高。这意味着如果需要，仍然可以对上面示例实现重载。例如：

```
public static int Min(int lhs, int rhs)
public static int Min(params int[] array)
```

（7）创建没有 params 数组的方法可以作为一个有用的优化技术，因为编译器将不必创建和填充很多数组。

4.3 字符串

字符串是引用类型。字符串不是字符数组，因为数组元素可以更改，而字符串是常量，常量不允许更改，所以字符串是一个整体。C#采用 16 位的 Unicode 编码在内存中保存字符和字符串。作为常量的字符串将一组紧挨在一起的字符视为一个整体。使用 string 关键字定义字符串类型变量，string 是 System.String 的别名。

4.3.1 字符串类型定义

字符串主要用于保存显示的文本信息。为了和变量区分，定义字符串的文本必须放在两个双引号（"）之间，并且不能在行之间拆分。如果要在字符串内容中包含双引号字符，则需要使用转义字符“\”后跟一个双引号，即“\"”。

在 C#中，编译系统支持两种形式的字符串：规则字符串和逐字字符串。规则字符串由包含在双引号中的零个或多个字符组成，例如"hello"，并且可以包含简单转义序列（如表示制表符的\t）、十六进制转义序列和 Unicode 转义序列；逐字字符串由@字符后跟起始双引号字符、零个或多个字符以及结束的双引号字符组成，例如@"hello"。与规则字符串不同的是：在逐字字符串中，系统对除了引号转义序列之外的分隔符之间的字符进行逐字解释。具体说来，简单转义序列、十六进制转义序列和 Unicode 字符转义序列不在逐字字符串中处理，即逐字字符串中的“\”被当作正常的字符处理，而不是转义符。逐字字符串还可以跨行表示。规则字符串定义格式为：

```
string 字符串变量名[=字符串初始化值];
```

例如：

```
string lbString = "liu bing";
```

逐字字符串的定义格式为：

```
string 字符串变量名[=@字符串初始化值];
```

例如：

```
string lbString = @"liu bing";
```

规则字符串可以包含转义序列。转义序列就是指字符串中的一些特殊序列，这些序列以字符“\”开始，当编译系统遇到这个字符时，不当作“\”字符本身，而是和这个字符后面的字符一起组成另外的意义。转义序列主要有：

- \'：半角单引号。
- \"：半角双引号。
- \\：“\”字符本身。
- \0：null 空字符。
- \a：BEL（计算机扬声器鸣响一下）。
- \b：BS（退格键）。

- \f：FF（换页）。
- \n：LF（换行）。
- \r：CR（回车）。
- \t：HT（横向跳格，相当于按了键盘上的 Tab 键的效果）。
- \u：表示后面跟的数按八进制处理。例如“\r”和“\15”的 ASCII 码值都是 13，所以二者等价。
- \U：同“\u”。
- \x：表示后面跟的数按十六进制处理。同样“\x0d”也与“\r”等价。
- \v：VT（纵向跳格）。

下面是规则字符串和逐字字符串的使用举例。

```
string str1;                                   //定义字符串类型
string str2 = "liu, bing";                     //规则字符串：liu, bing
string str3 = @"liu, bing";                    //逐字字符串：liu, bing
string str4 = "liu \t bing";                   // liu bing
string str5 = @"liu \t bing";                  // liu \t bing
string str6 = "Jingli said \"Hello\" to me";   // Jingli said "Hello" to me
string str7 = @"Jingli said ""Hello"" to me";  // Jingli said "Hello" to me
string str8 = "\\\\server\\share\\file.txt";   // \\server\share\file.txt
string str9 = @"\\server\share\file.txt";      // \\server\share\file.txt
string str10 = "one\ntwo\nthree";
string str11 = @"one
             two
             three";
```

下面是调用 String 类的构造函数来定义字符串的，其构造函数有多种重载形式，其中最常用的 3 种都是由字符出发来构造一个字符串的：

（1）public string(char, int)——将一个字符重复多次来形成一个字符串。

（2）public string(char[])——将一个字符数组全部转换为一个字符串。

（3）public string(char[], int, int)——将一个字符数组的一部分转换为一个字符串。其中第二个和第三个参数分别表示数组中转换部分的起始位置和长度。

下面是这三种字符串定义的示例。

```
//指定一个字符的多次出现来构造一个字符串
string str1 = new string('X', 3);             //相当于 str1 = "XXX"
char[] lbstring = new char[] { 'l', 'i', 'u', 'b', 'i', 'n', 'g' };
//指定一个字符数组来构造一个字符串
string str2 = new string(lbstring);           //相当于 str2 = "liubing"
//指定一个字符数组的一部分来构造一个字符串
string str3 = new string(chs, 3, 4);          //相当于 str3 = "bing"
```

4.3.2 字符串的基本操作

1. 字符操作

（1）字符串转换成字符数组。

可以由一个字符数组来构造一个字符串，也可以将一个字符串中的字符拷贝到一个字符数组中，这可以通过 String 类的 ToCharArray 方法和 CopyTo 方法来实现。ToCharArray 方法的两种重载形式分别为：

- public char[] ToCharArray()——将字符串的所有字符拷贝到一个字符数组中；
- public char[] ToCharArray(int, int)——将字符串的一部分字符拷贝到一个字符数组中，两个参数分别表示字符串中拷贝的起始位置和要拷贝的长度。

例如：

```
string str = "Hello World!";
char[] chs1 = str.ToCharArray();
char[] chs2 = str.ToCharArray(6, 5);
Console.WriteLine(new string(chs1));            //输出 Hello World!
Console.WriteLine(new string(chs2));            //输出 world
```

CopyTo 方法实现的功能比 ToCharArray 方法的第二种重载形式更进一步，方法的原型为：

```
public void CopyTo(int, char[], int, int);
```

其中：第一个参数的含义是字符串中拷贝的起始位置；第二个参数表示得到的字符数组；第三个参数用来指定要拷贝到字符数组中的起始位置。使用该方法时需要首先创建一个字符数组。下面的代码是 CopyTo 方法实现示例。

```
char[] chs = new char[20];
"Hello".CopyTo(0, chs, 0,5 );
"World".CopyTo(0, chs, 6, 5);
Console.WriteLine(new string(chs));             //输出 Hello World（2）
```

（2）从字符串中查找字符。

① 从字符串中查找指定的第一个匹配字符的位置：

```
public int IndexOf(char);
```

② 从字符串的给定位置开始查找指定的第一个匹配字符的位置：

```
public int IndexOf(char,int);
```

③ 从字符串的给定位置，在给定长度之内，开始查找指定的第一个匹配字符的位置：

```
public int IndexOf(char,int,int);
```

只要找到指定的字符，IndexOf 方法就返回该字符在字符串中第一次出现的位置；如果没有找到则返回-1。LastIndexOf 方法的重载形式和用法都与 IndexOf 方法类似，只不过是返回该字符在字符串中最后一次出现的位置。下面是查找方法的使用实例：

```
string str = "Hello World";
int i1 = str.IndexOf('k');          //结果：i1 = -1;
int i2 = str.IndexOf('o');          //i2 = 4;
int i3 = str.LastIndexOf('o');      //i3 = 7;
int i4 = str.IndexOf('l', 5);       //i4 = 9;
int i5 = str.IndexOf('e', 2, 3);    //i5 = -1;
```

另两个方法 IndexOfAny 和 LastIndexOfAny 则提供了更为强大的字符查找功能。和前两个方法不同，所接受的参数不是一个字符，而是一个字符数组，方法返回的值是数组中任何一个字符在字符串中第一次和最后一次出现的位置。例如：

```
string str = "Hello World";
char[] chs = new char[] { 'e', 'l', 'o' };
int i1 = str.IndexOfAny(chs);               //结果：i1 = 1;
int i2 = str.LastIndexOfAny(chs);           //i2 = 9;
```

（3）子串操作。

字符串中任何一段连续的字符都叫做该字符串的子串。String 类也提供了多种方法用于子串的操作。前面介绍的 IndexOf 和 LastIndexOf 方法不仅可用于指定字符的查找，还可以用于字符串中指定子串的查找。IndexOf 方法用于查找子串的重载形式有：

- public int IndexOf(char)——在整个字符串中查找指定的子串；
- public int IndexOf(string, int)——从字符串的指定位置开始查找指定的子串；
- public int IndexOf(string, int, int)——从字符串的指定位置开始，在指定的长度内查找指定的子串。

同样，只要找到指定的子串，IndexOf 方法就返回该子串在字符串中首次出现的位置；如果没有找到则返回-1。例如：

```
string str = "Hello World!";
string str1 = "World";
int i1 = str.IndexOf(str1);          //结果：i1 = 6;
int i2 = str.LastIndexOf(str1);      //i2 = 6;
int i3 = str.IndexOf(str1, 7);       //i3 = -1;
int i4 = str.IndexOf("or");          //i4 = 7;
```

要从字符串中提取一个子串，可以使用 String 类提供的 Substring 方法，该方法有两种重载形式：

- public string Substring(int)——获得字符串从指定位置开始直至结束的子串；
- public string Substring(int, int)——获得字符串从指定位置开始的指定长度的子串。

下面代码是取子串示例：

```
string str = "Hello World!";
string str1 = str.Substring(6);          //结果：str1 = "World!";
string str2 = str.Substring(6, 5);       //str2 = "World";
```

Substring 方法返回的是指定的子串，而 String 类的另一个方法 Remove 则正好相反，该方法是删除指定子串之后的字符串。其重载形式为：

- public string Remove(int)——删除字符串从指定位置开始之后的子串；
- public string Remove(int, int)——删除字符串从指定位置开始的指定长度的子串。

下面代码是删除取子串示例：

```
string str = "Hello World!";
string str1 = str.Remove(5);        //结果：str1 = "Hello";
string str2 = str.Remove(0, 6);     //str2 = "World!";
```

String 类的 Insert 方法用于在字符串的指定位置插入一个子串，例如：

```
string str = "Hello World!";
string str1 = str.Insert(6, "C# "); //结果 str1 = " Hello C# World!";
```

String 类中有关子串的另三个方法就相对简单一些，其中 StartsWith 方法和 EndsWith 方法分别用于判断某个字符串的开始和结束部分是否和指定的子串相等，而 Contains 方法则用于判断某个字符串是否作为子串出现在另一个字符串中。这些方法的返回类型均为布尔类型。例如：

```
string str = "Hello Web World";
Console.WriteLine(str.StartsWith("Hello"));      //输出结果：True
Console.WriteLine(str.EndsWith("world"));        //False （区分大小写）
Console.WriteLine(str.Contains("Web"));          //True
```

2. 字符串比较操作

字符串是引用类型，字符串的比较可使用运算符“==”和 Equals 方法，这两种比较操作是大小写敏感的。String 类重载了相等操作符“==”，定义两个字符串只要长度相等且各位字符对应相等，那么这两个字符串就相等。同时重载的不等操作符“!=”返回和相等操作符相反的结果。

String 类还定义了一个 Equal 方法，其作用效果和“==”操作符完全相同，例如：

```
string str = "Hello World!";
string str1 = "World";
Console.WriteLine(str == str1);                          //输出结果：False
Console.WriteLine(str.Substring(6, 5) == str1);          //True
Console.WriteLine(str.Substring(6, 5).Equals(str1));     //True
```

字符串比较是按从头至尾的顺序进行比较的，若第一个字符相同，就依次往后比较，比较的是字符的值。下面介绍的两个比较字符串的方法对字母的大小写不敏感。

- public static int Compare(string strA,string strB)——比较 strA 和 strB 子串。返回类型为 int 型。返回的值小于零表示 strA 小于 strB；返回的值为零表示 strA 等于 strB；返回的值大于零表示 strA 大于 strB。
- public int CompareTo(string str)——实例字符串与 str 字符串相比较。返回类型也为 int 型。返回的值小于零表示实例字符串小于 str；返回的值等于零表示实例字符串等于 str；返回的值大于零表示实例字符串大于 str。

下面通过程序代码 4-19 来说明字符串比较的应用，该程序是定义一个字符串数组，然后把数组中的字符串从小到大进行排序，程序的执行结果如图 4-10 所示。

程序代码 4-19　字符串从小到大进行排序

```
using System;
namespace P4_19
{
    class Program
    {

        static void Main()
        {
            string[] str = {"Hello","Wrold","Web","ASP.NET","C#"};
            //定义一个最小值位置变量
            int min;
            for(int i=0;i<str.Length-1;i++)
            {
                //先认为还没有进行排序的第 1 数组元素值最小
                min = i;
                for(int j=i+1;j<str.Length;j++)
                {
                    //CompareTo 方法比较时大小写不敏感
                    if(str[min].CompareTo(str[j])>0)
                        min = j;    //当前的第 j 位置串值小于本次比较的最小 min 位置串，则 min=j
                }
                //min 不等于 i 说明比较的元素后面有大的串
                if(min !=i)
```

```
                {
                    string temp;
                    //最小串放于数组第 i 位置
                    temp = str[i]; str[i] = str[min]; str[min] = temp;
                }
            }
            //输出排序后的字符串
            for(int i=0;i<str.Length;i++)
                Console.WriteLine(str[i]);
            Console.ReadLine();
        }
    }
}
```

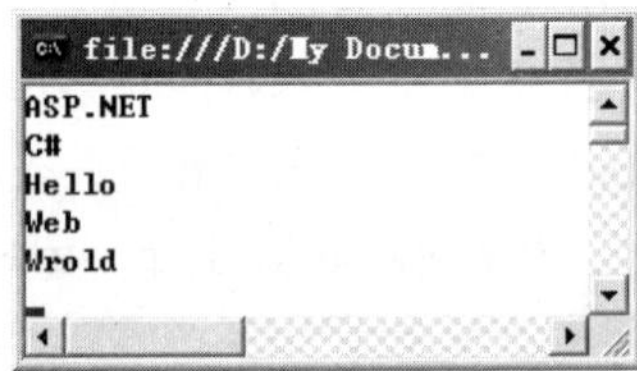

图 4-10　字符串排序的运行结果

3. 连接字符串

字符串的连接有两种方法：一是通过操作符“+”，二是通过 String 类的静态方法 Concat。例如，下面代码的输出均为“Hello World!”。

```
Console.WriteLine("Hello " + " World!");
Console.WriteLine(string.Concat("Hello " + " World!"));
```

这两句代码都是将两个字符串首尾相接然后作为一个新的字符串返回，不过使用的第二个参数类型并不限于 String，还可以是 Object，这样就可以把任何类型连接到一个字符串的末端。

4. 修剪操作

字符修剪也是删除字符的一种形式，但和 Remove 方法不同，它是从字符串的开始或结尾部分删除空格或指定的字符。String 类中有 3 种方法用于字符修剪，其中 Trim 方法的两种重载形式为：

- public string Trim()——将字符串两端的空格全部删除；
- public string Trim(char[] trimChars)——将字符串两端出现在参数指定的字符数组中的字符全部删除。其中参数 trimChars 是要移除的 Unicode 字符数组或 null。该方法返回一个新字符串，相当于将字符串的首尾与字符数组相同的字符移除后形成的字符串。

程序代码 4-20 是完成对字符串的修剪操作。该程序的运行结果如图 4-11 所示。

程序代码 4-20　对字符串的修剪

```
using System;
namespace P4_20
{
    class Program
    {
```

```
        static void Main()
        {
            string str = "    ===## Hello C# World ##===      ";
            Console.WriteLine(str);
            string str1 = str.Trim();//移出字符串首尾的空格
            Console.WriteLine(str1);
            char[] ch = { ' ', '=', '#' };
            string str2 = str.Trim(ch);//移出字符串首尾包含数组元素的字符
            Console.WriteLine(str2);
            Console.ReadLine();
        }
    }
}
```

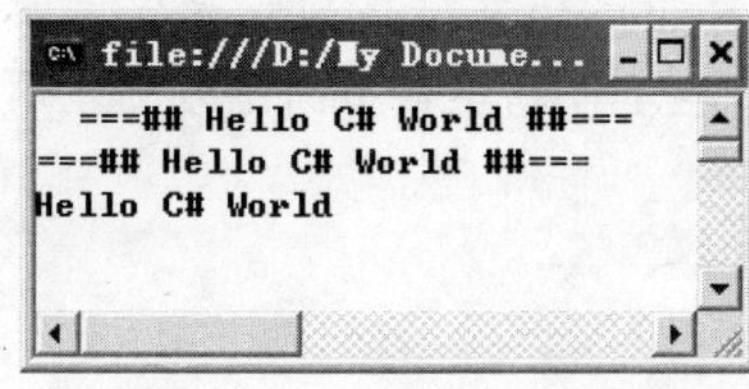

图 4-11　对字符串的修剪

5. 字符替换

在 String 类提供 Replace 方法可以替换字符串中的字符。其格式有：

- public string Replace(oldchar, newchar)——将字符串中出现的所有指定字符 oldchar 都替换为一个新字符 newchar；
- public string Replace(oldstring, newstring)——将字符串中出现的所有指定子串 oldstring 都替换为一个新子串 newstring，其中被替换的子串不能为空字符串。

下面代码是上面两个方法的应用示例：

```
string str = "Hello C# World!";
string str1 = str.Replace("C#", "Web");   //把字符串 str 中的 C#替换成 Web
Console.WriteLine(str1);
string str2 = str.Replace('o','i');          //把字符串 str 中的字母 o 全部替换成 i
Console.WriteLine(str2);
```

运行结果如下：

```
Hello Web World!
Helli C# Wirld!
```

另外，String 类还提供把字符串转换成大写或者小写的方法，其方法名是 ToLower 和 ToUpper，其示例如下：

```
string str = "Hello World";
string str1 = str.ToLower() ;//转换成小写字母
Console.WriteLine(str1);
string str2 = str.ToUpper() ;//转换成大写字母
Console.WriteLine(str2);
```

运行结果如下：

```
hello world!
HELLO WORLD!
```

函数表示每个输入值对应唯一输出值的一种对应关系，在定义函数时应注意函数的返回值及函数参数的传递方法。通过定义函数可以增强程序的可读性和可移植性，减少代码冗余，通过调用函数，可以减少用户不必要的开发工作量。

数组是程序设计中最常用的数据结构，数组可以是一维的，二维的或多维的，数组类型说明由类型说明符、数组名、数组长度（数组元素个数）三部分组成。数组元素又称为下标变量。数组的类型是指下标变量取值的类型。对数组的赋值可以用数组初始化赋值、输入函数动态赋值和赋值语句赋值三种方法实现。对数值数组不能用赋值语句整体赋值、输入或输出，而必须用循环语句逐个对数组元素进行操作。

字符串是由零个或多个字符组成的有限序列。学完本章，读者应该掌握字符串字义的方法、各种字符串函数的操作，主要包括字符串的比较、在字符串中查找指定的字符、连接字符串、字符替换等。

一、选择题

1．假定一个 10 行 20 列的二维整型数组，下列定义语句正确的是（　　）。

A．int[]arr = new int[10,20]　　B．int[]arr = int new[10,20]

C．int[,]arr = new int[10,20]　　D．int[,]arr = new int[20;10]

2．以下正确的描述是（　　）。

A．函数的定义可以嵌套，函数的调用不可以嵌套

B．函数的定义不可以嵌套，函数的调用可以嵌套

C．函数的定义和函数的调用均可以嵌套

D．函数的定义和函数的调用均不可以嵌套

3．以下数组声明语句中，正确的是（　　）。

A．int a[3];　　B．int[3] a;

C．int[][] a=new int[][];　　D．int[] a={1,2,3};

4．以下语句中，不正确的是（　　）。

A．char[] s={'\x16', '\u0001'};　　B．char[] s={'a', 'b', 'c'};

C．int[] a=new int[3];　　D．float[3] a={1.1,2.2,3.3};

5．以下程序段的循环次数为（　　）。

```
int[] a=new int[]{1,2,3,4,5};
foreach(int t in a)
Console.WriteLine(t);
```

A．0　　B．4

C．5　　D．6

6．以下程序的输出结果是（　　）。

```
string str = "b856ef10";
string result = "";
for (int i = 0; str[i] >= 'a' && str[i] <= 'z'; i += 3)
```

```
{
    result = str[i] + result;
    Console.WriteLine(result);
}
```

A．10fe658b　　B．feb

C．10658　　D．b

7．以下程序的输出结果是（　　）。

```
int[,] a ={ { 1, 7, 32 }, { 28, 3, 6 }, { 9, 5, 10 } };
int r = 0;
for (int i = 0; i < 3; i++)
{
    for (int j = 0; j < 3; j++)
    {
        if (a[i, j] % 2 == 0)
            continue;
        r += a[i, j];
    }
}
Console.WriteLine(r);
```

A．1　　B．25

C．64　　D．76

二、程序阅读

1．写出以下程序的运行结果。

```
using System;
class Test
{
    int[] a = {1, 2, 3, 4, 5, 6 , 7 , 8};
    public static void Main()
    {       int s0,s1,s2;
            s0=s1=s2=0;
            for(int i=0; i<8; i++) {
                switch(a[i]%3) {
                    case 0: s0+=a[i];break;
                    case 1: s1+=a[i];break;
                    case 2: s2+=a[i];break;    }
            }
            Console.writeLine (s0 + "    " + s1 + "    " + s2);
}
```

2．写出下面函数的功能。

```
static void f2(ref double[] a, int n)
{
    int i; double sum=0;
    for(i=0;i<n;i++) sum+=a[i];
    sum/=n;
    for(i=0;i<n;i++)
          if(a[i]>=sum)
    Console.write( a[i] + "    " );
    Console.writeLine();
}
```

3．写出下面函数的功能。

```
static float FH() {
    float y=0,n=0;
    int x = Convert.ToInt32(Console.ReadLine()); //从键盘读入整型数据赋给 x
    while (x!=-1) {
        n++; y+=x;
        x = Convert.ToInt32(Console.ReadLine());
    }
    if (n==0)
        return y;
    else
        return y/n;
}
```

三、程序填空

下面应用程序是要求用户输入 5 个大写字母，如果用户输入的信息不满足要求，提示帮助信息并要求重新输入。请把程序中的空白，填写完整。

```
using System;
{
    class Program
    {
        static void Main()
        {
        bool ok = false;
        while (ok == false)
        {
            Console.Write("请输入 5 个大写字母：");
            string str = Console.ReadLine();
            if (str.Length !=____（1）____ )
            {
                Console.WriteLine("字符个数不是 5 个，请重输。");
            }
            else
            {
                ok = true;
                for (int i = 0; i < 5; i++)
                {
                    char c = str[i];
                    if (____（2）____)
                    {
                        Console.WriteLine("第{0}个字符“{1}”不是大写字母，请重新输入。", i + 1, c);
                        ok = false;
                        break;
                    }
                }
            }
        }
        }
    }
}
```

四、程序设计

1．编一个函数 int fun(int a)，此函数的功能是：判断 a 是否是素数，若 a 是素数，返回 1，若不是素数，返回 0。A 的值由主函数从键盘读入。

2．输入两个整数，调用函数 stu()求两个数差的平方，返回主函数显示结果。

3．从键盘输入 10 个评委的分数，去掉最高分和最低分，求出其余 8 个人的平均分，输出平均数、最高分和最低分。

4．有一个字符串，包含 N 个字符，写一函数，将此字符串中从第 M 个字符开始的全部字符复制到另一个字符串。

第 5 章　类和对象

本章介绍面向对象的基本概念，包括类的定义、对象的声明、构造函数和析构函数的定义和使用方法、以及索引器和运算符重载。通过对本章的学习，读者应该掌握以下主要内容：

- 面向对象的基本概念
- 类和对象的定义及类的成员
- 构造函数与析构函数
- 方法重载与运算符重载
- 索引器

5.1　面向对象的基本概念

本书前面介绍的程序设计方法称为函数（或过程）化编程，强调程序的模块化和自顶向下的功能分解。而随着软件应用涉及到的领域不断扩大，面向过程的设计方法暴露出越来越多的不足，主要有：

（1）功能与数据分离，不符合人们对现实世界的认识，而且要保持功能与数据的相容也十分困难。

（2）基于模块的设计方式，导致软件修改困难。

（3）自顶向下的设计方法，限制了软件的可重用性，降低了开发效率，也导致最后开发出来的系统难以维护。

为了解决面向过程程序设计的这些问题，面向对象程序设计（Object-Oriented Programming，OOP）方法应运而生，这种软件开发方法是将数据和对数据的操作视为一个相互依赖、不可分割的整体，采用数据抽象和信息隐蔽技术，可以简化现实世界中对大多数问题的求解过程。面向对象的程序设计方法更符合人们的思维习惯，同时有助于控制软件的复杂性，提高软件的生产效率，从而得到了广泛认可，已成为目前最为流行的一种软件开发方法。

面向对象程序设计具有三大特征：封装、继承和多态性。

1．封装

面向对象程序设计的封装是将数据和处理数据的方法捆绑在一起，外部对数据的操作要通过合法途径调用被封装在内部的处理数据方法，才能对数据进行操作。现实生活中的封装实例很多，例如电视机有一个外壳将它们的内部细节封装起来，通过电视机的外部按键或者摇控器来控制电视机使其正常工作。内部细节如果不被封装对用户使用而言是有害的，而且用户也不需要知道其内部构造。由此看出封装可以有效地保证数据的安全性，并能隐藏类的实现细节，程序员使用时不需要知道类是如何实现的，只要知道其所提供的公有成员进行操作就行了。封装体以类的形式存在，这样可以提高程序的可靠性和安全性，避免不必要的错误出现，提高了程序的抗干扰性。

2. 继承

世界上的事物有很多相似之处，而在这些相似的事物之间具有某种“继承”关系。例如，孩子和父亲之间往往有许多相似之处，因为孩子从父亲那里遗传了许多特性；汽车与卡车、轿车、客车之间存在着一般化与具体化的关系，可以用继承来实现。

继承可以创建分等级层次的类。继承是指一个新定义的类通过另一个类得到，在拥有了另一个类的所有特征的基础上，加入新类所特有的特征。这样，两个类之间就具有了继承关系。被继承的类称为基类或父类，继承了父类的类称为派生类或子类。

客观现实中还存在着多继承关系。例如，人是继承了父、母的遗传来到这个世界上的。多继承也带来了一些问题，复杂的继承关系会使程序设计变得异常复杂，这不符合 C#面向对象程序设计追求简单易用性的原则，所以 C#只允许单继承，即一个类只能有一个基类或没有基类。

3. 多态性

在面向对象的程序设计中，多态是指同一个消息或操作作用于不同的对象，可以有不同的解释，产生不同的执行效果。多态性包括两个方面：编译多态性和运行时多态性。

编译多态性指在类中设计的多个方法完成相类似的功能，可以取相同的方法名，以提高程序的可读性。例如，实现“加”的方法取名为 add，可以有整数加和实数加两个方法。方法执行时通过同名方法的参数差别，区分具体执行的方法，实现一对多的关系，表现多态性。

运行时多态性是在类继承的基础上，方法的一对多关系，即指被继承的类（称为基类）与继承它的多个类（称为派生类）有相同的方法，执行基类方法时若满足一定条件，可以使实际执行的是派生类的方法，具体执行哪一个派生类的方法由基类对象与各派生类对象的关系决定。例如，有三个类：动物类、狗类和大象类，狗类和大象类继承动物类，其中动物类称为基类，狗类和大象类称为派生类，在这三个类中都有“跑”的行为（Run 方法），基类对象可以接受派生类对象的赋值，用动物类对象执行 Run 方法，当动物类对象接受了狗类对象的赋值时，Run 方法实际执行的是狗类对象的 Run 方法。

多态性可以避免同样的行为使用不同的方法名，合理运用多态性可使得程序设计更趋简洁合理。

5.2 类的声明和对象的创建

类是 C#语言支持面向对象思想的重要机制，是 C#语言实现数据隐藏和封装的基本单元，是将一个数据结构与一个操作紧密地结合，是实现面向对象其他特性的基础。对象是类的实例，用对象模拟现实世界中的事物比用一般的数据变量更确切。

类是 C#语言的数据抽象和封装机制，是描述一组具有相同属性（数据成员）和行为特征（成员函数）的对象。在系统实现中，类是一种共享机制，提供了类对象共享的操作实现。类是代码复用的基本单位，可以实现抽象数据类型、创建对象、实现属性和行为的封装。例如，在学生中，有小学生、中学生、大学生等不同类型，但在描述时，可找出各种类型学生的共性，将其归为一类，即学生类。

类具备了完整的解决特定问题的能力，因为类描述了数据结构（对象属性）、算法（对象行为）和外部接口（消息协议）。

在 C#语言中，一个类的定义包含数据成员和成员函数两部分内容。数据成员定义该类对象的属性，不同对象的属性值可以不同；成员函数定义了该类对象的操作即行为。

5.2.1 类的定义

C#语言在使用类之前必须定义类，再根据类生成一个实例——对象。对象是一个动态的概念，Visual C#.NET 的程序一般是由若干个对象组成的。定义类的一般格式如下：

```
[类修饰符] class 类名 [:基类类名]
{
    成员定义列表;
}
```

其中：

（1）C#支持的类修饰符有：new、public、protected、internal、private、abstract 和 sealed，其含义分别如下。

- new：新建类，表明隐藏了由基类中继承而来的与基类中同名的成员。
- public：公有类，表示外界可以不受限制地访问该类。
- protected：保护类，表示可以访问该类或从该类派生的类型。
- internal：内部类，表明仅有本程序能够访问该类。
- private：私有类，一般该类定义在一个类中，在定义它的类中才能访问它。
- abstract：抽象类，说明该类是一个不完整的类，只有声明而没有具体的实现。一般只能用来做其他类的基类，而不能单独使用。
- sealed：密封类，说明该类不能做其他类的基类，不能再派生新的类。

（2）如果缺省类修饰符，则默认为 public。

（3）“基类类名”用来定义派生该类的直接基类和由该类实现的接口，当多于一项时，用逗号“,”分隔。如果该类没有显式地指定直接基类，那么它的基类隐含为 object。

（4）“成员定义列表”声明该类包含的成员，如属性、方法、事件等。

在程序代码 5-1 中定义一个公共类，其中包含一个字段和两个方法。

程序代码 5-1 类的定义

```
public class Student
{
    string name;                                    // 属性
    public void SetName(string newName)             // 方法
    {
        name = newName;
    }
```

```
    public void ShowName()                          // 方法
    {
        Console.WriteLine(name);
    }
}
```

Student 类中的 name 属性的访问权限没定义，默认是 private，即只能在类中使用，不能在该类所定义的对象中使用。

5.2.2 类的成员

C#中类是一种引用类型，其成员可以包括数据成员（常量和字段）、方法成员（构造函数、方法、属性、事件、索引器）及嵌套类型等。类的成员可以在类中声明或者直接从基类中继承而来。具体来说，类的具体成员有以下类型：

（1）常量：是类的数据成员中值始终不变化的量。常量为类的所有对象共享，用关键字 const 修饰。只能为静态，不用 static 修饰，默认为私有访问权限。

（2）字段：是类中的变量。若用关键字 static 修饰，则该变量由类的所有对象共享，使用“类名.字段”方式访问；若没有关键字 static 修饰，为对象成员，用“对象名.字段”方式访问。若用 readonly 修饰，对象初始化时给定只读值，且该值以后不能再改变。

（3）方法：是在类中声明的函数，为类的对象提供某个方面的行为。若用 static 修饰，该方法属于类，通过类名调用。出现最多的静态方法是 Main()方法，是 C#应用程序的入口。

（4）属性：定义一个类的属性，通过读和写操作访问这个属性。

（5）事件：属性是一种与当前类和对象关联，主要用于用方法的形式访问类的数据成员的机制。

（6）索引：是另一种与当前对象关联，主要用方法的形式方便地访问类的某一集合数据类型成员的机制。

（7）操作符：定义了一个可以被类的实例使用的操作符号。

（8）构造函数：初始化类的实例。每新建一个对象，都会自动调用构造函数来完成对对象的初始化操作。

（9）析构函数：与构造函数相反，在类对象被释放之前要调用析构函数。

（10）静态构造函数：在初始化类本身的时候调用。

（11）类型：代表类内部的类型。

用户完全可以根据具体需要定义类的成员，但定义时需要注意以下几个原则：

（1）由于构造函数规定为和类名相同，析构函数名规定为类名前加一个“~”(波浪线符号)，所以其他成员名就不能命名为和类同名或是类名前加波浪线。

（2）类中的常量、变量、属性、事件或类型不能与其他类成员同名。

（3）类中的方法名不能和类中其他成员同名，包括其他非方法成员和其他方法成员。

（4）如果没有显式指定类成员访问修饰符，默认类型为私有类型修饰符。

类的每个成员都需要设定访问修饰符，不同的修饰符会造成对成员的访问能力不一样。C#中的成员主要有以下几种：

（1）公有成员。这种成员允许类的内部或外界直接访问，修饰符是 public。这是限制最少的一种访问方式，优点是使用灵活，缺点是外界可能会破坏对象成员值的合理性。

（2）私有成员。外界不能直接访问该成员变量或成员函数。对该成员变量或成员函数的访问只能由该类中其他函数访问，其派生类也不能访问。

（3）保护成员。对于外界该成员是隐藏的，但这个类的派生类可以访问。

（4）内部成员。表示该成员是内部成员，只有本类的成员才能访问。

程序代码 5-2 说明成员访问修饰符的作用，其中涉及到对象的声明和使用。

程序代码 5-2　类的成员访问修饰符的作用

```
class BaseClass
{
    private int I;                    //定义私有数据成员
    protected int J;                  //定义保护数据成员
    public int K;                     //定义公有数据成员
    public void SetA()                //定义成员函数
    {
        I = 1;                        //正确，允许访问类自身私有成员
        J = 2;                        //正确，允许访问类自身保护成员
        K = 3;                        //正确，允许访问类自身公有成员
    }
};
class ClassA : BaseClass
{
    public void SetB()
    {
        BaseClass BaseA = new BaseClass();
        BaseA.I = 11;                 //错误，不允许访问基类私有成员
        BaseA.J = 22;                 //正确，允许访问基类保护成员
        BaseA.K = 33;                 //正确，允许访问基类公有成员
    }
};
class ClassC
{
    public void SetB()
    {
        ClassA BaseA = new ClassA();
        BaseA.I = 111;                //错误，不允许访问类的其他私有成员
        BaseA.J = 221;                //错误，不允许访问类的其他保护成员
        BaseA.K = 331;                //正确，允许访问类的其他公有成员
    }
}
```

成员又可以分为静态成员和非静态成员。声明一个静态成员只需要在声明成员的指令前加上 static 保留字。如果没有这个保留字就默认为非静态成员。二者的区别是：静态成员属于类所有，非静态成员则属于类的对象所有；访问时静态成员只能由类来访问，而非静态成员只能由对象进行访问。程序代码 5-3 是静态成员与非静态成员定义与访问的区别。

程序代码 5-3　静态成员与非静态成员定义与访问的区别

```
class myClass
{
   public int a;                      //定义一个非静态成员
```

```
    static public int b;                    //定义一个静态成员
    void Fun1()                             //定义一个非静态成员函数
    {
        a=10;                               //正确，直接访问非静态成员
        b=20;                               //正确，直接访问静态成员
    }
    static void Fun2()                      //定义一个静态成员函数
    {
        a=10;                               //错误，不能访问非静态成员
        b=20;                               //正确，可以访问静态成员，相当于 myClass.b=20
    }
}
class Test
{
    static void Main()
    {
        myClass A=new myClass();            //定义对象 A
        A.a=10;                             //正确，访问类 myClass 的非静态公有成员变量 a
        A.b=10;                             //错误，不能直接访问类中静态公有成员
        myClass.a=20;                       //错误，不能通过类访问类中非静态公有成员
        myClass.b=20;                       //正确，可以通过类访问类 myClass 的非静态公有成员变量 b
    }
}
```

5.2.3 对象的声明

对象是类的具体实现，也称为类的实例。类是对一组具有相同特征对象的抽象描述，所有这些对象都是这个类的实例。对于学籍管理系统，学生是一个类，而每一个具体的学生则是学生类的一个实例。在程序设计语言中，类是一种数据类型，而对象是该类型的变量，变量名是某个具体对象的标识。类和对象的关系相当于普通数据类型与其变量的关系。类是一种逻辑抽象概念。声明一个类只是定义了一种新的数据类型，对象声明才真正创建了这种数据类型的物理实体。由同一个类创建的各个对象具有完全相同的数据结构，但其数据值可能不同。

类声明后，可以创建类的实例，创建类的实例需要使用 new 关键字。类的实例相当于一个变量，创建类实例的格式及功能如下：

```
类名  实例名 =new  类名([参数]);
```

其中 new 关键字实际上是调用构造函数来完成实例的初始化工作。使用程序代码 5-1 中定义类的对象程序代码如下：

```
Student stu1 = new Student();
```

创建实例也可以分成两步：先定义实例变量，然后用 new 关键字创建实例，例如：

```
类名      实例名;                    //定义类的实例变量
实例名 =new      类名([参数]);        //创建类的实例
```

例如，使用下述两条语句：

```
Student   stu1;                  //定义 Student 类的实例变量 Stu1
Stu1= new Student();             //生成 Student 类的实例 Stu1
```

程序代码 5-4 是定义一个学生类，然后声明一个对象，并通过 SetName 方法设置该对象

的姓名，最后显示该学生的姓名。

程序代码 5-4　对象的声明

```
using System;
namespace P5_3
{
    public class Student
    {
        string name;                                    // 字段
        public Student()                                // 构造函数
        {
            name = "unknown";
        }
        public void SetName(string newName)             // 方法
        {
            name = newName;
        }
        public void ShowName()                          // 方法
        {
            Console.WriteLine(name);
        }
    }

    class Program
    {
        static void Main()
        {
            Student stu1;                               //定义 Student 类的实例变量 Stu1
            stu1 = new Student();                       //生成 Student 类的实例 Stu1
            stu1.SetName("刘兵");
            stu1.ShowName() ;
              Console.ReadLine();
        }
    }
}
```

程序的输出结果是：

```
刘兵
```

5.3 成员函数

5.3.1 构造函数

对象的初始化工作通常由类的构造函数（Constructor）来完成。可以把构造函数理解成一种特殊的方法成员，并在每次创建对象时被自动调用。使用构造函数要注意以下几个问题：

（1）构造函数的名称与类名相同。

（2）构造函数不声明返回类型。

（3）构造函数通常是公有的（使用 public 访问限制修饰符声明），如果声明为保护的（protected）或私有的（private），则该构造函数不能用于类的实例化。

（4）构造函数的代码中通常只进行对象初始化工作，而不应执行其他操作。

（5）构造函数在创建对象时被自动调用，不能像其他方法那样显式地调用构造函数。

程序代码 5-5 使用默认构造函数对类 Student 的 3 个成员进行了初始化。

程序代码 5-5　默认构造函数对成员初始化

```
using System;
namespace P5_4
{
    //定义学生类
    public class Student
    {
        public string S_name;
        protected int S_age;
        protected    string    S_number;
        //构造函数
        public Student()
        {
            S_name = "Unknown";
            S_age = 18;
            S_number ="201108501";
        }
    }
    class Program
    {
        static void Main()
        {
            Student stu1;                           //定义 Student 类的实例变量 Stu1
            stu1 = new Student();                   //生成 Student 类的实例 Stu1
            Console.WriteLine(stu1 .S_name);
            Console.ReadLine();
        }
    }
}
```

这样，当 Main 方法使用 new 关键字来创建 Student 对象时，就会调用构造函数。程序输出 S_name 的值为“Unknown”。

不带任何参数的构造函数称为默认构造函数。有时希望通过传递不同的数据来创建不同的对象，这时需要使用带参数的构造函数。根据传递参数的不同，一个类可以有多个构造函数，以便在不同的情况下采用不同的方式来创建对象。程序代码 5-6 使用带参数的构造函数对类 Student 的 3 个成员进行了初始化，程序的运行结果如图 5-1 所示。

程序代码 5-6　带参数的构造函数对成员初始化

```
using System;
namespace helloworld
{
    //定义学生类
    public class Student
```

```
    {
        public string S_name;
        protected int S_age;
        protected  string  S_number;
        //默认构造函数
        public Student()
        {
            S_name = "Unknown";
            S_age = 18;
            S_number ="201108501";
        }
        //带参数的构造函数
        public Student(string name,int age,string number)
        {
            S_name = name;
            S_age = age;
            S_number = number;
        }
        public void Show()                // 方法
        {
            Console.WriteLine(S_name);
            Console.WriteLine(S_age);
            Console.WriteLine(S_number );
        }
    }
    class Program
    {
        static void Main()
        {
            Student stu1=new Student();                          //使用默认构造函数生成对象
            Student stu2 = new Student("刘兵",20,"201005101");    //使用带参数的构造函数生成对象
            stu1.Show();
            stu2.Show();
            Console.ReadLine();
        }
    }
}
```

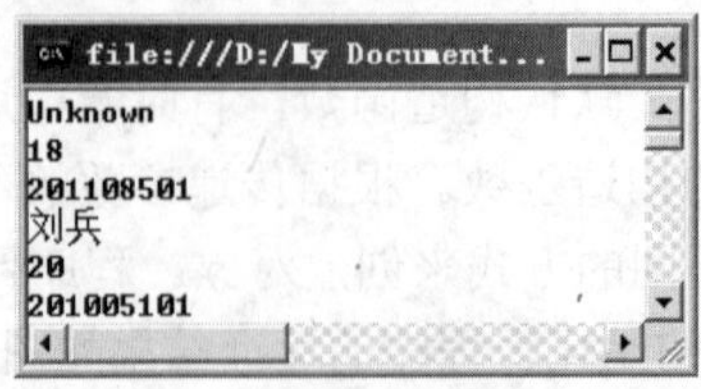

图 5-1　带参数的构造函数

如果在类中没有显式地定义一个构造函数，编译时编译器会自动生成一个默认的构造函数，其执行代码为空；在任何时候使用 new 关键字来创建对象时，都会调用该构造函数。不过，如果只定义了带参数的构造函数，而没有定义默认的构造函数，在使用 new 关键字来创建对象时，就必须同时指定对应的参数，例如：

```
Student stu2 = new Student("刘兵",20,"201005101");
```

如果使用了关键字 static 来定义构造函数，该构造函数就属于类而不是类的实例所有。在程序中第一次用到某个类时，类的静态构造函数自动被调用，而且是仅此一次。静态的构造函数通常用于对类的静态字段进行初始化。静态构造函数不使用任何访问限制修饰符。程序代码 5-7 使用静态构造函数对类 Student 的静态成员进行初始化，其程序的运行结果如图 5-2 所示。

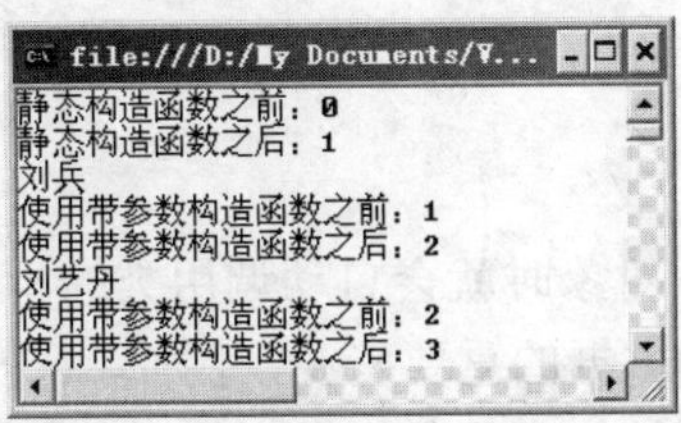

图 5-2　静态构造函数

程序代码 5-7　静态构造函数

```
using System;
namespace helloworld
{
    //定义学生类
    public class Student
    {
        public string S_name;
        public static   int S_test;          //定义静态成员

        //静态构造函数
        static Student()
        {
            Console.WriteLine("静态构造函数之前：{0}", S_test);
            S_test++;
            Console.WriteLine("静态构造函数之后：{0}", S_test);
        }
        //带参数的非静态构造函数
        public Student(string name)
        {
            S_name = name;
            Console.WriteLine(S_name);
            Console.WriteLine("使用带参数构造函数之前：{0}", S_test);
            S_test++;
            Console.WriteLine("使用带参数构造函数之后：{0}", S_test);
        }
    }

    class Program
    {
        static void Main()
        {
            Student stu1 = new Student("刘兵");      //使用带参数的构造函数生成对象
```

```
            Console.ReadLine();
        }
    }
}
```

从程序代码 5-7 中可以看出：类的静态构造函数只被调用了一次，而非静态的构造函数则在创建每个对象时都被调用。在创建类的第一个实例时，首先是将字段定义时的初始值赋予该字段（如未指定初始值则赋予其类型的默认值），然后调用类的静态构造函数，最后调用类的非静态构造函数。

5.3.2 析构函数

对象使用完毕之后，在释放对象时就会自动调用类的析构函数（Destructor）。在析构函数中，可以释放在此类中所申请占据的重要资源，例如 socket；也可以用来关闭一些句柄，例如文件指针、与数据库的连接等。可是由于对析构函数的调用不能有任何保证，所以一般把这些操作封装在一个单独的成员函数中，适当时候由程序去显式调用。使用析构函数时需要注意的问题有：

（1）析构函数的名称与类名相同，但在名称前面加了一个符号“~”。

（2）析构函数不接受任何参数，也不返回任何值。

（3）析构函数不能使用任何访问限制修饰符。

（4）析构函数的代码中通常只进行销毁对象的工作，而不应执行其他操作。

（5）析构函数不能被继承，也不能被显式地调用。

程序代码 5-8 使用说明析构函数的使用方法。

程序代码 5-8　析构函数

```
using System;
namespace P5_7
{
    //定义学生类
    public class Student
    {
        public string S_name;
        public static int S_test;           //定义静态成员
        //带参数的构造函数
        public Student(string name)
        {
            S_name = name;
            Console.WriteLine(S_name);
            Console.WriteLine("使用带参数构造函数之前：{0}", S_test);
            S_test++;
            Console.WriteLine("使用带参数构造函数之后：{0}", S_test);
        }
        //析构函数
        ~Student(){
            Console.WriteLine("析构函数被调用！");
        }
    }
    class Program
```

```
    {
        static void Main()
        {
            Student stu1 = new Student("刘兵");
            Console.ReadLine();
        }
    }
}
```

```
file:///D:/My Documents/Visual
刘兵
使用带参数构造函数之前：0
使用带参数构造函数之后：1
析构函数被调用！
```

图 5-3　析构函数

5.4　属性

为了实现良好的数据封装和数据隐藏，C#为类提供了属性（Property）成员。属性是对字段的扩展，是通过属性访问函数来控制对字段的访问的。属性访问函数包括 get 访问函数和 set 访问函数，分别用于对字段的读取和修改。属性定义格式如下：

```
[访问修饰符] <返回类型> 属性名
{
    get
    {
        … …
        return <存储空间名>;
    }
    set
    {
        … …
        [<存储空间名> = value; ]
    }
}
```

其中：

- 访问修饰符：一般属性的返回类型为 public。
- 返回类型：一般属性用于访问某一数据成员，这样返回类型与数据成员的类型相同。
- get 访问器用于返回与返回类型相同的类型值。
- set 访问器主要用于给某一数据成员赋值，也可用于其他用途。
- 存储空间名一般指某一数据成员，也可以是其他变量等。

可以把 get 访问函数和 set 访问函数都视为类的特殊方法成员。其中 get 访问函数进行读操作，并通过 return 语句返回结果；而 set 访问函数进行写操作，value 表示要传递给属性的值。无论是 get 访问函数的返回值，还是传递给 set 访问函数的值，其类型都应与属性所声明的数据类型保持一致。

定义属性时可以同时包含两个访问函数，也可以只声明一个访问函数。如果只有 get 访问函数，则表明属性的值不能被修改；如果只有 set 访问函数，则表明属性的值只能写不能读。在上面的例子中，对属性的读写都是允许的。

程序代码 5-9 在 Student 类中可以使用 Name 属性来封装对私有字段 S_name 的访问。

程序代码 5-9　类的属性实例

```
using System;
namespace P5_8
{
    //定义学生类
    public class Student
    {
        //字段
        private   string S_name;
        //属性
        public string Name
        {
          get
          {
             return S_name;
          }
          set
          {
             S_name = value;
          }
        }

    }
    class Program
    {
        static void Main()
        {
            Student stu1 = new Student();
            stu1.Name = "刘兵";                    //set 访问函数
            Console.WriteLine(stu1 .Name ); //get 访问函数
            Console.ReadLine();

        }
    }
}
```

在程序代码 5-9 的 Student 类中，定义了一个类成员变量 S_name 来存储姓名。但是这个成员变量的访问权限为 private，所以任何外部程序都不可能直接访问此变量。要想访问，就需要利用类成员属性函数 name。具体地说，要获取其值就要调用 name.get，而要设定其值时要调用的则是 name.set。例如在程序代码 5-9 中定义了一个 Student 类型的变量 stu1 以后，用以下语句来设定其成员变量 S_name 的值：

```
stu1.Name = "刘兵";
```

然后，在输出其成员变量 S_name 的值时，又直接用 stu1.Name，就好像 Name 是类

Student 的一个成员变量一样。但这个类成员属性与一个一般的类成员变量有很大的不同。主要体现有以下几个方面：

（1）外部程序不需要，也不可能知道内部成员变量的具体存储机制。

（2）通过只提供 get 函数、只提供 set 函数或者二者都提供，从而设定成员属性分别为只读、只写或者可读可写。

（3）在读操作或者写操作时都可以先进行一定的操作，其中包括数据校验。

（4）对一个动态成员变量，可以在第一次访问发生时才为其申请资源，这样会减少运行系统的开销。

属性使用时感觉是调用类的数据成员，而属性实际上是方法，既然是方法就可以有方法的语句，实现一些控制。程序代码 5-10 是一个使用属性不直接对类的数据成员操作的实例，该实例用于验证是不是符合规定的学生，如果是则显示一些公共的信息，程序的执行结果如图 5-4 和图 5-5 所示。

代码 5-10　使用属性不直接对类的数据成员操作

```
using System;
namespace helloworld
{
    //定义学生类
    public class Student
    {
        //构造方法设为 private，不允许在类外创建对象
        private Student() { }
        //只能通过静态成员创建唯一的对象，也称为单子设计模式
        private static Student studentUser = new Student();
        //会员公共信息
        private string netStation = "http://www.whpu.edu.cn";
        private string user = "liubing";
        private string secret = "123456";
        //调用静态方法返回对象的引用，保证对象只能有一个，即只有一份会员公共信息
        public static Student GetInfo()
        {
            return studentUser;
        }
        //属性也没有数据成员关联
        public string Login
        {
            set
            {
                //value 用于核对密码是否正确
                if (value == "888")
                {
                    Console.WriteLine("网站名为:" + this.netStation);
                    Console.WriteLine("用户名:" + this.user);
                    Console.WriteLine("用户密码:" + this.secret);
                }
                else
                {
```

```
                        Console.WriteLine("对不起,密码错误!");
                    }
                }
            }
        }
        class Program
        {
            static void Main()
            {
                //学生名单列表，用数组保存
                string[] studentName = { "Liu", "MM", "Jiang", "zhuang" };
                bool login = false;
                string member;
                Console.Write("请输入学生姓名:");
                member = Console.ReadLine();
                for (int i = 0; i < studentName.Length; i++)
                {
                    if (member == studentName[i])
                    {
                        login = true;
                    }
                }
                if (login)
                {
                    Student    m = Student .GetInfo();
                    Console.Write("请输入密码:");
                    m.Login = Console.ReadLine();
                }
                else
                {
                    Console.WriteLine("学生姓名输入错误!");
                }
                Console.ReadLine();
            }
        }
    }
```

图 5-4　执行代码 5-9 的用户输入

图 5-5　代码 5-9 执行完毕

5.5　方法与重载

5.5.1　方法的定义

类由数据成员和方法成员构成。数据成员在类中是相对固定的，申请内存空间用于存储数据；方法成员是可变的，数据成员通过方法对数据进行操作，类和对象的行为是通过方法体现的。

方法也称为函数，在本书 4.1 节介绍了函数，对函数的所有的说明都适用于方法，本节重点在于静态方法与非静态方法的区别，还有方法的重载。对于方法中参数列表的说明，以及参数的传递方法请读者见 4.1 节。

方法声明的返回类型指定了返回值的类型。假如方法没有返回值，则定义返回类型为 void，方法的参数可以从参数列表中获得。定义方法的一般格式为：

```
[修饰符] 返回类型 方法名([形式参数表])
{
    //方法体
}
```

其中：

（1）修饰符可选项可以是修饰符 public（公有的）和 static （静态的）。public 定义是“访问不受限制”；如果再加上 static 则表示方法是静态的。在类里，可以理解为能直接使用，不需要实例化，这样的设置减少了一些环节也能节省内存；在类外，需用类名访问该静态方法。

（2）返回类型可以是任何一种 C#的数据类型，用 return 语句得到返回值。如果没有返回值，可用 void 关键字说明。

（3）形式参数表用于接收要处理的数据，每一个形式参数必须有类型说明。形式参数在方法被调用时，和方法体中定义的变量一样使用。区别在于形式参数还用于接收实参的数据传递。

程序代码 5-11 用来说明方法的定义与调用方法。

程序代码 5-11　方法的定义与调用方法

```
using System;
namespace P5_10
{
    class Test
    {
        public static int Max(int x,int y)
        {
            if (x>=y)
                return x;
            else
                return y;
        }
    public static void WriteMin(int x, int y)
    {
        int temp=x;
        if (x>y)
            temp=y;
        Console.WriteLine("{0}和{1}中的最小值是：{2}。", x, y, temp );
    }
}
    class Program
    {
        static void Main()
```

```
            {
                Console.WriteLine("6 和 8 中的最大值是：{0}。",Test.Max(168,861));
                Test.WriteMin(168, 861);
                Console.ReadLine();
            }
        }
}
```

5.5.2 静态和非静态的方法

1. 静态和非静态的方法的区别

C#的类定义中可以包含两种方法：静态的和非静态的，使用了 static 修饰符的方法为静态方法，反之则是非静态的。静态方法是一种特殊的成员方法，不属于类的某一个具体的实例，非静态方法可以访问类中的任何成员，而静态方法只能访问类中的静态成员。例如：

```
class myTest
{
    int x;                    //定义非静态成员 x
    static int y;             //定义静态成员 y
    static int Access() {     //定义静态方法 Access()
        x = 1;                //错误，不允许访问
        y = 2;                //正确，允许访问
    }
}
```

在这个类定义中静态方法 Access()可以访问类中静态成员 y，但不能访问非静态的成员 x。这是因为 x 作为非静态成员在类的每个实例中都占有一个存储或者说具有一个副本；而静态方法是类所共享的，无法判断出当前的 x 是属于哪个类的实例，所以不知道应该到内存的哪个地址去读取当前 x 的值。y 是非静态成员，所有类的实例都公用一个副本，静态方法 Access()使用它就不存在什么问题了。

2. 静态方法的调用

若要调用的方法是静态方法，则用类名“点”出方法，格式为：

```
类名.方法名([ 实际参数表])
```

例如在程序代码 5-11 的 Main()方法中，通过 Test 类名调用 WriteMin 静态方法：

```
Test.WriteMin(168, 861);
```

5.5.3 方法重载

本章之前所提到的方法调用都是使用不同的方法名，程序代码 5-12 说明了两个函数，分别是求两个整数和与求两个浮点型的和，但其方法名不相同。

程序代码 5-12 定义不同名的求和函数

```
using System;
namespace P5_11
{
    class Program
    {

        static void Main()
        {
```

```
            int i=10, j=20,sum_I;
            double x=30.3, y=40.4,sum_D;
            sum_I = total_I(i,j);
            sum_D = total_D(x, y);
            Console.WriteLine(sum_I);
            Console.WriteLine(sum_D);
            Console.ReadLine();
        }
        //两个整数之和
        static int total_I(int pi, int pj)
        {
            return pi + pj;
        }
        //两个双精度数之和
        static double total_D(double px, double py)
        {
            return px + py;
        }
    }
}
```

所谓方法重载是指同一个方法名可以对应着多个方法的实现。例如，可以给方法名total()定义多个实现，该方法的功能是求和，即求两个操作数的和。其中，一个方法实现是求两个 int 型数之和，另一个实现是求两个浮点型数之和，再一个实现是求两个复数的和。每种类型的数据相加都对应着一个实现，虽然这些方法的名字相同，但是方法中参数的类型不同，这就是方法重载的概念。

方法重载要求编译器能够唯一地确定调用哪一个方法进行程序代码的执行，即采用哪个方法实现。确定方法实现时，要求从方法的参数个数和类型上进行区分。这就是说，进行方法重载时，要求同名方法在参数个数上不同，或者参数类型上不同。否则，将无法实现重载。程序代码 5-13 使用函数重载的方法重新实现程序代码 5-12。

程序代码 5-13　函数重载

```
using System;
namespace P5_12
{
    class Program
    {
        static void Main()
        {
            int i=10, j=20,sum_I;
            double x=30.3, y=40.4,sum_D;
            //调用重载函数
            sum_I = total(i,j);
            sum_D = total(x, y);
            Console.WriteLine(sum_I);
            Console.WriteLine(sum_D);
            Console.ReadLine();
        }
        //函数重载
```

```
        static int total(int pi, int pj)
        {
            return pi + pj;
        }
        //函数重载
        static double total(double px, double py)
        {
            return px + py;
        }
    }
}
```

程序代码 5-12 中有两个同名的函数，但这两个函数有明显的区别：一个函数的形参都是整型定义，另一个函数的形参都是浮点型定义。编译器会根据主程序调用该函数所使用实参类型的不同去调用不同的重载函数。

例如前面多次使用到的 Console 类之所以能够实现对多种数据进行输出，就是因为定义了该类成员函数 WriteLine()的多个重载：

- Public static void WriteLine();
- Public static void WriteLine(int);
- Public static void WriteLine(float);
- Public static void WriteLine(long);
- Public static void WriteLine(uint);
- Public static void WriteLine(char);
- Public static void WriteLine(bool);
- Public static void WriteLine(double);
- Public static void WriteLine(char[]);
- Public static void WriteLine(string);
- Public static void WriteLine(Object);
- Public static void WriteLine(ulong);
- Public static void WriteLine(string,Object[]);
- Public static void WriteLine(string,Object);
- Public static void WriteLine(char[],int,int);
- Public static void WriteLine(string,Object,Object);
- Public static void WriteLine(string,Object,Object,Object);

有了这些重载方法，在程序设计中，编程人员只需调用 WriteLine()方法，而不需要指明调用哪一个格式就可以实现显示。程序代码 5-14 是调用 WriteLine 重载方法的实例。

程序代码 5-14　方法的定义与调用方法

```
using System;
namespace P5_13
{
    class Program
    {
        static void Main()
        {
```

```
                int count = 168;
                string str1 = "hello";
                Console.WriteLine(88);
                Console.WriteLine("C#世界！");
                Console.WriteLine("{0} ,C#世界。{1}",str1,count );
                Console.ReadLine();
            }
        }
}
```

如果两个同名方法只是返回值不同，而其参数个数与类型完全相同，则不能算是重载。例如以下两个方法会产生一个编译错误：

```
double findMax(int i);
int findMax(int i);
```

同样，两个方法的参数名字也并不会影响其定义，重要的是其参数数据类型、参数顺序和参数个数。以下两个方法定义在C#中是非法的：

```
int findMax(int i,string str1);
int findMax(int x,string s1);
```

但是以下两个函数却是正确重载的，因为其参数顺序不同：

```
int findMax(int i,string str1);
int findMax(string s1, int x);
```

1. 构造方法重载

本书5.3.1节使用的程序代码5-6中就使用了构造函数的重载，其代码如下：

```
//默认构造函数
public Student()
{
    S_name = "Unknown";
    S_age = 18;
    S_number ="201108501";
}
//带参数的构造函数
public Student(string name,int age,string number)
{
    S_name = name;
    S_age = age;
    S_number = number;
}
```

这两个构造函数名字相同，但参数个数不同。

2. 输入型参数引用重载

程序代码5-15在方法重载时根据是否使用ref关键字来确定调用不同的方法，其运行结果如图5-6所示。

程序代码5-15　输入型参数引用重载

```
using System;
namespace P5_14
{
    class Program
    {
        //定义两个值参数的方法
```

```
            static void add(int x,int y)
            {
                Console.WriteLine("非 ref 参数的方法调用");
                Console.WriteLine("x 加 y 的和等于{0}",x+y);
            }
            //定义两个 ref 参数的方法
             static void add(ref int x, ref int y)
             {
                 Console.WriteLine("ref 参数的方法调用");
                 Console.WriteLine("x 加 y 的和等于{0}", x + y);
             }
            static void Main()
            {
                int first = 168;
                int second = 861;
                add(first ,second );
                add(ref first, ref second);
                Console.ReadLine();
            }
        }
    }
```

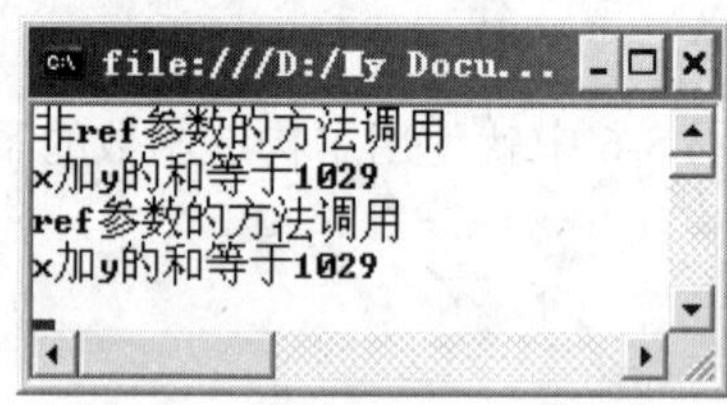

图 5-6　输入型参数引用重载

5.6　索引函数

C#中除了类成员属性外，还为类增加了另一个新特性，即类索引器（indexer）。一个类索引器就好像一个数组下标，可以通过它去访问类属性。当一个类内部包含许多个同类型的变量时，类索引器便显得很方便。

和属性一样，索引函数也可以看作是 get 访问函数和 set 访问函数的组合，且使用 return 语句为 get 访问函数返回结果，使用 value 关键字给 set 访问函数传递属性的值。不同之处在于：

（1）索引函数以 this 关键字加数组形式的下标进行定义，并通过数组形式的下标进行访问。索引函数的定义方法如下：

```
public int this[int index]
{
    // get and set 访问函数
}
```

（2）索引函数的 get 访问函数和 set 访问函数带有参数（一般为整数类型或字符串类型）。

（3）索引函数不能是静态的。程序代码 5-16 说明如何声明私有数组字段 arr 和索引器。使用索引器可直接访问实例 test[i]。另一种使用索引器的方法是将数组声明为 public 成员并直接访问它的成员 arr[i]。

程序代码 5-16　索引函数

```
using System;
namespace P5_15
{
    class IndexerClass
    {
        private int[] arr = new int[100];          //定义私有数组字段 arr
        public int this[int index]                  // 定义索引器
        {
            get
            {
                // 检查索引的范围
                if (index < 0 || index >= 100)
                {
                    return 0;
                }
                else
                {
                    return arr[index];
                }
            }
            set
            {
                if (!(index < 0 || index >= 100))
                {
                    arr[index] = value;
                }
            }
        }
    }
    class Program
    {
        static void Main()
        {
            IndexerClass test = new IndexerClass();
            // 调用索引器初始化第 3 个和第 5 个元素
            test[3] = 256;
            test[5] = 1024;
            for (int i = 0; i <=7; i++)
            {
                System.Console.WriteLine("第{0}个元素的值是：{1}", i, test[i]);
            }
            Console.ReadLine();
        }
    }
}
```

程序代码 5-16 运行结果如下：

```
第 0 个元素的值是：0
第 1 个元素的值是：0
第 2 个元素的值是：0
第 3 个元素的值是：256
第 4 个元素的值是：0
第 5 个元素的值是：1024
第 6 个元素的值是：0
第 7 个元素的值是：0
```

需要特别说明的是当计算索引器的访问时（例如，在 Console.Write 语句中），将调用 get 访问器。因此，如果 get 访问器不存在，将发生编译时错误。

另外，C#并不将索引类型限制为整数。例如，对索引器使用字符串可能是有用的。通过搜索集合内的字符串并返回相应的值，可以实现此类的索引器。由于访问器可被重载，字符串和整数版本可以共存。

程序代码 5-17 声明了存储星期几的类，并在其中声明了一个 get 访问器，用于接受星期几的字符串，并返回其对应的整数。例如，星期日将返回 0，星期一将返回 1 等。

程序代码 5-17　索引类型为字符串类型

```
using System;
namespace P5_16
{
    class DayCollection
    {
        string[] days = { "Sun", "Mon", "Tues", "Wed", "Thurs", "Fri", "Sat" };
        // 方法找到相应的日期返回对应值，没找到返回-1
        private int GetDay(string testDay)
        {
            int i = 0;
            foreach (string day in days)
            {
                if (day == testDay)
                {
                    return i;
                }
                i++;
            }
            return -1;
        }
        // get 访问器使用一个字符串参数，返回一个整数
        public int this[string day]
        {
            get
            {
                return (GetDay(day));
            }
        }
    }
    class Program
    {
```

```
        static void Main()
        {
            DayCollection week = new DayCollection();
            System.Console.WriteLine(week["Fri"]);
            System.Console.WriteLine(week["Made-up Day"]);
            Console.ReadLine();
        }
    }
}
```

程序运行结果如下：

```
5
-1
```

5.7 this 关键字

C#中的保留字 this 用于指代一个变量，且仅限于在类的非静态方法成员中使用，包括类的构造函数、非静态方法、属性、索引函数及事件。this 的含义为：

（1）在类的构造函数中出现的 this 作为一个值类型，表示对正在构造的对象本身的引用。

（2）在类的方法中出现的 this 作为一个值类型，表示对调用该方法的对象的引用。

（3）在结构的构造函数中出现的 this 作为一个变量类型，表示对正在构造的结构的引用。

（4）在结构的方法中出现 this 作为一个变量类型，表示对调用该方法的结构的引用。

除此之外，其他地方使用 this 保留字都是不合法的。程序代码 5-18 中，this 用于限定 Employee 类成员 name 和 number，另外，this 关键字还用于将对象传递到属于其他类的方法 CalcTax。

程序代码 5-18　this 关键字的使用实例 1

```
using System;
namespace P5_17
{
    class Employee
    {
        private string name;
        private string number;
        private decimal salary = 3000.00m;
        //构造函数
        public Employee(string name, string number)
        {
            // 用 this 关键字来指明括号左边使用的是类中的 name 和 number，括号右边没用 this,
            // 是形参
            this.name = name;
            this.number = number;
        }
        // 显示成员变量的方法
        public void printEmployee()
```

```
        {
            Console.WriteLine("姓名: {0}\n 工号: {1}", name, number);
            // 使用 this 关键字传递参数给 Tax 类的 CalcTax 方法
            Console.WriteLine("应交税额: {0:C}", Tax.CalcTax(this));
        }
        public decimal Salary
        {
            get { return salary; }
        }
    }
    class Tax
    {
        public static decimal CalcTax(Employee E)
        {
            return 0.08m * E.Salary;
        }
    }
    class Program
    {
        static void Main()
        {
            // 创建 Employee 对象
            Employee E1 = new Employee("刘兵", "0757");
            // 显示对象的成员
            E1.printEmployee();
            Console.ReadLine();
        }
    }
}
```

this 关键字是无法在静态方法中使用的，而 Main 是个静态方法，所以在 Main 方法中不能使用 this。程序代码 5-19 是 this 关键字的另一个实例。

程序代码 5-19　this 关键字的使用实例 2

```
using System;
namespace P5_18
{
    class TestF
    {
        public int x = 5;
        public void F(int x)
        {
            Console.WriteLine("类中 this.x 的值是{0}", this.x);
            Console.WriteLine("构造函数中形参 x 的值{0}", x);
        }
    }
    class Program
    {
        static void Main()
        {
            int x = 10;
```

```
            TestF a = new TestF();
            a.F(x);
            Console.WriteLine("对象 a 中 x 的值是{0}", a.x);
            Console.WriteLine("变量 x 的值是：{0}",x);
            Console.ReadLine();
        }
    }
}
```

5.8 运算符重载

在 5.5.3 节中讲述了方法的重载，按此推理，表达式 8/5=1 和 8.0/5.0=1.6 中的“/”运算符，由于所操作的数据不同而具有不同的意义，即表达式中的“/”运算符称为运算符重载。很多情况下，除了系统预定义的类型以外，程序员希望这些基本操作符能够作用于自己定义的数据类型，从而使运算过程和效果更加直观、简明。C#中允许被重载的操作符包括：

（1）一元操作符：+ - ! ~ ++ -- (T) true false。

（2）二元操作符：+ - * / % & | ^ << >> == != > < >= <=。

考虑到操作的对称性，下列操作符必须要成对重载，即不能只重载其中的一个。

（1）一元操作符：true 和 false。

（2）二元操作符：== 和!=，>和<，>=和<=。

运算符重载的定义格式如下：

```
public static <返回对象类型> operator <操作符> (参数列表)
```

例如重截 MyPoint 类的加法运算符：

```
public static MyPoint operator +(MyPoint me,MyPoint you)
```

程序代码 5-20 说明创建一个重载"+"和"-"运算符的 ComplexNumber 类，该程序的运行结果如图 5-7 所示。

程序代码 5-20　运算符重载

```
using System;
namespace P5_19
{
    public class ComplexNumber
    {
        private int real;
        private int imaginary;
        public ComplexNumber() : this(0, 0)   // 默认构造函数
        {
        }
        public ComplexNumber(int r, int i)      // 带参数的构造函数
        {
            real = r;
            imaginary = i;
        }
        // 重载 ToString()函数用以显示传统的复数形式
        public override string ToString()
        {
```

```
            return (System.String.Format("{0} + {1}i", real, imaginary));
        }
        //重载 "+" 运算符
        public static ComplexNumber operator +(ComplexNumber a, ComplexNumber b)
        {
            return new ComplexNumber(a.real + b.real, a.imaginary + b.imaginary);
        }
        // 重载 "-" 运算符
        public static ComplexNumber operator -(ComplexNumber a, ComplexNumber b)
        {
            return new ComplexNumber(a.real - b.real, a.imaginary - b.imaginary);
        }
    }
    class Program
    {
        static void Main()
        {
            ComplexNumber a = new ComplexNumber(10, 12);
            ComplexNumber b = new ComplexNumber(8, 9);
            System.Console.WriteLine("Complex Number a = {0}", a.ToString());
            System.Console.WriteLine("Complex Number b = {0}", b.ToString());
            ComplexNumber sum = a + b;
            System.Console.WriteLine("Complex Number sum = {0}", sum.ToString());
            ComplexNumber difference = a - b;
            System.Console.WriteLine("Complex Number difference = {0}", difference.ToString());
            Console.ReadLine();
        }
    }
}
```

```
file:///D:/My Documents/Visual Studio 20...
Complex Number a = 10 + 12i
Complex Number b = 8 + 9i
Complex Number sum = 18 + 21i
Complex Number difference = 2 + 3i
```

图 5-7 重载运算符

类是面向对象程序设计的基本单元，是 C#中最重要的一种数据结构。这种数据结构可以包含字段成员、方法成员以及其他的嵌套类型。构造函数、析构函数、属性、索引函数、事件和操作符都可以视为方法成员，具有普通方法的大部分特性，但在使用中又都有着各自的特点。

类的构造函数用于对象的初始化，而析构函数用于对象的销毁。对象的生命周期从构造函数开始，到析构函数结束。

利用属性和索引函数提供的访问方法，可以隐藏数据处理的细节，更好地实现对象的封装性。

操作符可以被视为最特殊的一种方法成员，开发人员可以为自己的类型定义操作符重载。

习题五

一、选择题

1．程序代码可以通过和类对象引用一起的（　）操作符来访问该类的成员。

A．.　　B．;　　C．“　　D．‘

2．声明为（　）的一个类成员，只有定义这些成员的类的方法能够访问。

A．public　　B．internal　　C．protected　　D．private

3．（　）能够初始化一个类的实例变量。

A．析构函数　　B．构造函数　　C．实用函数　　D．主函数

4．属性的（　）方法用来给类的 private 实例变量赋值。

A．get　　B．main　　C．set　　D．math

5．以下类 MyClass 的属性 count 属于（　）属性。

```
class MyClass
{
    int i;
    int count
    {
        get{ return i;}
    }
}
```

A．只读　　B．只写　　C．可读写　　D．不可读不可写

6．对下面的代码

```
public class Door
{
}
public class House
{
    public House()
    {
        Door door = new Door();
    }
}
```

描述错误的是（　）。

A．Door 是一个类。

B．House 是一个从 Door 继承的类。

C．House 的构造函数中声明了一个名为 door 的变量。

D．door 是一个对象。

7．关键字（　）表示一个类的定义。

A．using　　B．#define　　C．namespace　　D．class

8．类的成员声明为（　）时，该类的对象在范围内的任何地方都可访问。

A．public　　B．internal　　C．protected　　D．private

9．（　）操作符动态地给指定类型的对象分配内存。

A．sealed　B．abstract　C．new　D．protected

10．M 是类 A 中被声明为 static 的成员，B 是类 A 的对象实例，则引用成员 M 的正确格式是（　）。

A．B.M　B．A.M　C．M.B　D．M.A

11．（　）是软件重用的一种形式。

A．重载　B．继承　C．多态　D．事件

12．只有在基类的定义或在派生类的定义中，才能访问基类的（　）成员。

A．abstract　B．sealed　C．protected　D．public

13．在（　）关系中，一个类的对象也可以被看作它的基类的对象。

A．重载　B．继承　C．多态　D．事件

14．一个类与它的派生类之间存在（　）关系。

A．层次结构　B．面向过程　C．实体结构　D．平面结构

15．基类的（　）成员只能在同一程序集中被访问。

A．public　B．private　C．internal　D．protected

16．通过（　）引用，派生类构造函数可以调用基类构造函数。

A．object　B．class　C．base　D．system

17．下面有关类和对象的说法中，不正确的是（　）。

A．类是一种系统提供的数据类型　B．对象是类的实例

C．类和对象的关系是抽象和具体的关系　D．任何对象只能属于一个具体的类

18．下面有关构造函数的说法中，不正确的是（　）。

A．构造函数中，不可以包含 return 语句　B．一个类中只能有一个构造函数

C．构造函数在生成类实例时被自动调用　D．用户可以定义无参构造函数

19．C#中 MyClass 为一自定义类，其中有以下方法定义：

```
public void Hello(){…}
MyClass obj = new MyClass();
```

当创建了该类的对象，并使变量 obj 引用该对象，则访问类 MyClass 的 Hello 方法正确的是（　）。

A．obj.Hello();　B．obj::Hello();

C．MyClass.Hello();　D．MyClass::Hello();

20．分析下列程序：

```
public class class4
{
    private string _sData = "";
    public string sData
    {
        set{
            _sData = value;
        }
    }
}
```

在 Main 函数中，在成功创建该类的对象 obj 后，下列语句合法的是（　）。

A．obj.sData = "It is funny!";　B．Console.WriteLine(obj.sData);

C．obj._sData = 100;　D．obj.set(obj.sData);

二、程序阅读

1．在下面的程序中：

```
using System;
class A
```

```
{
        public A()
        {
              PrintFields();
        }
        public virtual void PrintFields(){}
}
class B:A
{
        int x=1;
        int y;
        public B()
        {
            y=-1;
        }
        public override void PrintFields()
        {
            Console.WriteLine("x={0},y={1}",x,y);
        }
}
```

当使用 new B()创建 B 的实例时，产生什么输出？

2．阅读下列程序，写出程序的输出结果。

```
class Class1
{
    private string str = "Class1.str";
    private int i = 0;
    static void StringConvert(string str)
    {
        str = "string being converted.";
    }
    static void StringConvert(Class1 c)
    {
        c.str = "string being converted.";
    }
    static void Add(int i)
    {
        i++;
    }
    static void AddWithRef(ref int i)
    {
        i++;
    }
    static void Main()
    {
        int i1 = 10;
        int i2 = 20;
        string str = "str";
        Class1 c = new Class1();
        Add(i1);
        AddWithRef(ref i2);
```

```
            Add(c.i);
            StringConvert(str);
            StringConvert(c);
            Console.WriteLine(i1);
            Console.WriteLine(i2);
            Console.WriteLine(c.i);
            Console.WriteLine(str);
            Console.WriteLine(c.str);
        }
    }
```

3．以下程序运行后，输出结果是什么？

```
class Test
{
    public int n;
    private static int sum;
    public Test(int a) { n = a; sum = 0; }
    public static void Add(Test t) { sum += t.n; }
    public void Print() { Console.WriteLine("x={0},sum={1}", n, sum); }
    static void Main(string[] args)
    {
        Test t1 = new Test(5);
        Test t2 = new Test(10);
        Test.Add(t1);
        t1.Print();
        Test.Add(t2);
        t2.Print();
    }
}
```

4．以下程序运行后，输出结果是什么？

```
class Test
{
    char m, n;
    public Test(char c){ m = (char)((n=c)+32); }
    public void Print(){Console.WriteLine("m={0},n={1}", m, n); }
}

class Program
{
    static void Main(string[] args)
    {
        Test t1 = new Test('D');
        Test t2 = new Test('F');
        t1.Print();
        t2.Print();
    }
}
```

5．以下程序运行后，输出结果是什么？

```
class Point
{
    private int x, y;
```

```
        public Point(int a, int b){x = a;y = b;}
        public int X
        {
            get{ return x; }
        }
        public int Y
        {
            get{ return y; }
        }
        public void Print(){Console.WriteLine("点的坐标({0},{1})", x, y);}
        public static Point operator    (Point p1, Point p2)
        {
            Point p = new Point(0, 0);
            p.x = p1.x    p2.x;
            p.y = p1.y    p2.y;
            return p;
        }
    }
    class Distance
    {
        private Point start, end;
        public Distance(int x1, int y1, int x2, int y2)
        {
            start = new Point(x1, y1);
            end = new Point(x2, y2);
        }
        public double Compute()
        {
            double dis;
            Point p = new Point(0, 0);
            p = start    end;
            dis = Math.Sqrt(p.X * p.X + p.Y * p.Y);
            return dis;
        }
    }
    class Program
    {
        static void Main(string[] args)
        {
            Distance d = new Distance(20, 56, 16, 53);
            Console.WriteLine(d.Compute());
        }
    }
```

6. 写出下面程序的运行结果。

```
using System;
namespace A5_1
{
    class Program
    {
        static void Main()
```

```
        {
            Class1 c1 = new Class1();
            Class1.y = 5;
            c1.Output();
            Class1 c2 = new Class1();
            c2.Output();
            Console.ReadLine();
        }
    }
    public class Class1
    {
        private static int x = 0;
        public static int y = x;
        public int z = y;
        public void Output()
        {
            Console.WriteLine(Class1.x);
            Console.WriteLine(Class1.y);
            Console.WriteLine(z);
        }
    }
}
```

三、程序设计

1．编写一个控制台应用程序，完成下列功能：

（1）创建一个类，用无参数的构造函数输出该类的类名。

（2）增加一个重载的构造函数，带有一个 string 类型的参数，在此构造函数中将传递的字符串打印出来。

（3）在 Main 方法中创建发球这个类的对象，不传递参数。

（4）在 Main 方法中创建发球这个类的另一对象，传递一个字符串“Hello C#!”。

（5）在 Main 方法中声明类型为这个类的一个具有 5 个对象的数组，但不要实际创建分配到数组里的对象。

（6）写出运行程序的输出结果。

2．编写程序。在其中定义一个时钟类，对时、分、秒进行管理。要求利用操作符重载来完成类的各种操作。

3．编写一个控制台应用程序，定义一个类 MyClass，类中包含 public、private 以及 protected 数据成员及方法。然后定义一个从 MyClass 类继承的类 MyMain，将 Main 方法放在 MyMain 中，在 Main 方法中创建 MyClass 类的一个对象，并分别访问类中的数据成员及方法。要求注明在试图访问所有类成员时哪些语句会产生编译错误。

第 6 章　继承与多态

封装、继承和多态性是面向对象程序设计的三个基本要素。通过继承，派生类能够在增加新功能的同时，获取现有类的数据和行为，从而提高软件的可重用性；多态性使得程序能够以统一的方式来处理基类和派生类的对象行为，甚至是未来的派生类，从而提高系统的可扩展性和可维护性。通过对本章的学习，读者应该掌握以下主要内容：

- 继承
- 装箱与拆箱
- 多态性

在面向对象的程序设计方法出现以前，程序设计过程中如果需要对原有数据结构进行扩充，就只能修改源代码。面向对象的程序设计方法出现后，这种情况发生了很大改变，软件模块可以最大限度地重用，并且编程人员还可以对别人或自己以前编写的模块进行扩充，而不需要修改原来的源代码，大大提高了软件的开发效率。

如果有某个类具有另一个类的全部特性，并且具有自身的新特性，那么完全没必要将这两个类设定为两个独立的类。取而代之的是让两者之间建立新的关系：继承。通过继承，使两个类之间建立一种关系，由派生类生成的对象继承了基类的成员变量和方法，并且可以对自身进行完善，增加新的成员变量和方法，使两个类之间建立起层次关系。

从基类继承的方法在 C#中以成员函数的方式体现出来。基类的成员函数适合于基类，但不一定都适合于派生类，因而派生类要有自己的成员函数。C#允许派生类的成员函数名和基类的成员函数具有相同的名字，当基类和派生类生成的对象调用这一成员函数时，就会出现多种解释。不同对象调用同一方法解释不一样，产生的结果当然不一样，这种派生类重载基类中的虚函数的现象就是多态性。

6.1　继承

在描述类时，会发现一些类有许多共同的特征。例如，比较“小汽车”和“卡车”类时会发现二者有许多相似点，可以提取这些共有的特征放在一个单独的类——“车”中来共享，而允许“小汽车”和“卡车”都继承“车”中所定义的特征。在程序设计中，使用这种继承机制可以提高软件模块的可重用性和可扩展性，从而提高软件的开发效率。

6.1.1　基类和派生类

继承是指一个新定义的类（例如小汽车类）通过另一个已定义的类（例如车类）得到，

在拥有了另一个类的所有特征的基础上，加入新类所特有的特征的一种定义类的方式。其中新定义的类（小汽车类）称为派生类；称已存在的用来派生新类的类（车类）为基类，又称为父类。

C#中的派生类只能从一个类中继承，不能进行多重继承，目的是为了避免一个类从多个基类派生而带来的重载关系复杂和继承关系多而乱的问题。

类的继承定义格式为：

```
[<修饰关键字>] class <派生类>:<基类>[,<接口列表>]
{
    <派生类代码>
}
```

在 C#中，派生类从基类中的继承有以下规则：

（1）继承可以传递，类 A 派生类 B，类 B 又派生了类 C，则类 C 不仅继承了类 B 的成员，同样也继承了类 A 中的成员。在 C#中，Object 类是所有类的基类。

（2）派生类是对基类的扩展，派生类可以增加新的成员，但不能对已继承的成员进行删除，只能不予使用。

（3）如果派生类定义了与基类成员同名的新成员，则新定义的这个成员就会覆盖已继承的成员，所继承的那个同名成员则不能再访问。

（4）构造函数和析构函数不能被继承。

（5）基类可以定义自身成员的访问方式，从而决定派生类的访问权限，并且可以通过定义虚方法和虚属性，使派生类可以重载这些成员，从而实现类的多态性。

程序代码 6-1 中以车类为例来说明派生类的定义和继承，程序的运行结果如图 6-1 所示。此例在基类 Car 中定义了一个“重量”的成员变量，一个具有“重量”设定（SetWeight）和读取“重量”的成员函数（GetWeight），一个构造函数完成初始值的设定，最后定义了一个 Run 的成员函数；此例另外定义了一个类 Car 的派生类 Truck 类，类 Truck 继承了类 Car 的所有成员变量和成员函数。

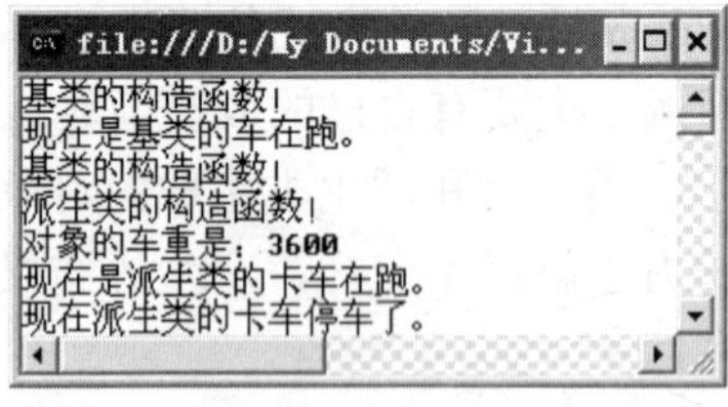

图 6-1　类的继承

程序代码 6-1　类的继承

```
using System;
namespace P6_1
{
    //类 Car 的定义
    class Car
    {
        public int Weight;
        public Car()
        {
```

```
            Weight = 1000;
            Console.WriteLine("基类的构造函数！");
        }
        public void SetWeight(int newWeight)
        {
            Weight = newWeight;
        }
        public int GetWeight()
        {
            return Weight ;
        }
        public void Run()
        {
            Console.WriteLine("现在是基类的车在跑。");
        }
    }
    //以下为类 Car 的派生类 Truck 的定义
    class Truck : Car
    {
        public Truck()
        {
            Weight =3000;
            Console.WriteLine("派生类的构造函数！");
        }
        new public void Run()
        {
            Console.WriteLine("现在是派生类的卡车在跑。");
        }
        public void Stop()
        {
            Console.WriteLine("现在派生类的卡车停车了。");
        }
    }
    class Program
    {

        static void Main()
        {
            Car car1 = new Car();
            car1.SetWeight(1200);
            car1.Run();
            Truck truck1 = new Truck();
            truck1.SetWeight(3600);
            Console .WriteLine ("对象的车重是：{0}",truck1.GetWeight() );
            truck1.Run();
            truck1.Stop();
            Console.ReadLine();
        }
    }
}
```

在程序代码 6-1 中，类 Car 作为基类体现了车的共有特征；而派生类 Truck 继承了类 Car 的特性，虽然类 Truck 的代码比类 Car 的代码要少，但类 Car 中所具有的成员变量 Weight 和成员函数 SetWeight()和 GetWeight()都被继承。除此之外，在类 Truck 中还可以看到有 Run()函数和 Stop()函数，其中 Stop()函数是类 Truck 新增加的成员函数。这一点体现了派生类除具有基类的各特性之外，又出现了新的特性。

在类 Truck 中，出现了一个和其基类 Car 相同的成员函数 Run()。在派生类中声明了与基类同名的成员函数称为派生类 Truck 的成员函数 Run()，覆盖了基类 Car 的成员函数 Run()。

类 Truck 的成员函数 Write()前有一个关键字 new，其作用是关闭覆盖警告，如果没有 new 关键字，编译器不会报告错误，但会给出一个警告。使用 new 修饰符可显式隐藏从基类继承的成员。若要隐藏继承的成员，请使用相同名称在派生类中重写该成员，并用 new 修饰符修饰。另外，如果重写的是方法，方法参数必须相同，如不相同就认为是类的方法重载；同时派生类的访问权限应与基类的相同或更宽松。new 修饰符也可以显式地隐藏基类的数据成员。

6.1.2 派生类的继承

1. 继承中的构造函数和析构函数

如果要创建一个派生类的实例，在执行其构造函数代码之前，会隐式地调用基类的构造函数。也就是说在创建一个派生类对象时，公共语言运行时会根据继承的层次链找到最顶层的基类，首先调用基类的构造函数，然后依次调用各级派生类的构造函数。析构函数的调用顺序则正好相反：撤销一个对象时，首先调用当前对象的析构函数，而后依次调用各级基类的析构函数。

因为派生类要使用基类，所以基类实例化必须在派生类实例化之前进行，例如下面的代码是实现构造函数的继承。

```
class Car
{
    public Car()
    {
        Console.WriteLine("基类 Car 的构造函数！ ");
    }
}
//以下为类 Car 的派生类 Truck 的定义
class Truck : Car
{
    public Truck()
    {
        Console.WriteLine("派生类 Truck 的构造函数！ ");
    }
}
```

下面的代码创建了一个 Truck 对象：

```
Truck truck1 = new Truck();
```

上述代码的输出结果如下：

```
基类 Car 的构造函数！
派生类 Truck 的构造函数！
```

输出结果显示系统首先执行基类构造函数，然后执行派生类构造函数。在类层次结构中，基类总是首先被实例化的。

2. 访问基类成员

base 关键字用于从派生类中访问基类的成员：

（1）调用基类上已被其他方法重写的方法。

（2）指定创建派生类实例时应调用的基类构造函数。

基类访问只能在构造函数、实例方法或实例属性访问器中进行。在静态方法中使用 base 关键字是错误的，所访问的基类是类声明中指定的基类。例如，如果指定

```
class ClassB : ClassA{    }
```

则无论 ClassA 的基类如何，从 ClassB 上都可以访问 ClassA 的成员。

在程序代码 6-2 中，基类 Person 和派生类 Employee 都有一个名为 Getinfo 的方法。通过使用 base 关键字，可以从派生类中调用基类的 Getinfo 方法。

程序代码 6-2　访问基类成员

```
using System;
namespace P6_2
{
    public class Person
    {
        protected string sex = "男";
        protected string name = "刘兵";
        public virtual void GetInfo()
        {
            Console.WriteLine("姓名: {0}", name);
            Console.WriteLine("性别: {0}", sex );
        }
    }
    class Employee : Person
    {
        public string id = "20030920";
        public override void GetInfo()
        {
            // 调用基类中的 GetInfo 方法
            base.GetInfo();
            Console.WriteLine("工号: {0}", id);
        }
    }
    class Program
    {
        static void Main()
        {
            Employee E = new Employee();
            E.GetInfo();
            Console.ReadLine();
        }
    }
}
```

程序代码 6-2 的运行结果如下：

```
姓名: 刘兵
性别: 男
工号:20030920
```

3. 调用特定的构造函数

如果想要调用基类的非缺省构造函数，那么必须使用 base 关键字。在程序代码 6-3 中，通过使用 base 关键字，在派生类构造函数中可以调用具有指定方法的基类构造函数，此例中调用的是带参数的构造函数。

代码 6-3 使用 base 关键字调用特定的构造函数

```
using System;
namespace P6_3
{
    //类 Car 的定义
    using System;
    class Car
    {
        public int Weight;
        public Car()
        {
            Weight = 1000;
            Console.WriteLine("基类的默认构造函数！");
        }
        public Car(int Weight)
        {
            this.Weight = Weight;
            Console.WriteLine("基类的带参数的构造函数！");
        }
    }
    //以下为类 Car 的派生类 Truck 的定义
    class Truck : Car
    {
      public Truck(int Weight):base (Weight )
        {
            Console.WriteLine("派生类的构造函数！");
        }
    }
    class Program
    {
        static void Main()
        {
            Truck truck1 = new Truck(3600);
            Console.ReadLine();
        }
    }
}
```

程序代码 6-3 的输出结果如下：

```
基类的带参数的构造函数！
派生类的构造函数！
```

如果基类没有默认构造函数，那么其派生类构造函数必须通过使用 base 关键字，来指定在创建派生类对象时将要调用的基类构造函数。

6.1.3 抽象类和抽象方法

在设计类时，有这样的情况，基类是抽象的，而基类下层的派生（子）类是具体的。这样的基类可以不实例化，也不需要实例化，因为实例化没有实际意义，这样的基类只用于继承。

在 C#中使用 abstract 关键字创建仅用于继承用途的类和类成员，即定义派生非抽象类的功能。使用 sealed 关键字可以防止继承以前标记为 virtual 的类或某些类成员。可以将类声明为抽象类，其方法是在类定义中将关键字 abstract 置于关键字 class 的前面，格式如下：

```
public abstract class A
{
    // 类成员和类成员函数
}
```

抽象类不能实例化，其用途就是提供多个派生类可共享的基类的公共定义。抽象类可以定义抽象方法。方法是将关键字 abstract 添加到方法的返回类型的前面。例如，下面是在抽象类 A 中定义了一个抽象方法 DoWork。

```
public abstract class A
{
    public abstract void DoWork(int i);
}
```

抽象方法没有实现，所以方法定义后面是分号，而不是常规的花括号的方法块。抽象类的派生类必须实现所有抽象方法。程序代码 6-4 中说明了抽象类和抽象方法。

程序代码 6-4 抽象类和抽象方法

```
using System;
namespace P6_4
{
    public enum Color{noColor,red,orange,yellow,green,cyan,blue,purple}
    public abstract class Car                                  //此处定义的是抽象类
    {
        private Color col;
        public Car()
        {
            this.col = Color.noColor;
        }
        public Car(Color c)
        {
            this.col = c;
        }
        public Color Col
        {
            get
            {
                return this.col;
```

```
            }
            set
            {
                this.col = value;
            }
        }
        public abstract int GetWheel();                    //此处定义的是抽象方法，由派生类去具体实现
        public void ShowColor()
        {
            Console.WriteLine("车的颜色为 {0} 色。",this.col);
        }
    }
    public class MotorCycle:Car
    {
        private int SeatNumber;
        public MotorCycle(){ }
        public MotorCycle(int s, Color c) : base(c)      //:base(c)调用基类构造方法
        {
            this.SeatNumber = s;
        }
        public new void ShowColor()//方法重写
        {
            Console.WriteLine("摩托车的颜色为"+this.Col);
        }
        public override int GetWheel()                   //基类抽象方法，在派生类中实现
        {
            return 2;
        }
    }
    public class Truck:Car
    {
        private double length;
        public Truck(){ }
        public Truck(double s, Color c): base(c)          //:base(c)调用基类构造方法
        {
            this.length = s;
        }
        public new void ShowColor()//方法重写
        {
            Console.WriteLine("卡车的颜色为" + this.Col);
        }
        public override int GetWheel()                   //基类抽象方法，在派生类中实现
        {
            return 8;
        }
    }
    class Program
    {
        static void Main()
        {
```

```
                MotorCycle m = new MotorCycle(2, Color.yellow);        //对象 c 为 Circle 类型
                m.ShowColor();
                Console.WriteLine("摩托车的轮子数为" + m.GetWheel());
                m.Col = Color. orange;
                m.ShowColor();
                Truck t = new Truck(5, Color.blue);                    //对象 s 为 Truck 类型
                t.ShowColor();
                Console.WriteLine("卡车的轮子数为" + t.GetWheel());
                t.Col = Color. purple;
                t.ShowColor();
                Console.ReadLine();
            }
        }
}
```

程序代码 6-4 的运行结果如下所示：

```
摩托车的颜色为 yellow
摩托车的轮子数为 2
摩托车的颜色为 orange
卡车的颜色为 blue
卡车的轮子数为 5
卡车的颜色为 purple
```

在程序代码 6-4 中定义了一个抽象类 Car，根据前面的说明知道抽象类 Car 是不能进行类的实例化的，创建抽象类 Car 的目的是要创建派生类的实例。从所有的车类（例如摩托车、卡车、小汽车、吊车）提取出共同特征到 Car 类，即 Car 类有一个实例变量 color，被声明为 private 访问类型；通过属性 Col 访问私有 color 成员，也可以不用属性访问 color，只需用 protected 修饰 color。protected 修饰符表示这个变量只能在类的内部或者该类的派生类中访问。Car 类还声明了构造方法、显示颜色方法 ShowColor()及 GetWhell()方法，GetWhell()方法加上了 abstract 修饰符。

用 abstract 修饰的方法只定义方法格式，不定义方法实现。C#如此设计是考虑到有些类是不需要实例化的，类中的方法也不需要实现，例如本例中的车（Car）类和车轮数计算方法。在 Car 类中只定义方法格式，而由各派生类去实现。

接下来的两个类 MotorCycle 和 Truck 都从 Car 类派生，都具有 Car 所描述的特征。派生类的声明中都带有“: Car”，这表示当前的类是从 Car 类派生的。由于这两个类都从 Car 派生的，所以自动拥有 Car 中定义的所有 public 或者 protected 变量及访问权限。本例中基类的 color 成员为私有成员，表示在派生类中不能直接访问，需用属性访问 color，所以 color 在派生类对象中存在，只是不能直接访问。即 MotorCycle 和 Truck 类包含实例变量 color。

每一个 Car 类的派生类都有自己的构造方法，负责调用父类 Car 的构造函数设置公共的实例变量（color）及设置自己特有的实例变量。例如，“public MotorCycle(int s, Color c) : base(c)”这条语句中，“: base(c)”就表示将派生类的参数 c 传给父类，调用父类的构造方法 public Shape(Color c)。

GetWheel()方法用 override 修饰是为了在派生类中重写基类的 GetWheel()方法，所有派生类都必须重写 GetWheel()方法，根据对象是摩托车、卡车还是小汽车，具体调用相应的 GetWheel()方法。

6.2 多态性

“多态性”这个词的含义是指同一事物在不同的条件下可以表现出不同的形态。通过继承，一个类可以有多种类型：可以有自定义的类型、任何基类型，或者在实现接口时用作任何接口类型，这称为多态性。

多态性不仅对派生类很重要，对基类也很重要。任何情况下，使用基类实际上都可能是在使用已强制转换为基类类型的派生类对象。基类的设计者可以预测到该基类中可能会在派生类中发生更改的方面。例如，表示汽车的基类可能包含这样的行为：当考虑的汽车为小型货车或敞篷汽车时，这些行为将会改变。基类可以将这些类成员标记为虚拟的，从而允许表示敞篷汽车和小型货车的派生类重写该行为。

在 C#中有两种多态性：

（1）编译时的多态性：这种多态性是通过函数重载来实现的。例如前面介绍的重载函数。由于重载函数的参数数量不同，或者参数类型不同，所以编译系统在编译期间就可以确定用户所调用的函数是哪一个重载函数。

（2）运行时的多态性：这种多态性是通过虚成员方式实现的。运行时的多态性是指系统在编译时不确定选用哪个重载函数，而是直到系统运行时，才根据实际情况决定采用哪个重载函数。

这两种多态性各具特点，编译时的多态性由于在编译时就已指定重载函数，运行时不用再选择，所以具有运行速度快的特点。而运行时的多态性则带有高度灵活和抽象的优点。

6.2.1 虚拟方法和重载方法

当派生类从基类进行继承后，派生类会获得基类的所有方法、字段、属性和事件。如果要更改基类的数据和行为，有两种方法可以实现：一种是使用新的派生成员替换基类成员，另一种是重写虚拟的基成员。

使用新的派生成员替换基类的成员需要使用 new 关键字。如果基类定义了一个方法、字段或属性，则 new 关键字用于在派生类中创建该方法、字段或属性的新定义。new 关键字放置在要替换的类成员的返回类型之前，其代码如下：

```
public class BaseClass
{
    public void DoWork() { }
    public int WorkField;
    public int WorkProperty
    {
        get { return 0; }
    }
}
public class DerivedClass : BaseClass
{
    public new void DoWork() { }
    public new int WorkField;
    public new int WorkProperty
```

```
    {
        get { return 0; }
    }
}
```

使用 new 关键字时，调用的是新的类成员而不是已被替换的基类成员。这些基类成员称为隐藏成员。如果将派生类的实例强制转换为基类的实例，就仍然可以调用隐藏类成员。例如：

```
DerivedClass B = new DerivedClass();
B.DoWork();                    // 调用派生类的 DoWork 方法
BaseClass A = (BaseClass)B;
A.DoWork();                    //调用基类的 DoWork 方法
```

为了使派生类的实例完全替代基类的类成员，基类必须将该成员声明为虚拟的。这是通过在该成员的返回类型之前添加 virtual 关键字来实现的；派生类使用 override 关键字而不是 new，将基类实现替换为派生类的实现。例如：

```
public class BaseClass
{
    public virtual void DoWork() { }
    public virtual int WorkProperty
    {
        get { return 0; }
    }
}
public class DerivedClass : BaseClass
{
    public override void DoWork() { }
    public override int WorkProperty
    {
        get { return 0; }
    }
}
```

字段不能是虚拟的，只有方法、属性、事件和索引器才可以是虚拟的。当派生类重写某个虚拟成员时，即使该派生类的实例被当作基类的实例访问，也会调用该成员。例如：

```
DerivedClass B = new DerivedClass();
B.DoWork();                    // 调用派生类的 DoWork 方法
BaseClass A = (BaseClass)B;
A.DoWork();                    // 调用派生类的 DoWork 方法
```

使用虚拟方法和属性可以预先计划未来的扩展。由于在调用虚拟成员时不考虑调用方法正在使用的类型，所以派生类可以选择完全更改基类的外观行为。

无论在派生类和最初声明虚拟成员的类之间已声明了多少个类，虚拟成员都将永远为虚拟成员。如果类 A 声明了一个虚拟成员，类 B 从 A 派生，类 C 从类 B 派生，则类 C 继承该虚拟成员，并且可以选择重写它，而不管类 B 是否为该成员声明了重写。例如：

```
public class A
{
    public virtual void DoWork() { }
}
public class B : A
```

```
{
    public override void DoWork() { }
}
public class C : B
{
    public override void DoWork() { }
}
```

程序代码 6-5 演示了类的多态实例。在该程序中定义了一个基类 Car，并在基类中定义了虚拟方法 DescribeCar，然后在派生类中重载了该方法。

程序代码 6-5 类的多态

```
using System;
namespace P6_5
{
    // 定义基类 Car
    class Car
    {
        public virtual void DescribeCar()
        {
         Console.WriteLine("四个轮子和一个发动机。");
        }
    }
    // 定义派生类
    class Truck : Car
    {
        public new virtual void DescribeCar()
        {
            base.DescribeCar();
            Console.WriteLine("承载 2 个人。");
        }
    }
    class Minivan : Car
    {
        public override void DescribeCar()
        {
            base.DescribeCar();
            Console.WriteLine("承载 7 个人。");
        }
    }
    class Program
    {
        static void Main()
        {
            Car car1 = new Car();
            car1.DescribeCar();
            Console.WriteLine("——————————————");
            Truck car2 = new Truck();
            car2.DescribeCar();
            Console.WriteLine("——————————————");
            Minivan car3 = new Minivan();
```

```
                car3.DescribeCar();
                System.Console.WriteLine("————————————————");
                Console.ReadLine();
            }
        }
    }
```

程序代码 6-5 的运行结果如下所示：

```
四个轮子和一个发动机。
————————————————
四个轮子和一个发动机。
承载 2 个人。
————————————————
四个轮子和一个发动机。
承载 7 个人。
```

6.2.2 密封类和密封方法

抽象类本身无法创建实例，而强制要求通过派生类实现功能。与之相反的是，在 C#中还可以定义一种密封类，不允许派生出其他的类，并且密封类不能用作基类，也不能用作抽象类。密封类主要用于防止派生。由于密封类从不用作基类，所以有些运行时优化可以使对密封类成员的调用略快。密封类通常位于类的继承层次的最低层，或者是在其他一些不希望类被继承的情况下使用。密封类使用关键字 sealed 定义，其定义格式如下：

```
public sealed class Business : Contact
{
    //类的成员定义...
}
```

尽管密封类和抽象类是截然相反的两个概念，但并不冲突：一个类可以同时被定义为密封类和抽象类，这意味着该类既不能被继承，也不能被实例化，这种类仅出现在一种情况之下，那就是该类的所有成员均为静态成员。Console 类就是这样的一个类。

类似的，如果方法在定义中使用了关键字 sealed 就成为密封方法。与密封类的不同之处在于：密封类是指不允许有派生类的类，而密封方法则是指不允许被重载的方法。密封方法所在的类不一定是密封类（这一点与抽象方法不同），而如果该类存在派生类，那么在派生类中就必须原封不动地继承这个密封方法。此外，密封方法本身也要求是一个重载方法（即 sealed 和 override 必须在方法定义中同时出现）。例如：

```
public class C : B
{
    public sealed override void DoWork() { }
}
```

在上面的示例中，方法 DoWork 对从 C 派生的任何类都不再是虚拟的，但对 C 的实例仍然是虚拟的，即使将这些实例强制转换为类型 B 或类型 A。派生类可以通过使用 new 关键字替换密封的方法，例如：

```
public class D : C
{
    public new void DoWork() { }
}
```

在此示例中，如果在 D 中使用类型为 D 的变量调用 DoWork，被调用的将是新的 DoWork。如果使用类型为 C、B 或 A 的变量访问 D 的实例，对 DoWork 的调用将遵循虚拟继承的规则，即把这些调用传送到类 C 的 DoWork 实现。

已替换或重写某个方法或属性的派生类仍然可以使用 base 关键字访问基类的该方法或属性。例如：

```
public class A
{
    public virtual void DoWork() { }
}
public class B : A
{
    public override void DoWork() { }
}
public class C : B
{
    public override void DoWork()
    {
        // 调用类 B 的 DoWork 方法
        base.DoWork();

        // 这里可以定义特殊的类 C 的 DoWork 方法
    }
}
```

需要说明的是虚拟成员的实现中使用 base 来调用该成员的基类实现。允许基类行为发生使得派生类能够集中精力实现特定于派生类的行为。未调用基类实现时，由派生类负责使它们的行为与基类的行为兼容。程序代码 6-6 是密封方法的使用示例。

程序代码 6-6　密封方法

```
using System;
namespace P6_6
{
    class classX
    {
        protected virtual void F() { Console.WriteLine("classX.F"); }
        protected virtual void F2() { Console.WriteLine("classX.F2"); }
    }
    class classY : classX
    {
        sealed protected override void F() { Console.WriteLine("classY.F"); }
        protected override void F2() { Console.WriteLine("classY.F2"); }
        public void show()
        {
        //      F();
        //      F2();
        }
    }
    class classZ : classY
    {
        //如果试图重载 F 方法则会出现编译错误 CS0239，因为 F 方法已经被基类 B 进行了方法密封
```

```
        //即下面这个 F 方法在此类中是不能实现的
        //protected override void F() { Console.WriteLine("classC.F"); }
        //允许下面的 F2 方法进行重载
        protected override void F2() { Console.WriteLine("classZ.F2"); }
        public new void    show(){
            base.F();                    //调用基类 B 的 F 方法
            base.F2();                   //调用基类 B 的 F2 方法
            F();
            F2();
        }
    }
    class Program
    {
        static void Main()
        {
            classY Y1 = new classY();
            classZ Z1 = new classZ();
            Y1.show();
            Z1.show();
            Console.ReadLine();
        }
    }
}
```

程序代码 6-6 的执行结果如下所示：

```
classY.F
classY.F2
classY.F
classC.F2
```

6.3 值类型和引用类型

6.3.1 System.Object 对象

C#中所有的类都直接或间接继承自 System.Object 类，这使得 C#中的类得以单根继承。如果没有明确指定继承类，编译器默认为该类继承自 System.Object 类。System.Object 类也可用小写的 object 关键字表示，两者完全等同。System.Object 类中定义的方法如表 6-1 所示。

表 6-1 System.Object 类的方法

方法	访问修饰符	作用
string ToString()	public virtual	返回对象的字符串表示
int GetHashTable()	public virtual	在实现字典（散列表）时使用
bool Equals(object obj)	public virtual	对对象的实例进行相等比较
bool Equals(object objA, object objB)	public static	对对象的实例进行相等比较
bool ReferenceEquals(object objA, object objB)	public static	比较两个引用是否指向同一个对象
Type GetType()	public	返回对象类型的详细信息

在 C#中面向对象编程有两个非常重要的“相等”概念：值相等和引用相等。值相等的意思是数据成员按内存位分别相等。引用相等则是指向同一个内存地址，或者说对象句柄相等，引用相等必然推出值相等。对于值类型关系的等号“==”判断两者是否值相等；对于引用类型关系等号“==”判断两者是否引用相等。

在 System.Object 对象的静态方法 Equals(object objA,object objB)中首先检查两个对象 objA 和 objB 是否都为 null，如果是则返回 true，否则进行 objA.Equals(objB)调用并返回其值；而实例方法 Equals(object obj)的实现其实就是{return this==obj;}，也就是判断两个对象是否引用相等。但该方法是一个虚方法，C#推荐重写此方法来判断两个对象是否值相等。实际上 Microsoft .NET 框架类库内提供的许多类型都重写了该方法，如 System.String(string)，System.Int32(int)等，但也有些类型并没有重写该方法，如 System.Array 等，所以在使用时一定要注意。对于引用类型，如果没有重写实例方法 Equals(object obj)，对其调用相当于 this==obj，即引用相等判断。所有的值类型（隐含继承自 System.ValueType 类）都重写了实例方法 Equals(object obj)来判断是否值相等。

注意对于对象 x，x.Equals(null)返回 false，这里 x 显然不能为 null（否则不能完成 Equals()调用，系统抛出空引用错误）。从这里也可看出设计静态方法 Equals(object objA,object objB)的原因了。如果两个对象 objA 和 objB 都可能为 null，只能用 object.Equals(object objA,object objB)来判断是否值相等。当然如果没有改写实例方法 Equals(object obj)，得到的仍是引用相等的结果。

对于值类型，实例方法 Equals(object obj)应该和关系等号“==”的返回值一致，也就是说如果重写了实例方法 Equals(object obj)，也应该重载或定义关系等号“==”操作符，反之亦然。虽然值类型（继承自 System.ValueType 类）都重写了实例方法 Equals(object obj)，但 C#推荐重写自己的值类型的实例方法 Equals(object obj)，因为系统的 System.ValueType 类重写很低效。对于引用类型应该重写实例方法 Equals(object obj)来表达值相等，一般不应该重载关系等号“==”操作符，因为默认语义是判断引用相等。

静态方法 Reference Equals(object objA,object objB)判断两个对象是否引用相等。如果两个对象为引用类型，那么它的语义和没有重载的关系等号“==”操作符相同。如果两个对象为值类型，那么返回值一定是 false。

实例方法 GetHashCode()为相应的类型提供哈希码值，应用于哈希算法或哈希表中。需要注意的是如果重写了某类型的实例方法 Equals(object obj)，也应该重写实例方法 GetHashCode()，原因是两个对象的值相等，则其哈希码也应该相等。程序代码 6-7 是 System.Object 对象几个方法使用的举例。

程序代码 6-7　System.Object 对象几个方法的使用示例

```
using System;
namespace P6_7
{
    struct A
    {
        public int count;
    }
    class B
    {
```

```
        public int number;
    }
    class C
    {
        public int integer = 0;
        public override bool Equals(object obj)
        {
            C c = obj as C;
            if (c != null)
                return this.integer == c.integer;
            else
                return false;
        }
        public override int GetHashCode()
        {
            return 2 ^ integer;
        }
    }

    class Program
    {
        static void Main()
        {
            A a1, a2;
            a1.count = 10;
            a2 = a1;

            //Console.Write(a1==a2);没有定义结构体的“==”操作符
            Console.Write(a1.Equals(a2));                              //输出：True
            Console.WriteLine(object.ReferenceEquals(a1, a2));         //输出：False

            B b1 = new B();
            B b2 = new B();

            b1.number = 10;
            b2.number = 10;
            Console.Write(b1 == b2);                                   //输出：False
            Console.Write(b1.Equals(b2));                              //输出：False
            Console.WriteLine(object.ReferenceEquals(b1, b2));         //输出：False

            b2 = b1;
            Console.Write(b1 == b2);                                   //输出：True
            Console.Write(b1.Equals(b2));                              //输出：True
            Console.WriteLine(object.ReferenceEquals(b1, b2));         //输出：True

            C c1 = new C();
            C c2 = new C();

            c1.integer = 10;
            c2.integer = 10;
```

```
            Console.Write(c1 == c2);                                    //输出：False
            Console.Write(c1.Equals(c2));                               //输出：True
            Console.WriteLine(object.ReferenceEquals(c1, c2));          //输出：False

            c2 = c1;
            Console.Write(c1 == c2);                                    //输出：True
            Console.Write(c1.Equals(c2));                               //输出：True
            Console.WriteLine(object.ReferenceEquals(c1, c2));          //输出：True

            Console.ReadLine();
        }
    }
}
```

程序代码 6-6 的运行结果如下：

```
TrueFalse
FalseFalseFalse
TrueTrueTrue
FalseTrueFalse
TrueTrueTrue
```

另外，GetType 方法是获取当前实例的 Type，即获取当前实例的确切运行时类型。程序代码 6-8 说明 GetType 返回当前实例的运行时类型。

程序代码 6-8　GetType 方法

```
using System;
namespace P6_8
{
    public class MyBaseClass : Object
    {
    }

    public class MyDerivedClass : MyBaseClass
    {
    }
    class Program
    {
        static void Main()
        {
            MyBaseClass myBase = new MyBaseClass();
            MyDerivedClass myDerived = new MyDerivedClass();
            object o = myDerived;
            MyBaseClass b = myDerived;

            Console.WriteLine("对象 mybase 的类型是：{0}", myBase.GetType());
            Console.WriteLine("对象 myDerived 的类型是：{0}", myDerived.GetType());
            Console.WriteLine("object o = myDerived 的类型是：{0}", o.GetType());
            Console.WriteLine("MyBaseClass b = myDerived 的类型是：{0}", b.GetType());

            Console.ReadLine();
        }
    }
}
```

程序代码 6-8 的运行结果如下：

```
对象 mybase 的类型是：P6_7. MyBaseClass
对象 myDerived 的类型是：P6_7. MyDerivedClass
object o = myDerived 的类型是：P6_7. MyDerivedClass
MyBaseClass b = myDerived 的类型是：P6_7. MyDerivedClass
```

实例方法 System.ToString()返回对象的字符串表达形式。程序代码 6-9 说明 ToString 方法的使用方法。

程序代码 6-9　ToString 方法

```
using System;
namespace P6_9
{
    public class MyBaseClass : Object
    {
    }

    public class MyDerivedClass : MyBaseClass
    {
    }

    class Program
    {
        static void Main()
        {
            Object o = new Object();
            MyBaseClass    mb = new MyBaseClass();
            MyDerivedClass    md = new MyDerivedClass();
            Console.WriteLine(o.ToString());
            Console.WriteLine(mb.ToString());
            Console.WriteLine(md.ToString());

            Console.ReadLine();
        }
    }
}
```

程序代码 6-9 的运行结果如下所示：

```
System.Object
P6_8. MyBaseClass
P6_8. MyDerivedClass
```

6.3.2　内存的组织

计算机内存在组织上分为代码区和数据区。代码区用于存放程序语句代码；数据区用于存放程序执行时的数据（如变量的数据等）。而数据区又分成堆栈区（也称栈区）和堆区。

堆栈（Stack）是操作系统在建立某个进程时或者线程为这个线程建立的“先进后出”的存储区域，在 C#的内存管理中堆栈区一般用于保存值类型数据。在 C#中主要的值类型有：bool，byte，char，decimal，double，enum，float，int，long，sbyte，short，struct，uint， ulong，ushort。在下面示例中，值 42 存储在称为“栈”的内存区域中：

```
int x = 42;
```

由于定义变量的方法结束执行而使变量 x 的生命周期结束，其值则从栈中丢弃。使用栈的效率较高，但值类型的生命周期有限，不适合在不同类之间共享数据。

堆（Heap）是应用程序在运行的时候请求操作系统分配内存，堆存储区是对引用类型（如类、对象）进行存储，并接受垃圾收集器的控制和管理。在下面的示例中，构成数组的 10 个整数所需的空间是在堆上分配的。

```
int[] numbers = new int[10];
```

在方法完成时，并不将此内存归还给堆；仅当 C# 的垃圾回收系统确定不再需要该内存时，才进行回收。声明引用类型需要更多系统开销，但优点是可以从其他类进行访问。用程序代码 6-10 来说明内存堆栈及堆的空间分配。

程序代码 6-10　内存堆栈及堆的空间分配

```
using System;
namespace P6_10
{
    public class lbtest
    {
        public int first = 6;
        public void Prt(int x)
        {
            int second =x;
            if (second > 0)
            {
                int third = 168;
                Console.WriteLine("first = {0}, second = {1}, third = {2}", first, second, third);
            }
        }
    }
    class Program
    {
        static void Main()
        {
            lbtest obj = new lbtest();
            int zero = 15;
            obj.Prt(zero);
            Console.ReadLine();
        }
    }
}
```

程序代码 6-10 的输出结果如下：

```
first = 6, second =15, third =168
```

lbtest 类的方法成员和引用的 System 命名空间中的类的方法存放在代码区，如果定义多个 lbtest 类对象不会有多个方法代码在代码区，lbtest 类的方法成员在代码区只有唯一的一份，如图 6-2 所示。lbtest 类数据成员只有一个变量 first，实例化对象时在堆区分配空间。下面说明程序执行过程中堆栈存储区和堆存储区的变化。

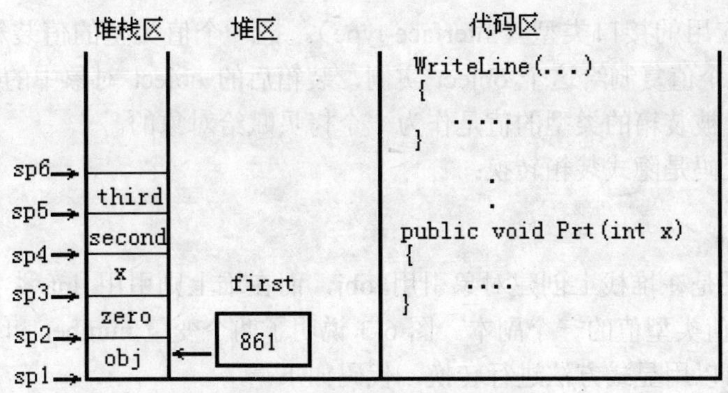

图 6-2 堆栈存储区和堆存储区的变化

（1）程序执行从 Main()方法开始。执行第一条语句：

```
lbtest obj = new lbtest();
```

这时，先在堆栈中定义了一个引用类型变量 obj，堆栈指针由 sp1 位置上升到 sp2 位置，然后在堆中申请一个 lbtest 类类型大小的空间，本例在堆中仅申请了一个整型数的存储空间 first，并将堆中数据的引用赋值给 lbtest 类对象 obj。

（2）执行第二条语句：

```
int zero = 15;
```

在堆栈中定义一个变量 zero，堆栈指针从 sp2 上升至 sp3，并把该变量的初值设为 15。

（3）执行第三条语句：

```
obj.Prt(zero);
```

先在堆栈中申请形参 x 的空间，堆栈指针指向 sp4，并将主方法实参 zero 的值传给形参 x；然后在堆栈中申请变量 second，堆栈指针指向 sp5，并将 x 的值赋给 second。若 second >0 则在堆栈中申请变量 third，否则不申请变量 third，堆栈指针指向 sp6；if 语句执行完，堆栈中变量 third 生命期结束，内存被释放，堆栈指针指向 sp5；Prt()方法执行完变量 second 的生命期结束，内存被释放，堆栈指针指向 sp4；Prt()方法执行完返回主方法，堆栈指针指向 sp3；堆中的数据仍然存在。当主方法结束，变量 zero 和 obj 的生命期结束，内存被释放，堆栈指针退至 sp2 后再退至 sp1，堆内数据不再被引用，垃圾回收机制回收所占用内存空间。

从以上分析知道：堆中只有一个 lbtest 类的数据成员占用了堆空间，其余变量均在堆栈中分配空间。堆栈中变量只在语句块内有效，生命期一般很短暂，这样可以高效地使用内存资源。

6.3.3 装箱与拆箱

本章前讲到 C#中所有的数据类型都是由基类 System.Object 继承而来的，其中值类型是在栈中分配内存，在声明时初始化才能使用，不能为 null，并且当值类型变量生命周期到时系统会自动释放内存；引用类型是在堆中分配内存，初始化时默认为 null，并且是通过垃圾回收机制进行回收内存单元的。在 C#中值类型和引用类型的值可以通过显式（或隐式）操作相互转换，而这种转换过程就是装箱（boxing）和拆箱（unboxing）过程。

1. 装箱

装箱是指将一个值类型隐式或显式地转换成一个 object 类型，或者把这个值类型转换成一个被该值类型应用的接口类型（interface-type）。把一个值类型的值装箱，就是创建一个 object 实例并将这个值复制给这个 object 实例，装箱后的 object 对象中的数据位于堆中，堆中的地址在栈中。被装箱的类型的值是作为一个拷贝赋给对象的。

下面的程序代码是隐式装箱转换：

```
int number = 123;
object obj = number;
```

此语句的结果是在堆栈上创建对象引用 obj，而在堆上则引用 int 类型的值。该值是赋给变量 number 的值类型值的一个副本。图 6-3 说明了两个变量 number 和 obj 之间的差异。另外装箱操作还可以用显式方法进行转换，代码如下：

```
int number = 123;
object obj =   (object) number;
```

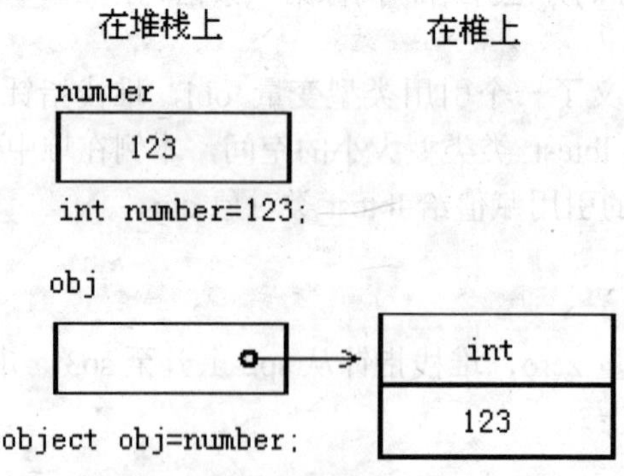

图 6-3 装箱操作

当装箱操作结束后，两个变量之间也就彻底没有了任何关系，因此在装箱后把 number 的值修改为其他的值，变量 obj 中包含的值不会有任何变化。同样，对变量 obj 中包含的值修改后同样不会对变量 i 的值有任何影响。程序代码 6-11 说明原始值类型和装箱的对象使用不同的内存位置，因此能够存储不同的值。

程序代码 6-11 装箱

```
using System;
namespace P6_11
{

    class Program
    {
        static void Main()
        {
            int number = 123;
            object obj = number;     //隐式装箱
            number = 456;            //修改 i 的内容
            System.Console.WriteLine("值类型变量 number 的值是：{0}", number);
            System.Console.WriteLine("引用类型变量 obj 的值是：{0}", obj);
            Console.ReadLine();
        }
    }
}
```

程序的运行结果如下：

```
值类型变量 number 的值是：456
引用类型变量 obj 的值是：123
```

有两种方式来查看装箱以后的引用对象中包装的原始数据的类型。要判断原始类型是否是某个给定的原子类型，用 is；如果要返回一个字符串，可以用 object 类的 GetType 方法。

2. 拆箱

拆箱操作是指将一个对象类型显式地转换成一个值类型，或是将一个接口类型显式地转换成一个执行该接口的值类型。需要说明的是装箱操作可以隐式进行，但拆箱操作必须是显式的。拆箱过程分成两步：首先，检查这个对象实例，看是否为给定的值类型的装箱值；然后，再把这个实例的值拷贝给值类型的变量。例如：

```
int number = 10;
object obj = number;
int j = (int)obj;
```

要在运行时成功取消装箱值类型，拆箱的项必须是对一个对象的引用，该对象是先要通过装箱该值类型的实例创建的。

程序代码 6-12 是拆箱操作错误，而引发的 InvalidCastException。使用 try 和 catch，在发生错误时显示错误信息。

程序代码 6-12　拆箱

```
using System;
namespace P6_12
{

    class Program
    {
        static void Main()
        {
            int i = 123;
            object o = i;                    //装箱操作

            try
            {
                int j = (short)o;            // 拆箱操作
                System.Console.WriteLine("拆箱正确！");
            }
            catch (System.InvalidCastException e)
            {
                System.Console.WriteLine("{0} Error: 不正确的拆箱操作。", e.Message);
            }
            Console.ReadLine();
        }
    }
}
```

程序的输出如下：

```
Specified cast is not valid. Error: 不正确的拆箱操作。
```

如果将下列语句：int j = (short) o;改为 int j = (int) o;则执行转换，并将得到以下输出：

```
拆箱正确！
```

本章小结

本章主要介绍了继承和多态性。继承是面向对象的程序设计方法中实现可重用性的关键技术。C#语言提供了一整套设计良好的继承机制，包括派生类对基类的继承，成员的继承、覆盖和重载。继承反映客观实际，发挥人的思维潜能，可以提高程序设计的效率。多态性是在继承的基础上的发挥和发展。

利用多态性可以将不同类型的对象看成同一种类型对象进行统一的处理，从而提高程序设计的质量和效率。多态性通过派生类重载基类中的虚拟方法来实现。C#中还提供了抽象和密封的概念，给继承和多态性的实现带来了更大的灵活性。抽象类和接口都把方法成员交给派生类去实现。而密封类不允许被继承，密封方法不允许被重载。

由于派生类对象可以看成是基类类型，所以，任何类型的对象（值类型和引用类型对象）都可以看成是同一种类型，可进行统一的处理。装箱和拆箱就是值类型和引用类型之间的转换操作。

习题六

一、选择题

1．下面有关重载函数的说法中，完全正确的是（　　）。

A．重载函数的参数个数必须不同　　B．重载函数必须具有不同的形参列表

C．重载函数必须具有不同的返回值类型　　D．重载函数的参数类型必须不同

2．下面有关继承的说法中，正确的是（　　）。

A．A 类和 B 类均有 C 类需要的成员，因此可以从 A 类和 B 类共同派生出 C 类

B．在派生新类时，可以指明是公有派生、私有派生或保护派生

C．派生类可以继承基类中的成员，同时也继承基类的父类中的成员

D．在派生类中，不能添加新的成员，只能继承基类的成员

3．关于 C# 中的虚方法，以下说法中正确的是（　　）。

A．使用 static 修饰　　B．可以有方法体

C．可以被子类重写　　D．使用 abstract 修饰

4．下面对抽象类描述不正确的是（　　）。

A．抽象类只能作为基类使用　　B．抽象类不能定义对象

C．抽象类可以实例化对象　　D．可以实现多态

5．派生类不可以访问基类的（　　）。

A．public 成员　　B．private 成员

C．protected 成员　　D．protected internal 成员

6．若 Point 为抽象类，则以下正确的是（　　）。

A．abstract void SetPoint(Point p){ }　　B．void GetPoint();

C．Point p = new Point();　　D．class Line : Point{ }

7．有关 sealed 修饰符，描述正确的是（　　）。

A．密封类可以被继承

B．abstract 修饰符可以和 sealed 修饰符一起使用

C．密封类不能实例化

D．使用 sealed 修饰符可保证此类不能被派生

8．若想从派生类中访问基类的成员，可以使用（　　）。

A．this 关键字　　B．me 关键字　　C．base 关键字　　D．override 关键字

9．下面有关派生类的描述中，不正确的是（　　）。

A．派生类可以继承基类的构造函数　　B．派生类可以隐藏和重载基类的成员

C．派生类不能访问基类的私有成员　　D．派生类只能有一个直接基类

10．C#中的类一般有两方面应用：一是实例化，生成对象，完成它的任务；二是通过（　　），派生出新的类。

A．抽象　　B．封装　　C．继承　　D．多态

11．C#中，继承具有（　　），即 A 类派生 B 类，B 类又派生 C 类，则 C 类会继承 B 类中的成员和 A 类中的成员。

A．传递性　　B．多态性　　C．单继承　　D．多继承

12．下面关于抽象类的描述中，正确的是（　　）。

A．因为抽象类不能实例化，所以抽象类不能包含构造函数

B．基类是抽象类，该基类的派生类可以是抽象类，也可以不是抽象类

C．抽象类中，只能包含抽象方法，不能包含实例方法

D．抽象类中的抽象方法可以具有公有、私有和保护访问权限

13．下列方法中，（　　）是抽象方法。

A．static void Func(){}　　B．virtual void Func(){}

C．abstract void Func();　　D．override void Func();

14．下面对派生类和基类的关系的描述中，不正确的是（　　）。

A．派生类是基类的子集

B．派生类是对基类的进一步扩充

C．派生类也可以作为另一个派生类的基类

D．派生类不但继承了基类的公有成员和保护成员，还继承了私有成员

二、填空题

1．除了________和________以外，派生类继承了基类的所有成员。

2．在 C#的继承中，派生出其他类的类称为________或________，被派生的类称为________或________。

3．C#有两类多态性，即________和________。

4．编译时的多态性是通过________和________实现的，运行时多态性是通过________和________实现的。

5．若一个类中包含一个或多个 abstract 方法，则该类是一个________类。

6．不能实例化的类是________类，不能被继承的类是________类。

7．C#中，派生类继承基类中除________以外的全部成员。

8．当整数 a 赋值给一个 object 对象时，整数 a 将会被________装箱。

9．重载是方法的名称相同，参数________或参数________不同，进行多次重载以适应不同的需要。

10．从值类型接口转换到引用类型叫________。从引用类型转换到值类型叫________。

三、程序分析

1．写出下面程序的输出结果。

```
class A
{
```

```
        public A(){ Console.WriteLine("Constructing base…");   }
        ~A(){ Console.WriteLine("Destructing base…");   }
    }
    class B : A
    {
        public B(){ Console.WriteLine("Constructing derived…");   }
        ~B(){ Console.WriteLine("Destructing derived…"); }
    }
    class Program
    {
        static void Main(string[] args)
        {
            B b = new B();
        }
    }
```

2．分析下列类的定义。

```
public class Base
{
protected Base() { Console.Write("Base!");}
}
public class MyClass:Base
{
public MyClass ( ) { Console.Write("MyClass!");}
}
```

在 Main 中执行下列语句“MyClass obj=new MyClass( );”后，Console 的输出是什么？

3．写出程序的输出结果。

```
public abstract class A
{
    public A()
    {
        Console.WriteLine('A');
    }
    public virtual void Fun()
    {
        Console.WriteLine("A.Fun()");
    }
}
public class B: A
{
    public B()
    {
        Console.WriteLine('B');
    }
    public new void Fun()
    {
        Console.WriteLine("B.Fun()");
    }
    public static void Main()
    {
        A a = new B();
```

```
            a.Fun();
        }
    }
```

4．写出程序的输出结果。

```
public class A
{
    public virtual void Fun1(int i)
    {
        Console.WriteLine(i);
    }

    public void Fun2(A a)
    {
        a.Fun1(1);
        Fun1(5);
    }
}
public class B : A
{
    public override void Fun1(int i)
    {
        base.Fun1 (i + 1);
    }
    public static void Main()
    {
        B b = new B();
        A a = new A();
        a.Fun2(b);
        b.Fun2(a);
    }
}
```

5．在下面的例子里，当使用 new B()创建 B 的实例时，产生什么输出？

```
using System;
class A
{
    public A(){
        PrintFields();
    }
    public virtual void PrintFields(){}
}
class B:A
{
    int x=1;
    int y;
    public B(){
        y=-1;
}
public override void PrintFields(){
        Console.WriteLine("x={0},y={1}",x,y);
    }
```

四、编写程序

1．编写一个控制台应用程序，完成下列功能，并回答提出的问题。

（1）创建一个类A，在构造函数中输出“A”，再创建一个类B，在构造函数中输出“B”。

（2）从A继承一个名为C的新类，并在C内创建一个成员B。不要为C创建构造函数。

（3）在Main方法中创建类C的一个对象，写出运行程序后的输出结果。

（4）如果在C中也创建一个构造函数输出“C”，整个程序的运行结果又是什么？

2．编写一个控制台应用程序，完成下列功能，并写出运行程序后的输出结果。

（1）创建一个类A，在A中编写一个可以被重写的带int类型参数的方法MyMethod，并在该方法中输出传递的整型值加10后的结果。

（2）再创建一个类B，使其继承自类A，然后重写A中的MyMethod方法，将A中接收的整型值加50，并输出结果。

（3）在Main方法中分别创建类A和类B的对象，并分别调用MyMethod方法。

第7章　集合与泛型

集合是用来存储和管理一组特定类型的数据对象，除了基本的数据处理功能，还直接提供了各种数据结构及算法的实现，如队列、链表、排序等，可以比较容易地完成复杂的数据操作；泛型主要从定义、成员、限制和继承等多个角度阐述了泛型类与普通类的相似点和不同点，逐步展现了泛型所实现的特有功能，以及给程序设计带来的无可比拟的优越性。通过对本章的学习，读者应该掌握以下主要内容：

- ArrayList、BitArray、HashTable、Queue、Stack 和 SortedList 集合的使用方法
- 泛型类的定义、成员定义和方法定义
- 泛型集合的建立、排序与搜索

7.1　预定义的集合

7.1.1　数组列表

数组是 System.Array 类的一个实例，其优点是可以高效地访问给定下标的元素，并且使用数组编程时比较直观；缺点是数组在实例化时必须指定数组的大小，且不能添加、插入或删除元素。另外数组还必须在给定下标后才能访问其中的元素，但在对数组元素进行遍历的时候，这个下标并不是很有用。

本节讲述的数组列表（ArrayList）非常类似于数组，但与数组容量固定不同的是数组列表可以根据需要自动进行扩展。在 C#中数组列表使用 ArrayList 类来表示，ArrayList 类并没有继承 Array 类，而是包含在 System.Collections 命名空间中，所以要使用 ArrayList 类就必须在程序的开始位置引用 System.Collections 命名空间，其语句如下：

```
using System.Collections;
```

ArrayList 始终是一维的数组，并且 ArrayList 的元素属于 Object 类型，所以在存储或检索值类型时通常需要装箱和拆箱，所以性能上稍差一点，在数据量很大时更为明显。

1. ArrayList 类的常用属性

在表 7-1 中列出了 ArrayList 类的常用属性。

表 7-1　ArrayList 类的常用属性

属性	说明
Capacity	获取或设置 ArrayList 可包含的元素数
Count	获取 ArrayList 中实际包含的元素数
IsFixedSize	获取一个值，该值指示 ArrayList 是否具有固定大小

续表

属性	说明
IsReadOnly	获取一个值，该值指示 ArrayList 是否为只读
IsSynchronized	获取一个值，该值指示是否同步对 ArrayList 的访问（线程安全）
Item	获取或设置指定索引处的元素
SyncRoot	获取可用于同步 ArrayList 访问的对象

程序代码 7-1 说明用 ArrayList 类定义的可变长度数组以及相关属性的使用方法。

程序代码 7-1　ArrayList 类的定义及属性的使用

```
using System;
using System.Collections;
namespace P7_1
{
    class Program
    {
        static void Main()
        {
            // 创建和初始化一个 ArrayList 的实例：myAL
            ArrayList myAL = new ArrayList();
            myAL.Add("Hello");
            myAL.Add("World");
            myAL.Add("!");
            //显示 ArrayList 类的属性和值
            Console.WriteLine("myAL 对象");
            Console.WriteLine("    Count 属 性 值：  {0}", myAL.Count);
            Console.WriteLine("    Capacity 属性值：  {0}", myAL.Capacity);
            Console.Write("    值：");
            PrintValues(myAL);
            Console.ReadLine();
        }
        public static void PrintValues(IEnumerable myList)
        {
            foreach (Object obj in myList)
                Console.Write("    {0}", obj);
            Console.WriteLine();
        }
    }
}
```

程序代码 7-1 的输出结果如下：

```
myAL 对象
    Count 属 性 值：  3
    Capacity 属性值：  4
  值：  Hello   World   !
```

另外需要说明的是，当 ArrayList 类在增加容量时会根据增加的元素个数来自动增加容量，但每次增加容量都是将当前容量加倍。例如当前容量是 4，元素个数是 3 个，那么当增加一个元素之后，当前容量值并不增加；如果再增加一个元素，那么当前容量值就会加倍，也就是当前容量值为 8，而当前元素个数为 5。

2. ArrayList 类的常用方法

表 7-2 列出了 ArrayList 类的常用方法。

表 7-2 ArrayList 类的常用方法

方法	说明
Adapter	为特定的 IList 创建 ArrayList 包装
Add	将对象添加到 ArrayList 的结尾处
AddRange	将 ICollection 的元素添加到 ArrayList 的末尾
BinarySearch	使用对分检索算法在已排序的 ArrayList 或它的一部分中查找特定元素
Clear	从 ArrayList 中移除所有元素
Clone	创建 ArrayList 的浅表副本
Contains	确定某元素是否在 ArrayList 中
CopyTo	将 ArrayList 或它的一部分复制到一维数组中
Equals	确定两个 Object 实例是否相等
FixedSize	返回具有固定大小的列表包装，其中的元素允许修改，但不允许添加或移除
GetEnumerator	返回循环访问 ArrayList 的枚举数
GetHashCode	用作特定类型的哈希函数。GetHashCode 适合在哈希算法和数据结构（如哈希表）中使用
GetRange	返回 ArrayList，它表示源 ArrayList 中元素的子集
GetType	获取当前实例的 Type
IndexOf	返回 ArrayList 或它的一部分中某个值的第一个匹配项的从零开始的索引
Insert	将元素插入 ArrayList 的指定索引处
InsertRange	将集合中的某个元素插入 ArrayList 的指定索引处
LastIndexOf	返回 ArrayList 或它的一部分中某个值的最后一个匹配项的从零开始的索引
ReadOnly	返回只读的列表包装
ReferenceEquals	确定指定的 Object 实例是否是相同的实例
Remove	从 ArrayList 中移除特定对象的第一个匹配项
RemoveAt	移除 ArrayList 的指定索引处的元素
RemoveRange	从 ArrayList 中移除一定范围的元素
Repeat	返回 ArrayList，它的元素是指定值的副本
Reverse	将 ArrayList 或它的一部分中元素的顺序反转
SetRange	将集合中的元素复制到 ArrayList 中一定范围的元素上
Sort	对 ArrayList 或它的一部分中的元素进行排序
Synchronized	返回同步的（线程安全）列表包装
ToArray	将 ArrayList 的元素复制到新数组中
ToString	返回表示当前 Object 的 String
TrimToSize	将容量设置为 ArrayList 中元素的实际数目

在程序代码 7-2 中列出 ArrayList 类几种方法的使用，其程序的运行结果如图 7-1 所示。

程序代码 7-2　ArrayList 类几种方法的使用

```
using System;
using System.Collections;

namespace P7_2
{
    class Program
    {
        static void Main()
        {
            //创建 ArrayList 对象，使用 Insert 方法对其进行初始化
            ArrayList myAL = new ArrayList();
            myAL.Insert(0, "The");
            myAL.Insert(1, "fox");
            myAL.Insert(2, "jumps");
            myAL.Insert(3, "over");
            myAL.Insert(4, "the");
            myAL.Insert(5, "dog");
            // 显示 ArrayList 的各元素值
            Console.WriteLine("ArrayList 初始化内容如下：");
            PrintValues(myAL);
            // 在元素"dog"之前插入 "lazy"元素
            myAL.Insert(myAL.IndexOf("dog"), "lazy");
            // 显示 ArrayList 的各元素值
            Console.WriteLine("在元素“dog”之前插入“lazy”元素，ArrayList 内容如下：");
            PrintValues(myAL);
            //在 myAL 对象的尾部增加 "!!!"元素
            myAL.Insert(myAL.Count, "!!!");
            // 显示 ArrayList 的各元素值
            Console.WriteLine("在 myAL 对象的尾部增加了“!!!”元素,ArrayList 内容如下：");
            PrintValues(myAL);
            Console.WriteLine("myAL 的元素值中是否包含“over”元素：{0}",myAL.Contains("over"));
            //清除 myAL 中的"over"元素
            myAL.Remove("over");
            Console.WriteLine("在 myAL 对象中清除“over”元素后的各元素值如下：");
            PrintValues(myAL);
            //反转 myAL 中的元素
            myAL.Reverse();
            Console.WriteLine("反转 myAL 对象中的元素后的各元素值如下：");
            PrintValues(myAL);
            // Sorts the values of the ArrayList using the default comparer.
            myAL.Sort(0, 4, null);
            Console.WriteLine("把 myAL 对象中的第 0 到第 4 个元素按升序排序后的各元素位置如下：");
            PrintIndexAndValues(myAL);
            // 清除所有 ArrayList 元素
            myAL.Clear();
            Console.WriteLine("清除所有 ArrayList 元素之后：");
            Console.WriteLine("    Count      : {0}", myAL.Count);
            Console.WriteLine("    Capacity : {0}", myAL.Capacity);
```

```
            Console.ReadLine();
        }
        public static void PrintValues(IEnumerable myList)
        {
            foreach (Object obj in myList)
                Console.Write("    {0}", obj);
            Console.WriteLine();
        }
        public static void PrintIndexAndValues(IEnumerable myList)
        {
            int i = 0;
            foreach (Object obj in myList)
                Console.Write("\t[{0}]:\t{1}", i++, obj);
            Console.WriteLine();
        }
    }
}
```

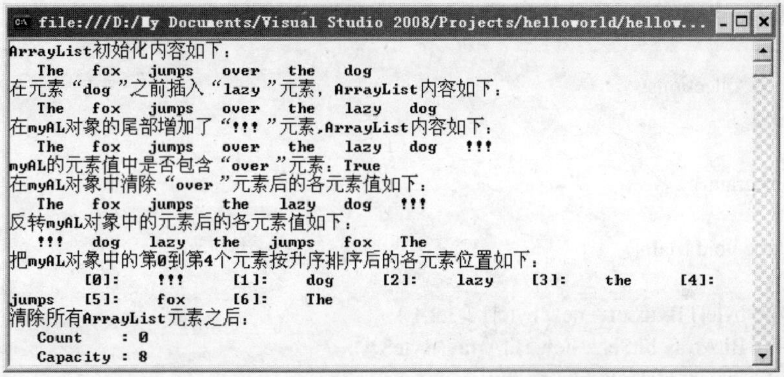

```
file:///D:/My Documents/Visual Studio 2008/Projects/helloworld/hellow...
ArrayList初始化内容如下：
   The   fox   jumps   over   the   dog
在元素“dog”之前插入“lazy”元素，ArrayList内容如下：
   The   fox   jumps   over   the   lazy   dog
在myAL对象的尾部增加了“!!!”元素,ArrayList内容如下：
   The   fox   jumps   over   the   lazy   dog   !!!
myAL的元素值中是否包含“over”元素：True
在myAL对象中清除“over”元素后的各元素值如下：
   The   fox   jumps   the   lazy   dog   !!!
反转myAL对象中的元素后的各元素值如下：
   !!!   dog   lazy   the   jumps   fox   The
把myAL对象中的第0到第4个元素按升序排序后的各元素位置如下：
        [0]:    !!!     [1]:    dog     [2]:    lazy    [3]:    the     [4]:
jumps   [5]:    fox     [6]:    The
清除所有ArrayList元素之后：
   Count    : 0
   Capacity : 8
```

图 7-1　ArrayList 类几种方法的运行结果

7.1.2　BitArray 集合

1. BitArray 概述

BitArray 是用于存储位的集合，二进制位的值是 0 和 1。但在 BitArray 类中存储是用 True 或 False 来取而代之的。当需要存储一系列的布尔值时 BitArray 就很有用，但是当需要操作比特时 BitArray 更有用，因为可以在比特值与布尔值之间轻松转换。

BitArray 与 ArrayList 非常类似，例如当添加的位如果超过数组的上界时无需担心，因为 BitArray 大小可以被动态调整。BitArray 类也是包含在 System.Collections 命名空间中的，所以要使用 BitArray 类就必须在程序的开始处引用 System.Collections 命名空间。

下面代码是向 BitArray 类的构造函数中传入 16 个比特位的数目，这样可以初始化一个 BitArray 对象。

```
BitArray BitSet = new BitArray(16)
```

这个 BitArray 对象的 16 个位均被设置为 False。如果要使初值为 True，可以用下面的方式初始化位数组。

```
BitArray BitSet = new BitArray(32, true);
```

BitArray 类的构造函数有许多不同形式的重载，下面是使用一个字节（Byte）数组来初始化一个 BitArray。例如：

```
byte[] ByteSet = new byte[] { 1, 2, 3 };
BitArray BitSet = new BitArray(ByteSet);
```

初始化后 BitSet 对象的初值是第 0 位、第 9 位、第 16 位和第 17 位为 True，其他位为 False，如下所示：

```
True False False False False False False False
False True False False False False False False
True True False False False False False False
```

位存储于 BitArray 时，字节的最低位 D_0 在最左侧（索引 0 处），字节的最高位 D_7 在最右侧（索引为 7）。在 BitArray 中存储的二进制位数字在阅读时通常是自右向左。例如，下面是一个与数字 1（二进制数字是 00000001）等值的一个 8 位 BitArray 的内容。

```
True False False False False False False False
```

如果 BitArray 中有字节值，那么每个字节值的每个位在遍历数组时将显示。程序代码 7-3 是一个简单的遍历一个字节值的 BitArray 的程序。

程序代码 7-3　遍历一个字节值的 BitArray 的程序

```
using System;
using System.Collections;
namespace P7_3
{
    class Program
    {
        static void Main()
        {
            byte[] ByteSet = new byte[] { 3,2,1 };
            BitArray bitSet = new BitArray(ByteSet);
            for (int bits = 0; bits <= bitSet.Count - 1; bits++)
            {
                if (bits % 8== 0) Console.WriteLine();
                Console.Write(bitSet.Get(bits) + " ");
            }
             Console.ReadLine();
        }
    }
}
```

程序代码 7-3 的运行结果如下：

```
True True False False False False False False
False True False False False False False False
True False False False False False False False
```

BitArray 中使用 Get 方法来获取位值。Get 方法接受一个整型的参数，即希望检索的值的索引，并返回 True 或 False 表示的位置。

如果存储于 BitArray 的数据实际上是二进制值（即应该被表示为 0 与 1，而不是 True 和 False），这就需要由右侧开始而不是左侧来使用 0 与 1 这种方式显示值。虽然不能改变 BitArray 类使用的内部代码，但可以通过编写外部代码得到想要的输出。程序代码 7-4 创建了一个有 3 个字节值（3,2,1）的 BitArray 的程序，并以适当的二进制格式显示每个字节。

代码 7-4　BitArray 转换为二进制显示

```
using System;
using System.Collections;

namespace P7_4
{
    class Program
    {
        static void Main()
        {
            int bits;
            string[] binNumber = new string[8];
            int binary;
            byte[] ByteSet = new byte[] { 3,2,1 };
            BitArray BitSet = new BitArray(ByteSet);
            bits = 0;
            binary = 7;
            for (int i = 0; i <= BitSet.Count - 1; i++)
            {
                if (BitSet.Get(i) == true)
                    binNumber[binary] = "1";
                else
                    binNumber[binary] = "0";
                bits++;
                binary--;
                if ((bits % 8) == 0)
                {
                    binary = 7;
                    bits = 0;
                    for (int j = 0; j <= 7; j++)
                        Console.Write(binNumber[j]);
                    Console.WriteLine();
                }
            }
             Console.ReadLine();
        }
    }
}
```

程序的输出结果如下：

```
00000011
00000010
00000001
```

这个程序中使用了两个数组。第一个数组 BitSet，是一个 BitArray 类的对象，存储字节值（位格式）；第二个数组 binNumber，是一个字符串数组，用于存储一个二进制字符串。这个二进制字符串是由每一个比特的值构建的，从最后一个位置（7）开始向前移动至第一个位置（0）。

每次当一个位值被处理的时候，其首先转换为 1（如果是 true）或 0（如果为 false），然后被放在适当的位置。两个变量指示处理过程在 BitSet 数组（位）与 binNumber 数组（二进制）的位置。通过将当前的位值（在位变量中）对 8 进行模运算完成这个工作。

2. BitArray 类的方法与属性

BitArray 类的常用方法如下：

（1）Set 方法将用于给一个特定的位指定一个值。这个方法的用法如下：

```
BitArray.Set(bit, value);
```

此方法中第一个参数 bit 是要设置位的索引值，第二个参数 value（布尔类型）是希望给这个位指定的布尔值。

（2）SetAll 方法将所有的位值设置为一个通过参数传入的值，例如，把所有位值设置为 false。

```
BitSet.SetAll(false);
```

（3）可以在一对 BitArray 对象的所有位使用 And（与），Or（或），Xor（异或）与 Not（非）方法完成逐位操作。例如，有两个 BitArray 变量：bitSet1 和 bitSet2，执行一次按位 Or 操作。格式如下：

```
bitSet1.Or(bitSet2);
```

（4）CopyTo 方法将 BitArray 的内容拷贝到一个名为 arrBits 的普通数组。格式如下：

```
bitSet.CopyTo(arrBits);
```

7.1.3 HashTable 集合

哈希表（Hashtable）又称为“散列”，Hashtable 是根据索引键的哈希程序代码组织成的索引键（Key）和值（Value）配对的集合。Hashtable 对象是由包含集合中元素的哈希桶（Bucket）组成的。而 Bucket 是 Hashtable 内元素虚拟的子群组，可以让大部分集合中的搜寻和获取工作更容易、更快速。

哈希函数（Hash Function）是根据索引键来返回数值哈希程序代码的算法。索引键（Key）是被存储对象的某些属性值（Value）。当对象加入至 Hashtable 时，存储在与对象哈希程序代码相符的哈希程序代码相关的 Bucket 中。当在 Hashtable 内搜寻值时，哈希程序代码会为该值产生，并且会搜寻与该哈希程序代码相关的 Bucket。例如，student 和 teacher 放在不同的 Bucket 中，而 dog 和 god 会放在相同的 Bucket 中。所以当索引键是唯一从 Hashtable 获取元素的性能时表现会较好。Hashtable 有四个主要优点，分别是：

（1）事先不需要排序。

（2）搜寻速度与数据多少无关。

（3）数字签名的密码技术保密性（Security）高。

（4）可做数据压缩（Data Compression），以节省空间。

Hashtable 的属性如表 7-3 所示，Hashtable 常用的方法如表 7-4 所示。

表 7-3　Hashtable 的属性

属性	说明
Count	获取包含在 Hashtable 中的键/值对的数目
IsFixedSize	获取一个值，该值指示 Hashtable 是否具有固定大小
IsReadOnly	获取一个值，该值指示 Hashtable 是否为只读
IsSynchronized	获取一个值，该值指示是否同步对 Hashtable 的访问（线程安全）
Item	获取或设置与指定的键相关联的值

续表

属性	说明
Keys	获取包含 Hashtable 中的键的 ICollection
SyncRoot	获取可用于同步 Hashtable 访问的对象
Values	获取包含 Hashtable 中的值的 ICollection

表 7-4　Hashtable 常用的方法

方法	说明
Add	将带有指定键和值的元素添加到 Hashtable 中
Clear	从 Hashtable 中移除所有元素
Contains	确定 Hashtable 是否包含特定键
ContainsKey	确定 Hashtable 是否包含特定键
ContainsValue	确定 Hashtable 是否包含特定值
CopyTo	将 Hashtable 元素复制到一维 Array 实例中的指定索引位置
Equals	确定两个 Object 实例是否相等
GetEnumerator	返回循环访问 Hashtable 的 IDictionaryEnumerator
GetHashCode	用作特定类型的哈希函数。GetHashCode 适合在哈希算法和数据结构（如哈希表）中使用
GetObjectData	实现 ISerializable 接口，并返回序列化 Hashtable 所需的数据
GetType	获取当前实例的 Type
OnDeserialization	实现 ISerializable 接口，并在完成反序列化之后引发反序列化事件
ReferenceEquals	确定指定的 Object 实例是否是相同的实例
Remove	从 Hashtable 中移除带有指定键的元素
Synchronized	返回 Hashtable 的同步（线程安全）包装
ToString	返回表示当前 Object 的 String

程序代码 7-5 是 Hashtable 表的属性与方法的使用，该程序代码的运行结果如图 7-2 所示。

代码 7-5　Hashtable 表的属性与方法的使用

```
using System;
using System.Collections;
namespace P7_5
{
    class Program
    {
        static void Main()
        {
            //创建一个哈希表对象 openWith
            Hashtable openWith = new Hashtable();
            // 增加一些元素值到哈希表中。元素中不能有重复的键，但可以有重复的值
            openWith.Add("txt", "notepad.exe");
            openWith.Add("bmp", "paint.exe");
            openWith.Add("dib", "paint.exe");
            openWith.Add("rtf", "wordpad.exe");
```

```
// 在哈希表中如果已经存在的键，用 Add 方法增加会出现错误
try
{
    openWith.Add("txt", "winword.exe");
}
catch
{
    Console.WriteLine(" Key = \"txt\"  的元素已经存在");
}
//通过键属性值访问元素
Console.WriteLine("For key = \"rtf\", value = {0}.", openWith["rtf"]);
// 通过键属性修改属性值
openWith["rtf"] = "winword.exe";
Console.WriteLine("For key = \"rtf\", value = {0}.", openWith["rtf"]);
//通过键修改其属性值，当键不存在时，会自动增加键/值对
openWith["doc"] = "winword.exe";
//通过键访问值时，如果键不存在则会报错
try
{
    Console.WriteLine("For key = \"tif\", value = {0}.", openWith["tif"]);
}
catch
{
    Console.WriteLine("Key = \"tif\"  没有发现");
}
// 在插入键/值对之前可使用 ContainsKey 方法测试该键是否存在
if (!openWith.ContainsKey("ht"))
{
    openWith.Add("ht", "hypertrm.exe");
    Console.WriteLine("值增加 key = \"ht\": {0}", openWith["ht"]);
}
// 使用 foreach 来枚举哈希表元素
Console.WriteLine();
foreach (DictionaryEntry de in openWith)
{
    Console.WriteLine("Key = {0}, Value = {1}", de.Key, de.Value);
}
// 仅获得值，可使用值属性
ICollection valueColl = openWith.Values;
//遍历值属性值
Console.WriteLine();
foreach (string s in valueColl)
{
    Console.WriteLine("Value = {0}", s);
}
// 仅获得键，可使用键属性
ICollection keyColl = openWith.Keys;
// 遍历键属性值
Console.WriteLine();
foreach (string s in keyColl)
```

```
                {
                    Console.WriteLine("Key = {0}", s);
                }
                // 用 Remove 方法清除所有键/值对
                Console.WriteLine("\nRemove(\"doc\")");
                openWith.Remove("doc");
                if (!openWith.ContainsKey("doc"))
                {
                    Console.WriteLine("Key \"doc\" 没有发现。");
                }
                 Console.ReadLine();
            }
        }
}
```

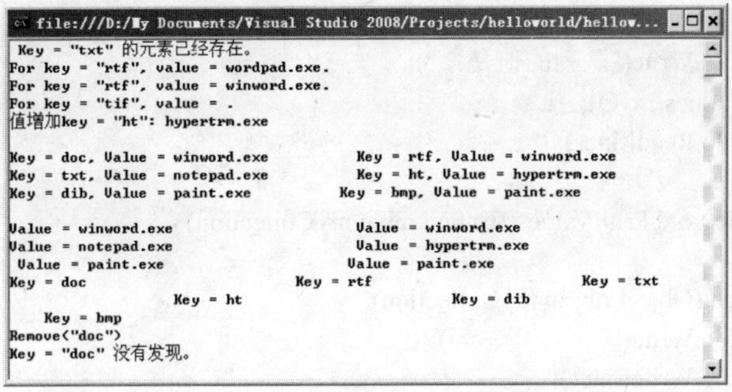

```
file:///D:/My Documents/Visual Studio 2008/Projects/helloworld/hellow...
 Key = "txt" 的元素已经存在。
For key = "rtf", value = wordpad.exe.
For key = "rtf", value = winword.exe.
For key = "tif", value = .
值增加key = "ht": hypertrm.exe

Key = doc, Value = winword.exe          Key = rtf, Value = winword.exe
Key = txt, Value = notepad.exe          Key = ht, Value = hypertrm.exe
Key = dib, Value = paint.exe          Key = bmp, Value = paint.exe

Value = winword.exe                     Value = winword.exe
Value = notepad.exe                     Value = hypertrm.exe
 Value = paint.exe                     Value = paint.exe
Key = doc                    Key = rtf                    Key = txt
                  Key = ht                    Key = dib
    Key = bmp
Remove("doc")
Key = "doc" 没有发现。
```

图 7-2　Hashtable 的使用

7.1.4　Queue 集合

Queue（队列）类主要实现了一个 FIFO（First In First Out，先进先出）的机制。元素在队列的尾部插入（入队操作），并从队列的头部移出（出队操作）。在 Queue 中主要使用 Enqueue、Dequeue 和 Peek 三种方法对队列进行操作。其中：

（1）Enqueue 方法用于将对象添加到 Queue 的结尾处。

（2）Dequeue 方法用于移除并返回位于 Queue 开始处的对象。

（3）Peek 方法用于返回位于 Queue 开始处的对象但不将其移除。

程序代码 7-6 说明 Queue 类的属性和方法的使用，程序的执行结果如图 7-3 所示。

代码 7-6　Queue 类的属性和方法

```
using System;
using System.Collections;
namespace P7_6
{
    class Program
    {
        static void Main()
        {
            //创建一个队列
            Queue myQ = new Queue();
            //元素入队列
```

```
            myQ.Enqueue("The");
            myQ.Enqueue("quick");
            myQ.Enqueue("brown");
            myQ.Enqueue("fox");
            myQ.Enqueue(null);                              //添加 null
            myQ.Enqueue("fox");                             //添加重复的元素
            // 打印队列的数量和值
            Console.WriteLine("myQ");
            Console.WriteLine("\t 个数是:        {0}", myQ.Count);
            // 打印队列中的所有值
            Console.Write("队列值是: ");
            PrintValues(myQ);                               // 打印队列中的第一个元素，并移除
            Console.WriteLine("移除队头元素: \t{0}", myQ.Dequeue());   // 打印队列中的所有值
            Console.Write("移除后队列值是: ");
            PrintValues(myQ);                               // 打印队列中的第一个元素，并移除
            Console.WriteLine("返回队头元素: \t{0}", myQ.Peek());      // 打印队列中的所有值
            Console.Write("队列的值是: ");
            PrintValues(myQ);
            Console.ReadLine();
        }
        public static void PrintValues(IEnumerable myCollection)
        {
            foreach (Object obj in myCollection)
            Console.Write("      {0}", obj);
            Console.WriteLine();
        }
    }
}
```

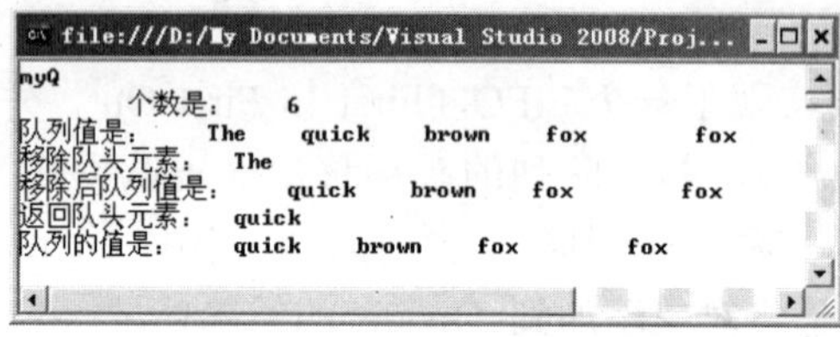

图 7-3　Queue 类的属性和方法的使用

7.1.5　Stack 集合

Stack 类是数据结构栈的实现，栈是一个具有“先进后出”特点的数据结构，在 Stack 类中没有容量 Capacity 的属性，只有用来表示栈中数据元素个数的 Count 属性，而且因为栈操作的特点，在 Stack 类中，只有 3 个比较有特点的方法，如表 7-5 所示。

表 7-5　Stack 类的常用方法

方法名称	功能解释
Peek	返回位于 Stack 顶部的对象但不将其移除
Push	将对象插入 Stack 的顶部
Pop	移除并返回位于 Stack 顶部的对象

Pop 和 Peek 操作返回的对象类型都是 Object 类型，如果 Stack 对象中存储的是自定义类型的对象，在对这些返回的对象操作前，需要强制把 Object 对象转换成自定义类型的对象。

1．入栈操作

下面程序方法说明将数据压入堆栈中，然后显示压入堆栈的内容。

```
void Push(object obj)
{
    Stack st = new Stack();
    st.Push("a");
    st.Push("b");
    st.Push("c");
    foreach(string s in st)
    {
        Console.Write(s+" ");
    }
}
```

此方法的输出结果为：

```
c b a
```

从上面的输出结果可以看出堆栈是一种先进后出的数据结构。

2．出栈操作

出栈操作是将 Stack 最上面的数据弹出。下面的程序方法说明数据出栈操作的结果。

```
string item = (string)st.Pop();              //此时 item="c"
foreach(string s in st)
{
    Console.Write(s+" ");
}
```

此方法的输出结果为：

```
b a
```

3．Peek 方法

Peek 方法返回顶部对象，但不弹出顶部元素。

```
string item = (string)st.Peek();             //此时 item="c"
foreach(string s in st)
{
    Console.Write(s+" ");
}
```

此方法的输出结果为：

```
c b a
```

程序代码 7-7 介绍如何创建一个堆栈，如何入栈、出栈以及如何遍历 Stack。程序的运行结果如图 7-4 所示。

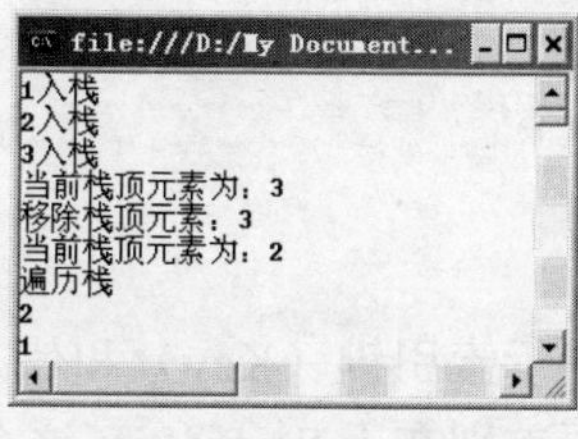

图 7-4 堆栈方法

代码 7-7　Stack 类的属性和方法

```
using System;
using System.Collections;
namespace P7_7
{
    class Program
    {
        static void Main()
        {
            //实例化 Stack 类的对象
            Stack stack = new Stack();
            //入栈，使用 Pust 方法向 Stack 对象中添加元素
            for (int i = 1; i < 4;i++)
            {
                stack.Push(i);
                Console.WriteLine("{0}入栈",i);
            }
            //返回栈顶元素
            Console.WriteLine ("当前栈顶元素为：{0}",stack.Peek().ToString());
            //出栈
            Console.WriteLine("移除栈顶元素：{0}", stack.Pop().ToString());
            //返回栈顶元素
            Console.WriteLine("当前栈顶元素为：{0}", stack.Peek().ToString());
            //遍历栈
            Console.WriteLine("遍历栈");
            foreach (int i in stack)
            {
                Console.WriteLine(i);
            }
            //清空栈
            while(stack .Count!=0)
            {
                int s = (int)stack.Pop();
                Console.WriteLine("{0}出栈",s);
            }
            Console.ReadLine();
        }
        public static void PrintValues(IEnumerable myCollection)
        {
            foreach (Object obj in myCollection)
            Console.Write("      {0}", obj);
            Console.WriteLine();
        }
    }
}
```

7.1.6　SortedList 集合

排序清单（SortedList）用来表示索引键（Key）和值（Value）配对的集合，SortedList 的功能与 Hashtable 十分相似，主要差别在于 SortedList 这个集合会依照索引键进行排序，而

Hashtable 无排序功能。另外，可以通过索引键（Key）和索引（Index）来存取 SortedList 集合内的元素。

SortedList 在内部维护两个数组以将数组存储到列表中：一个数组用于键，另一个数组用于相关联的值。每个元素都是一个可作为 DictionaryEntry 对象进行访问的键/值对。键不能为空引用，但值可以。

索引顺序基于排序顺序。当添加元素时，元素将按正确的排序顺序插入 SortedList，同时索引会相应地进行调整。如果删除了元素，索引也会相应地进行调整。因此，当在 SortedList 中添加或删除元素时，特定键/值对的索引可能会更改。

由于要进行排序，所以在 SortedList 上的操作要比在 Hashtable 上操作要慢。但是，SortedList 允许通过相关联键或通过索引对值进行访问。

SortedList 类的属性如表 7-6 所示，SortedList 类的方法如表 7-7 所示。

表 7-6　SortedList 类的属性

属性名	说明
Count	获取 SortedList 中包含的元素数
IsFixedSize	获取一个值，该值指示 SortedList 是否具有固定大小
IsReadOnly	获取一个值，该值指示 SortedList 是否为只读
Keys	获取包含 SortedList 中的键的集合
Values	获取包含 SortedList 中的值的集合
Capacity	获取或设置 SortedList 的容量

表 7-7　SortedList 类的方法

方法名	说明
Void Add(object key,object value)	将带有指定键和值的元素添加到 SortedList
Void Clear()	从 SortedList 中移除所有元素
Bool Contains(object key)	确定 SortedList 是否包含特定键
Bool ContainsKey(object key)	确定 SortedList 是否包含特定键
Bool ContainsValue(object value)	确定 SortedList 是否包含特定值
Void Remove(object key)	从 SortedList 中移除带有指定键的元素
Void CopyTo（Array ar,int index）	将 SortedList 元素复制到一维 Array 实例中的指定索引位置
Object GetKey(int index)	获取 SortedList 的指定索引处的键
Object GetByIndex(int index)	获取 SortedList 的指定索引处的值
IList GetKeyList()	获取 SortedList 中的键
IList GetValueList()	获取 SortedList 中的值
Int IndexOfKey(object key)	返回 SortedList 中指定键的从零开始的索引
Int IndexOfValue(object value)	返回指定的值在 SortedList 中第一个匹配项的从零开始的索引
Void RemoveAt(int index)	移除 SortedList 的指定索引处的元素
Void SetByIndex(int index,object value)	替换 SortedList 中指定索引处的值
Void TrimToSize()	将容量设置为 SortedList 中元素的实际数目

程序代码 7-8 说明 SortedList 的属性和方法的使用，其程序的运行结果如图 7-5 所示。

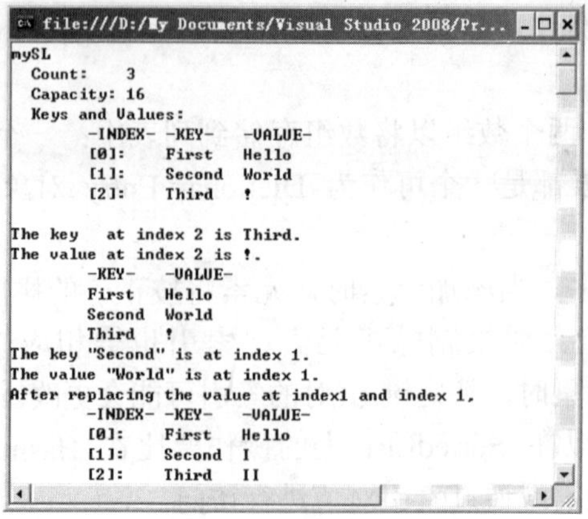

```
file:///D:/My Documents/Visual Studio 2008/Pr...
mySL
  Count:    3
  Capacity: 16
  Keys and Values:
        -INDEX- -KEY-   -VALUE-
        [0]:    First   Hello
        [1]:    Second  World
        [2]:    Third   !

The key   at index 2 is Third.
The value at index 2 is !.
        -KEY-   -VALUE-
        First   Hello
        Second  World
        Third   !
The key "Second" is at index 1.
The value "World" is at index 1.
After replacing the value at index1 and index 1,
        -INDEX- -KEY-   -VALUE-
        [0]:    First   Hello
        [1]:    Second  I
        [2]:    Third   II
```

图 7-5　SortedList 的属性和方法

程序代码 7-8　SortedList 类的属性和方法

```
using System;
using System.Collections;
namespace P7_8
{
    class Program
    {
        static void Main()
        {
            // 创建一个 SortedList 对象
            SortedList mySL = new SortedList();
            mySL.Add("First", "Hello");
            mySL.Add("Second", "World");
            mySL.Add("Third", "!");
            Console.WriteLine("mySL");                    //列举 SortedList 的属性、键和值
            Console.WriteLine("   Count:      {0}", mySL.Count);
            Console.WriteLine("   Capacity: {0}", mySL.Capacity);
            Console.WriteLine("   Keys and Values:");
            PrintIndexAndKeysAndValues(mySL);
            int myIndex = 2;                              //获得指定索引处的键和值
            Console.WriteLine("The key    at index {0} is {1}.", myIndex, mySL.GetKey(myIndex));
            Console.WriteLine("The value at index {0} is {1}.", myIndex, mySL.GetByIndex(myIndex));
            // 获得 SortedList 中的键列表和值列表
            IList myKeyList = mySL.GetKeyList();
            IList myValueList = mySL.GetValueList();
            // Prints the keys in the first column and the values in the second column.
            Console.WriteLine("\t-KEY-\t-VALUE-");
            for (int i = 0; i < mySL.Count; i++)
                Console.WriteLine("\t{0}\t{1}", myKeyList[i], myValueList[i]);
            // 获得指定键的索引
            string myKey = "Second";
            // 获得指定值的索引
            Console.WriteLine("The key \"{0}\" is at index {1}.", myKey, mySL.IndexOfKey(myKey));
            String myValue = "World";
            // 重新设置指定索引处的值
```

```
            Console.WriteLine("The value \"{0}\" is at index {1}.", myValue, mySL.IndexOfValue(myValue));
            mySL.SetByIndex(1, "I");
            mySL.SetByIndex(2, "II");                        //打印显示列表的键和值
            Console.WriteLine("After replacing the value at index1 and index 1,");
            PrintIndexAndKeysAndValues(mySL);
            Console.ReadKey();
        }
        //打印 SortedList 中的键和值
        public static void PrintIndexAndKeysAndValues(SortedList myList)
        {
            Console.WriteLine("\t-INDEX-\t-KEY-\t-VALUE-");
            for (int i = 0; i < myList.Count; i++)
            {
                Console.WriteLine("\t[{0}]:\t{1}\t{2}", i, myList.GetKey(i), myList.GetByIndex(i));
            }
            Console.WriteLine();
        }
    }
}
```

7.2 泛型

本节讨论泛型的处理问题、实现方式和泛型模型的好处，重点说明在集合中使用泛型，以及如何在所提供的基本功能的基础上进行改进。

7.2.1 泛型概述

泛型的主要思想就是将算法和数据结构完全分离开来，使得一次定义的算法能够作用于多种数据结构，从而实现高度可重用的代码开发。

泛型主要特点如下：

（1）通过泛型可以定义类型安全的数据结构，而无需使用具体实际的数据类型，这样能够显著提高程序设计代码的性能，并得到高质量的代码。

（2）泛型通过把类型参数化来达到代码的重用，这一特性可以应用在类、结构、接口、委托和方法的设计之中。

（3）可以提供编译期间的类型检查，减少不必要的显式类型转换和不必要的装箱操作，从而提高应用程序的运行效率。

1. 引入泛型的原因

一般情况下，在通用的数据结构中（例如 Stack、List、Dictionory 等）存储的数据，要求必须有相同的数据类型。如果必须存储不同类型的数据，那么唯一的方法就是将所有的数据首先装箱为 object 类型，然后再存储。

例如，下面的 Stack 类将其所有的数据存储在一个 object 类型的数组中，该类型的两个方法分别使用 object 来获取和返回数据。

```
public class Stack
{
    object[] items;
```

```
    public void Push(object item) {...}
    public object Pop() {...}
}
```

这样做有以下几个缺点：

（1）性能。根据装箱和堆栈的功能，使用 Push 方法能够向堆栈中压入任何类型的值，然而，在重新获取堆栈中的数据值时必须在使用 Pop 方法拆箱的同时，使用显式类型转换得到合适的数据类型。这种装箱和拆箱的操作增加了执行的负担，因为这样会带来动态内存分配和运行时类型检查。

（2）类型安全。因为编译器允许在任何类型和 Object 之间进行强制类型转换，所以将造成编译时类型安全的不足。主要是由于 Stack 类无法强制设置堆栈中的数据类型。

（3）工作效率。编写类型特定的数据结构以及冗繁的转换代码是一项重复的且易于出错的工作。

正是由于以上三个原因，才在 C#中引入了泛型这种方法。

2. *泛型类的语法定义*

泛型类的语法定义如下：

```
类修饰符　class　类名 <T>
```

泛型类在普通的类定义之后增加了一个类型参数 T，注意该参数是在一对分隔符“<>”之中定义的。在泛型类的定义中，类型参数表示对数据类型的抽象，可以理解为一个数据类型的替换标记或者是一个占位符，在类的定义代码中的每次出现都表示一个泛指的数据类型。例如，堆栈的类定义如下：

```
public class Stack<T>
{
    T[] items;
    int count;
    public void Push(T item) {...}
    public T Pop() {...}
}
```

下面的代码使用数据类型 string 来替换上面定义的 Stack 中的类型参数 T，从而创建了一个字符型堆栈实例 stringStack。相应地，泛型类 Stack 中所声明的成员和相关函数的类型也就成为了 string。例如：

```
Ststem.Collections.Generic.Stack<string> stringStack = new System.Collections.Generic.Stack<string>;
```

当泛型类被实例化之后，可以进行相应的一些操作，例如：

```
stringStack.Push("Hello");              //入栈
stringStack.Push("C#");
stringStack.Push("World");
Araay stringArray;                      //转换为数组
stringArray = stringStack.ToAraay();
foreach(string item in stringArray)     //显示数据
{
   Console.WriteLine(item);
}
```

泛型类的构造函数名称仍然和类名相同，但定义中不包含类型参数。例如：

```
/// <summary>
    /// 泛型类：集合 Assemble
```

```
/// </summary>
public class Assemble<T>
{
    //……
    //构造函数
    public Assemble(int iLength)
    {
        m_list = new T[iLength];
    }
    //……
}
```

泛型的使用能够给程序带来相当大的灵活性，对性能的影响却并不是很大。在绝大多数情况下，编译器总是能够确定一个泛型类在使用时的最终构造类型，从而达到性能优化的目的。

一般情况下，创建泛型类的过程是从一个现有的具体类开始，逐一将每个类型更改为类型参数，直至达到通用化和可用性的最佳平衡。创建自定义的泛型类时，需要特别注意以下事项：

（1）将哪些类型通用化为类型参数。一般规则是能够参数化的类型越多，代码就会变得越灵活，重用性就越好。但是，太多的通用化会使其他开发人员难以阅读或理解代码。

（2）如果可能应对类进行相应的约束。例如，如果泛型类仅用于引用类型，则应该对类进行约束，这样可以防止类被意外地用于值类型，并允许对 T 使用 as 运算符以及检查空值。

（3）是否将泛型行为分解为基类和子类。

7.2.2 泛型类的成员

1. 在成员中使用类型参数

在泛型类的成员中可以自由地使用类型参数来代替数据类型进行抽象，包括定义字段类型和方法成员的返回类型，传递给方法成员的参数类型，以及在方法成员的执行代码中定义局部变量的类型。

程序代码 7-9 说明泛型类成员的定义。

代码 7-9 泛型类成员的定义

```
using System;
using System.Collections;
namespace P7_9
{
    class PList<T> : IEnumerable          //实现此接口
    {
        T[] objs = new T[4];              //定义数组，初始化四个元素
        int count = 0;                    //当前元素索引
        //索引器
        public T this[int index]
        {
            get
            {
```

```
                if (index > 0 && index < count)
                {
                    return objs[index];
                }
                return default(T);
            }
            set
            {
                if (index > 0 && index < count)
                {
                    objs[index] = value;
                }
            }
        }
        /// <summary>
        ///  增加元素
        /// </summary>
        /// <param name="t"></param>
        public void Add(T t)
        {
            //数组元素满后重新申请空间
            if (count == objs.Length)
            {
                T[] tmp = objs;
                objs = new T[count + 2];
                tmp.CopyTo(objs, 0);
            }
            objs[count++] = t;
        }
        /// <summary>
        ///  删除元素
        /// </summary>
        /// <param name="index">元素索引</param>
        public void Remove(int index)
        {
            if (index >= count || index < 0)
            {
                return;
            }
            for (int i = index; i < count - 1; i++)
            {
                objs[i] = objs[i + 1];
            }
        }
        //实现接口的方法，可用 Foreach 遍历
        public IEnumerator GetEnumerator()
        {
            return objs.GetEnumerator();
        }
    }
```

```
    class Program
    {
        static void Main(string[] args)
        {
            PList<int> pl = new PList<int>();
            pl.Add(13);
            pl.Add(543);
            pl.Add(123);
            pl.Add(111);
            pl.Remove(1);
            foreach (int i in pl)
            {
                Console.WriteLine(i);
            }
            Console.WriteLine(pl[1]);
            Console.ReadLine();
        }
    }

}
```

程序代码 7-9 的运行结果如下：

```
13
123
111
111
123
```

在程序代码 7-9 中定义的泛型类 PList<T>中包含一个元素类型为 T 的数组字段：

```
T[] objs = new T[4];        //定义数组，初始四个元素
```

另外，在程序代码 7-9 的泛型类的 Add 方法中所使用的形参也使用的是泛型：

```
public void Add(T t)
```

假设 T 为一个类型参数的抽象，那么下面的写法都是错误的。

```
T t = null;
bool b = (t > 0)
```

2. 泛型中的静态成员变量

C#中由于泛型的出现，使得静态成员变量的机制出现了一些变化：静态成员变量在相同封闭类间共享，不同的封闭类间不共享。因为不同的封闭类虽然有相同的类名称，但由于分别传入了不同的数据类型，是完全不同的类，例如：

```
Stack<int> a = new Stack<int>();
Stack<int> b = new Stack<int>();
Stack<long> c = new Stack<long>();
```

类实例 a 和 b 是同一类型，且共享静态成员变量，但类实例 c 却是和 a、b 完全不同的类型，所以不能和 a、b 共享静态成员变量。

3. 泛型中的静态构造函数

静态构造函数的规则：只能有一个，且不能有参数；只能被.NET 运行时自动调用，且不能人工调用。

泛型中的静态构造函数的原理和非泛型类是一样的，只需把泛型中的不同的封闭类理解为不同的类即可。以下两种情况可触发静态的构造函数：

（1）特定的封闭类第一次被实例化。

（2）特定封闭类中任一静态成员变量被调用。

7.2.3 泛型类中的方法

通过使用类型参数，泛型类、泛型结构和泛型接口都能够实现很好的抽象性。可以在一个泛型类型中定义具有普遍性的成员，而所有构造类型都能够复用这些成员。C#也允许将这种抽象性只限制在某个方法成员中，这就是泛型方法。

1. 泛型类中方法的定义

和泛型类的定义类似，定义泛型方法也是在方法名之后将类型参数包含在一对分隔符“< >”中。如果有多个类型参数，则相互间用逗号分隔；然后，所定义的类型参数既可以作为方法的参数类型和返回类型，也可以用来在方法的执行代码中定义局部变量。

```
public class Stack<T>
    {
      private T[] m_item;
      public T Pop(){...}
      public void Push(T item){...}
      public Stack(int i)
      {
        this.m_item = new T[i];
      }
}
public class Stack2
    {
      public void Push<T>(Stack<T> s, params T[] p)
      {
        foreach (T t in p)
        {
          s.Push(t);
        }
      }
}
```

上面定义类 Stack2 扩展了 Stack 的功能，可以一次把多个数据压入 Stack 中。其中 Push 是一个泛型方法，这个方法的调用示例如下：

```
Stack<int> x = new Stack<int>(100);
Stack2 x2 = new Stack2();
x2.Push(x, 1, 2, 3, 4, 6);
string s = "";
for (int i = 0; i < 5; i++)
{
     s += x.Pop().ToString();
}    //至此，s 的值为 64321
```

2. 方法名的唯一性原则

如果方法的名称相同，那么通过指定不同的类型参数能否使方法具有不同的标识呢？这就要看能否保证在定义和使用时都不会出现两个标识相同的方法。以下几种方法用以区分同名方法。

（1）使用有无类型参数和类型参数的个数不同来区分同名的方法。例如，可在一个类中定义如下 3 个泛型方法，且具有不同的标识。

```
public class lbtest
{
    public void lbFunction() { }
    public void lbFunction <T>() { }
    public void lbFunction <S, T>() { }
}
```

（2）如果仅仅是类型参数的名称不同，则不足以区分不同的方法。例如，下面的泛型方法定义存在两次重复，因而是不合法的。

```
public class lbtest2
{
    public void lbFunction <S>(S s1) { }
    public void lbFunction <T>(T t1) { }                //错误
    public T lbFunction <S, T>(S[] ss) { }
    public V lbFunction <U, V>(U[] us) { }              //错误
}
```

（3）在泛型方法中不同的参数类型足以区分不同的方法。但在调用这种方法时，由于类型参数的替换而出现了多个可供选择的方法，那么调用代码就是错误的。例如，在一个类中定义下面两个方法。

```
public class lbtest3
{
    public static void lbFunction <R, S>(R r1, S s1) { }
    public static void lbFunction <R, S>(S s1, R r1) { }
}
```

而下面的代码中，“lbtest3. lbFunction <string, int>(s, x);”方法调用是合法的；而“lbtest3. lbFunction <int, int>(x, y);”则不是，因为同时符合两个方法定义的原型，从而引起了歧义。

3. *方法重载*

方法的重载在.Net Framework 中被大量应用，要求重载的方法具有不同的标识。在泛型类中，由于通用类型 T 在类编写时并不确定，所以在重载时有些注意事项，这些事项通过下面的例子说明。

```
public class Node<T, V>
  {
    public T add(T a, V b)          //第一个 add
    {
      return a;
    }
    public T add(V a, T b)          //第二个 add
    {
      return b;
    }
    public int add(int a, int b)    //第三个 add
```

```
        {
            return a + b;
        }
    }
```

上面的类很明显，如果 T 和 V 都传入 int 的话，三个 add 方法将具有同样的标识，但这个类仍然能通过编译，是否会引起调用混淆将在这个类实例化和调用 add 方法时判断。例如：

```
Node<int, int> node = new Node<int, int>();
object x = node.add(2, 11);
```

这个 Node 的实例化将使得三个 add 具有同样形参的方法名，但却能调用成功，因为优先匹配了第三个 add。但如果删除了第三个 add，上面的调用代码则无法编译通过，提示方法产生的混淆，因为运行时无法在第一个 add 和第二个 add 之间选择。

下面是一种 T 和 V 不同的类实例化。

```
Node<string, int> node = new Node<string, int>();
object x = node.add(2, "11");
```

这两行调用代码可正确编译，因为传入的 string 和 int，使三个 add 具有不同的标识，当然能找到唯一匹配的 add 方法。

由以上说明可知，C#的泛型是在实例的方法被调用时检查重载是否产生混淆的，而不是在泛型类本身编译时检查的。同时还得出一个重要原则：当一般方法与泛型方法具有相同的标识时，会覆盖泛型方法。

7.2.4 泛型约束

泛型约束主要是对泛型所接受的参数的一些特性进行限制。在指定一个类型参数时，可以指定类型参数必须满足的约束条件。这是通过在指定类型参数时使用 where 子句来实现的。约束格式如下：

```
class  类名  <参数类型>   where  type-param:constraints{}
```

其中 constraints 是一个逗号分隔的约束列表。在 C#中可以有 5 种约束类型，分别是：

（1）值类型约束。要求泛型参数必须是值类型，例如 int、short 以及自定义的 struct 等。

```
public class  MyClass2  <T>
    where   T : struct   //这个泛型类只接受值类型的泛型参数
{
}
```

（2）引用类型约束。要求泛型参数必须是引用类型，例如 string、object 以及自定义的 class。

```
public  class  MyClass <T>
    where   T:class      //这个泛型类只接受引用类型的泛型参数
{
}
```

（3）new()构造函数约束。new()构造函数约束允许开发人员实例化一个泛型类型的对象。一般情况下，无法创建一个泛型类型参数的实例，但 new()约束改变了这种情况，要求类型参数必须提供一个无参数的构造函数。在使用 new()约束时，可以通过调用该无参构造函数来创建对象，其语法格式如下：

```
where T : new()
```

使用 new()约束时应注意两点：一是可以与其他约束一起使用，但是必须位于约束列表的末端；二是 new()仅允许开发人员使用无参构造函数来构造一个对象，即使同时存在其他的构造函数。换句话说，不允许给类型参数的构造函数传递实参。例如：泛型参数必须有构造函数。

```
public class MyClass3<T>
    where T : new()
{
}
```

（4）基类约束。基类约束有两个功能：一是允许在泛型类中使用由约束指定的基类所定义的成员。例如，可以调用基类的方法或者使用基类的属性。如果没有基类约束，编译器就无法知道某个类型实参拥有哪些成员。通过提供基类约束，编译器将知道所有的类型实参都拥有由指定基类所定义的成员；二是确保类型实参支持指定的基类类型参数。这意味着对于任意给定的基类约束，类型实参必须要么是基类本身，要么是派生于该基类的类，如果试图使用没有继承指定基类的类型实参，就会导致编译错误。基类约束使用 where 子句进行定义，格式如下：

```
where T:base-class-name
```

T 是抽象类型参数的名称，base-class-name 是基类的名称，这里只能指定一个基类。例如，下面是泛型基类约束的实例，其中继承的基类是 Student 类。

```
public class MyClass4<T>
    where T : Student
{
}
```

（5）接口约束。接口约束用于指定某个类型参数必须应用的接口。接口的两个主要功能和基类约束完全一样。接口约束使用下面形式的 where 子句进行定义。

```
where T:interface-name
```

其中 interface-name 是接口的名称，可以通过使用由逗号分隔的列表来同时指定多个接口。如果某个约束同时包含基类和接口，则先指定基类列表，再指定接口列表。例如，下面是泛型基类约束的实例。

```
public class MyClass5<T>
    where T : System.IComparable
{
}
```

通过约束类型参数，可以增加约束类型及其继承层次结构中的所有类型所支持的允许操作和方法调用的数量。因此，在设计泛型类或方法时，如果要对泛型成员执行除简单赋值之外的任何操作或调用 System.Object 不支持的任何方法，就需要对该类型参数应用约束。

程序代码 7-10 是说明基类约束和 new()构造约束的使用实例。

程序代码 7-10　基类约束和 new()构造约束的使用实例

```
using System;
using System.Collections;
namespace P7_10
{
    class BaseC
    {
```

```
            int baseInt;
            string baseStr;
            public void Show()
            {
                Console.WriteLine("基类中的 show 方法");
            }
        }
        //基类约束
        class GenericClass3<T> where T : BaseC
        {
            T ob1;
            public GenericClass3(T ob_demo)
            {
                ob1 = ob_demo;
            }
            public void Show()
            {
                Console.WriteLine("基类约束中的 show 方法");
                ob1.Show();
            }
        }
        //new()构造函数约束
        class GenericClass4<T> where T : new()
        {
            public T ob1;
            public GenericClass4()
            {
                ob1 = new T();
            }
        }
        class Program
        {
            static void Main()
            {
                BaseC basedemo = new BaseC();
                GenericClass3<BaseC> demo3 = new GenericClass3<BaseC>(basedemo);
                //demo3
                GenericClass4<BaseC> demo4 = new GenericClass4<BaseC>();
                demo3.Show();
                demo4.ob1.Show();
                Console.ReadLine();
            }
        }
    }
```

程序代码 7-10 的运行结果如下：

```
基类约束中的 show 方法
基类中的 show 方法
基类中的 show 方法
```

在使用“where T : class”约束时，避免对类型参数使用“==”和“!=”运算符，因为这些运算符仅测试引用同一性而不测试值的相等性。即使在参数的类型中重载这些运算符也是如此，程序代码 7-11 说明了这一点，即使 String 类重载“==”运算符，输出也为 false。

代码 7-11　避免对类型参数使用 == 和 != 运算符的实例

```
using System;
namespace P7_11
{
    public static void OpTest<T>(T s, T t) where T : class
     {
          System.Console.WriteLine(s == t);
     }
     class Program
     {
          static void Main(string[] args)
          {
               string s1 = "target";
               System.Text.StringBuilder sb = new System.Text.StringBuilder("target");
               string s2 = sb.ToString();
               OpTest<string>(s1, s2);
               Console.ReadLine();
          }
     }
}
```

7.3　泛型集合

7.3.1　泛型集合的建立

在 C#中主要利用 System.Collections.Generic 命名空间下面的 List 泛型类创建集合，语法如下：

```
List<T> ListOfT = new List<T>();
```

其中“T”就是所要使用的类型，既可以是简单类型，例如 string 和 int，也可以是用户自定义类型。程序代码 7-12 是说明泛型集合建立的一个具体示例。

程序代码 7-12　泛型集合的建立

```
using System;
using System.Collections;
using System.Collections.Generic;
namespace P7_12
{
    class Person
     {
          private string _name;              //姓名
          private int _age;                  //年龄
          //创建 Person 对象
          public Person(string Name, int Age)
          {
               this._name= Name;
```

```
                this._age = Age;
            }
            public string Name
            {
                get { return _name; }
            }
            public int Age
            {
                get { return _age; }
            }
        }
        class Program
        {
            static void Main()
            {
                //创建 Person 对象
                Person p1 = new Person("张三", 30);
                Person p2 = new Person("李四", 20);
                Person p3 = new Person("王五", 50);

                //创建类型为 Person 的对象集合
                List<Person> persons = new List<Person>();

                //将 Person 对象放入集合
                persons.Add(p1);
                persons.Add(p2);
                persons.Add(p3);
                for (int i = 0; i < persons.Count ;i++ )        //输出 persons 集合中每个人的姓名和年龄
                        Console.WriteLine("姓名：{0}        年龄：{1}",persons[i].Name,persons[i].Age);
                Console.ReadLine();
            }
        }
    }
```

从程序代码 7-12 可以看到，泛型集合大大简化了集合的实现代码，通过集合可以轻松创建指定类型的集合。不仅如此，泛型集合还提供了更加强大的功能，例如排序及搜索。

7.3.2 泛型集合的排序与搜索

1. 泛型集合的排序

排序基于比较，即要进行排序首先要进行比较。例如有两个数 Number1 和 Number2，要对这两个数进行排序，首先就要比较这两个数，根据比较结果来排序。如果要比较的是对象，情况就要复杂一点，例如对程序代码 7-12 中定义的 Person 对象进行比较，则既可以按姓名进行比较，也可以按年龄进行比较，这就需要确定比较规则。一个对象可以有多个比较规则，但只能有一个默认规则，默认规则放在定义该对象的类中。默认比较规则在 CompareTo 方法中定义，该方法属于 IComparable<T>泛型接口。定义的方法如下：

```
class Person  :  IComparable<Person>
{
    //按年龄比较
```

```
        public int CompareTo(Person p)
        {
            return this.Age - p.Age;
        }
}
```

CompareTo 方法的参数为要与之进行比较的另一个同类型对象，返回值为 int 类型，如果返回值大于 0，表示第一个对象大于第二个对象；如果返回值小于 0，表示第一个对象小于第二个对象；如果返回 0，则两个对象相等。

定义好默认比较规则后，就可以通过不带参数的 Sort 方法对集合进行排序，代码如下所示：

```
//按照默认规则对集合进行排序
persons.Sort();
//输出所有人姓名
foreach (Person p in persons)
{
    Console.WriteLine(p.Name);                //输出次序为"李四"、"张三"、"王五"
}
```

实际使用中，经常需要对集合按照多种不同规则进行排序，这就需要定义其他比较规则，可以在 Compare 方法中定义，该方法属于 IComparer＜T＞泛型接口，例如下面的代码：

```
class NameComparer : IComparer＜Person＞
{
    //存放排序器实例
    public static NameComparer Default = new NameComparer();
    //按姓名比较
    public int Compare(Person p1, Person p2)
    {
        return System.Collections.Comparer.Default.Compare(p1.Name, p2.Name);
    }
}
```

Compare 方法的参数为要进行比较的两个同类型对象，返回值为 int 类型，返回值处理规则与 CompareTo 方法相同。其中的 Comparer.Default 返回一个内置的 Comparer 对象，用于比较两个同类型对象。下面用新定义的这个比较器对集合进行排序。

```
//按照姓名对集合进行排序
persons.Sort(NameComparer.Default);

//输出所有人姓名
foreach (Person p in persons)
{
    Console.WritcLine(p.Name); //输出次序为"李四"、"王五"、"张三"
}
```

程序代码 7-13 给出了这两种方法排序的使用方法的完整程序，程序的运行结果如图 7-6 所示。

程序代码 7-13　泛型集合中元素的排序

```
using System;
using System.Collections;
```

```
using System.Collections.Generic;
namespace P7_13
{
    class Person : IComparable<Person>
    {
        private string _name; //姓名
        private int _age; //年龄
        //创建 Person 对象
        public Person(string Name, int Age)
        {
            this._name= Name;
            this._age = Age;
        }
        public string Name
        {
            get { return _name; }
        }
        public int Age
        {
            get { return _age; }
        }
        //默认设置按年龄比较
        public int CompareTo(Person p)
        {
            return this.Age - p.Age;
        }
    }
    class NameComparer : IComparer<Person>
    {
        //存放排序器实例
        public static NameComparer Default = new NameComparer();
        //按姓名比较
        public int Compare(Person p1, Person p2)
        {
            return System.Collections.Comparer.Default.Compare(p1.Name, p2.Name);
        }
    }
    class Program
    {
        static void Main()
        {
            //创建 Person 对象
            Person p1 = new Person("张三", 30);
            Person p2 = new Person("李四", 20);
            Person p3 = new Person("王五", 50);
            //创建类型为 Person 的对象集合
            List<Person> persons = new List<Person>();
            //将 Person 对象放入集合
            persons.Add(p1);
            persons.Add(p2);
```

```
            persons.Add(p3);
            for (int i = 0; i < persons.Count ;i++ )                    //输出 persons 集合中的元素
                  Console.WriteLine("姓名：{0}        年龄：{1}",persons[i].Name,persons[i].Age);
            //按照默认规则对集合进行排序
            persons.Sort();
            Console .Write("按年龄字段排序的名单是：");//输出 persons 集合中的元素
            foreach (Person p in persons)
            {
                Console.Write(p.Name);                              //输出次序为"李四"、"张三"、"王五"
            }
            Console.WriteLine();
            Console.Write("按姓名字段排序的名单是：");
            //按照姓名对集合进行排序
            persons.Sort(NameComparer.Default);
            foreach (Person p in persons)                           //输出所有人姓名
            {
                Console.Write(p.Name);                              //输出次序为"李四"、"王五"、"张三"
            }
            Console.ReadLine();
        }
    }
}
```

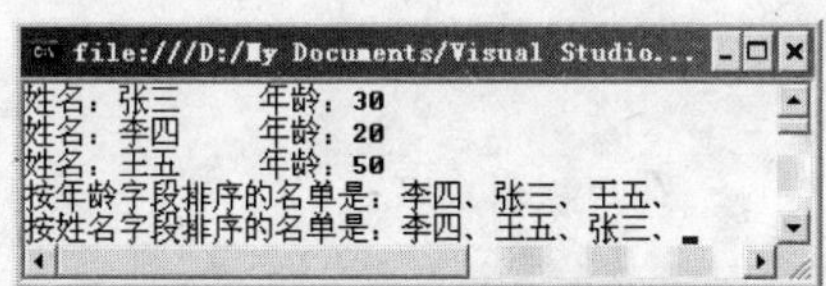

图 7-6　程序代码 7-12 的输出结果

2. 泛型集合的搜索

搜索就是从集合中找出满足特定条件的项，可以定义多个搜索条件，并根据需要进行调用。首先，定义搜索条件，代码如下所示：

```
class PersonPredicate
{
    //找出小于 40 岁的年轻人
    public static bool MidAge(Person p)
    {
        if (p.Age <= 40)
            return true;
        else
            return false;
    }
}
```

上面的搜索条件放在一个静态方法中，方法的返回类型为布尔型，集合中满足特定条件的项返回 true，否则返回 false。然后通过内置的泛型委托 System.Predicate<T>对集合进行搜索。

```
System.Predicate<Person> MidAgePredicate = new
                System.Predicate<Person>(PersonPredicate.MidAge);
```

```
List<Person> MidAgePersons = persons.FindAll(MidAgePredicate);
//输出所有的中年人姓名
Console.Write("年龄小于 40 的年轻人有：");
foreach (Person p in MidAgePersons)
{
    Console.Write(p.Name+"、");        //"李四"、"张三"
}
```

程序代码 7-14 给出了泛型集合的搜索的完整程序。

程序代码 7-14　泛型集合的搜索

```
using System;
using System.Collections;
using System.Collections.Generic;
namespace P7_14
{
    class Person : IComparable<Person>
    {
        private string _name; //姓名
        private int _age; //年龄
        public Person(string Name, int Age)
        {
            this._name= Name;
            this._age = Age;
        }
        public string Name
        {
            get { return _name; }
        }
        public int Age
        {
            get { return _age; }
        }
        //按年龄比较
        public int CompareTo(Person p)
        {
            return this.Age - p.Age;
        }
    }

    class PersonPredicate
    {
        //找出小于 40 岁的年轻人
        public static bool MidAge(Person p)
        {
            if (p.Age <= 40)
                return true;
            else
                return false;
        }
    }
    class Program
```

```
    {
        static void Main()
        {
            //创建 Person 对象
            Person p1 = new Person("张三", 30);
            Person p2 = new Person("李四", 20);
            Person p3 = new Person("王五", 50);
            //创建类型为 Person 的对象集合
            List<Person> persons = new List<Person>();
            //将 Person 对象放入集合
            persons.Add(p1);
            persons.Add(p2);
            persons.Add(p3);
            System.Predicate<Person> MidAgePredicate = new
            System.Predicate<Person>(PersonPredicate.MidAge);
            List<Person> MidAgePersons = persons.FindAll(MidAgePredicate);
            Console.Write("年龄小于 40 的青年人有：");
            foreach (Person p in MidAgePersons)
            {
                Console.Write(p.Name+"、");
            }
            Console.ReadLine();
        }
    }
}
```

程序的执行结果如下：

```
年龄小于 40 的青年人有：李四、张三
```

本章介绍了比较复杂的集合类 ArrayList、BitArray、HashTable、Queue、Stack 和 SortedList，熟练掌握这些集合类有助于程序的编写和设计，并可以提高程序的运行效率，减少复杂操作等。

泛型是除了继承之外另一个能够带来高度可重用性的技术。在 C#语言中，面向对象的特性和泛型特性相辅相成，这使得开发人员能够在更高的抽象层次上进行代码的重用。同时泛型类的引入也使得 C#的继承机制更加丰富和完善。

泛型类的抽象性直接来源于类型参数，它在泛型类的定义中表示抽象数据类型，而在使用时将被具体的数据类型取代。通过对类型参数的限制，既能够避免对泛型的滥用、提高程序的效率，还能够为类型参数本身带来各种功能。学习泛型类的关键就在于对类型参数的掌握。

一、选择题

1．以下（　　）是可以变长的数组。

A．Array　　B．string[]　　C．string[N]　　D．ArrayList

2．使用下列（　）方法可以减小一个 ArrayList 对象的容量。(可选择多项)

A．调用 Remove 方法　　B．调用 Clear 方法

C．调用 Trim（调整，修剪）ToSize 方法　　D．设置 Capacity 属性

3．C#中提供了一种集合哈希表（HassTable），哈希表的数据是通过键（Key）和（　）来组织的。

A．项（Item）　　B．记录（Record）

C．表（Table）　　D．值（Value）

4．在 C#中，关于 List<T>和 Dicrionary<K,V>的说法正确的是（　）。

A．List<T>和 Dicrionary<K,V>都可以使用索引访问

B．获取元素时，List<T>需要类型转换，Dicrionary<K,V>不需要

C．List<T>和 Dicrionary<K,V>都可以循环遍历整个对象

D．List<T>和 Dicrionary<K,V>都可以直接删除对象

5．在 System.Collection 的命名空间中，下列（　）实现了一种数据结构，这种数据结构支持使用键值来索引结构中存放的对象。

A．ArrayList 类　　B．Stack 类

C．Hashtable 类　　D．Queue 类

6．类库中的（　）不是根据元素的个数来动态地调整自身容量的大小。

A．ArrayList 集合　　B．BitArray 集合

C．Hashtable 集合　　D．SortedList 集合

7．Stack 集合可以调用的方法是（　）。

A．Add()　　B．Remove()　　C．RemoveAt()　　D．Peek()

8．自定义集合时，要继承基类（　）。

A．CollectionBase　　B．Collections　　C．Base　　D．System

9．下列关于集合的说法正确的是（　）。

A．ArrayList 集合遵循先进先出的原则

B．Stack 集合可以在中间插入元素，在中间插入元素时调用 Insert 方法

C．Queue 集合可以删除任意位置的元素，也可以在顶部删除元素

D．Stack 集合可以在顶部删除元素

10．下列关于 Hashtable 集合的说法正确的是（　）。

A．Hashtable 集合是一个键/值对集合

B．遍历 Hashtable 集合时用 IEnumerator 来枚举

C．Hashtable 集合中可以根据指定的值来删除元素

D．Hashtable 集合中的元素按照添加的顺序存在于集合内部

11．在 C#中，下述代码的运行结果是（　）。

```
ArrayListNumber = new ArrayList();
arrNumber.Capactiy = 2;
for(int i=0;i<5;i++)
{
    arrayNumber.Add(i);
}
Console.WriteLine(arrNumber.Count);
```

A．2　　B．4　　C．5　　D．8

12．若一个方法被定义成对不同的数据类型完成同一个任务，则此方法称为（　）。

A．重载函数　　B．泛型方法　　C．构造函数　　D．析构函数

13．有一个泛型类

```
class List<T>{ }
```

则正确实例化该泛型类的语句是（　　）。

A．List t=new List();　　　　B．List t=new List<int>;

C．List<T> t=new List<T>();　　　　D．List<int> t=new List<int>();

14．泛型中的类型参数（　　）。

A．只可以作为类成员方法的返回值类型

B．只可以作为类成员方法的参数类型

C．只可以作为字段的类型

D．以上三者均可

15．以下定义泛型方法的语句中，正确的是（　　）。

A．double func(double x){return x;}

B．double func(T x){return x;}

C．T func(double x){return x;}

D．T func(T x){return x;}

二、填空题

1．________以一种完全通用的方法定义类或方法，同时可以用任何类型声明和使用它。

2．泛型的约束有四种类型，即________、________、________和________。

3．已知两种方法

```
int Add(int x){ return x+x;}
double Add(double x){return x+x;}
```

能否用一个泛型方法实现？如果能实现，则该泛型方法的定义是________。

4．在C#中，

```
Hashtable haStu = new Hashtable();
hsStu.Add(3,"A");
hsStu.Add(2,"B")
hsStu.Add(1,"C");
hsStu.Remove(1);
Console.WerteLine(hsStu[2]);
```

上述代码的运行结果是________。

三、程序分析

1．阅读下列程序段，说明程序功能。

```
int[] intArr=new int[100];
ArrayList myList=new ArrayList();
Random rnd=new Random();
while(myList.Count<100)
{
    int num=rnd.Next(1,101);
    if(!myList.Contains(num))
        myList.Add(num);
}
for(int i=0;i<100;i++)
    intArr[i]=(int)myList[i];
```

2．阅读下列程序段，写出程序执行结果。

（1）

```
Hashtable hsStu=new Hashtable();
```

```
haStu.Add(1,2);
haStu.Add(2,4);
haStu.Add(3,6);
IDictionaryEnumerator stuEnum=hsStu.GetEnumerator();
Int total=0;
While(stuEnum.MoneNext()){
        Total+=(int)stuEnum.Value;
}
Console.WriteLine(total);
```

（2）

```
ArrayList arrnum = new ArrayList();
for(int i=0;i<17;i++);
        arrnum.Add(i);
Arrnum.RenmoveAt(1);
Console.WriteLine(arrnum.Capacity);
Console.WriteLine(arrnum.Count   );
```

3．阅读下面程序，写出程序输出结果。

```
using System;
using System.Collections;
public class Teacher{
      private ArrayList arrNames=new ArrayList();
      public Teacher(string [] names)       {
            foreach(string name in names) {
                  this.arrNames.Add(name);
            }
      }
      public string this[int index]{
            get{
                  return arrNames[arrNames.Count-index].ToString();
            }
      }
      static void Main(){
            string[]name=new string[]{"c#","WinForm","Asp.net","WEBService"};
            Teacher tea = new Teacher(names);
            Console.WriteLine(tea[3]);
      }
}
```

4．以下程序运行后，输出结果是什么？

```
class Min<T> where T : IComparable
    {
        public T Compare(T a, T b)
        {
            if (a.CompareTo(b) < 0)return a;
            else return b;
        }
    }
    class Program
    {
        static void Main(string[] args)
        {
```

```
            double m = 10.8,n = 80.5;
            int x = 30, y = 50;
            Min<int> a = new Min<int>();
            Console.WriteLine(a.Compare(x, y));
            Min<double> b = new Min<double>();
            Console.WriteLine(b.Compare(m, n));
        }
}
```

5．写出下面程序的运行结果。

```
using System;
namespace lb
{
    class Program
    {
        static void Main()
        {
            C<float, double> c = new C<float, double>();
            Console.WriteLine(c.m_B.m_value1.GetType());
            Console.WriteLine(c.m_B.m_value2.GetType());
            Console.WriteLine(c.m_A.m_value1.GetType());
            Console.WriteLine(c.m_A.m_value2.GetType());
            Console.WriteLine(c.m_B.m_A.m_value1.GetType());
            Console.WriteLine(c.m_B.m_A.m_value2.GetType());
        }
    }
    public class A<S, T>
    {
        public S m_value1;
        public T m_value2;
    }
    public class B<T> : A<long, T>
    {
        public A<T, int> m_A;
        public B()
        {
            m_A = new A<T, int>();
        }
    }
    public class C<S, T> : B<S>
    {
        public B<T> m_B;
        public C()
        {
            m_B = new B<T>();
        }
    }
}
```

第 8 章　委托与事件

本章主要讲述委托和事件，是 C#语言程序设计中的重要内容。委托是一种数据类型，而事件是类的方法成员，委托和事件相互关联。通过对本章的学习，读者应该掌握以下主要内容：

- 委托和多重委托
- 委托调用
- 事件
- 事件与委托的区别

8.1　委托

8.1.1　声明委托

委托（Delegate）也称为“代表”，或者“指代”，是一种特殊的数据类型，派生于 System.Delegate 类。委托对象主要用来保存对方法的引用，即指可以调用目标方法，并且是定义了目标方法名的一种特殊对象。

在 C#中使用一个类时，分两个阶段：首先要定义一个类，即告诉编译器该类由什么字段和方法组成；然后实例化类的一个对象。使用委托时，也需要经过这两个步骤：首先定义要使用的委托，其实委托的定义就是告诉编译器代表了哪种类型方法，然后创建该委托的一个或多个实例。

委托声明是以 delegate 关键字开头，后面跟的是委托名，该委托名是进行实例化时所使用的方法名。委托声明语法格式如下：

```
[访问修饰符] delegate <返回类型> <委托名>([参数列表])
```

其中返回类型是委托封装方法的返回类型；参数列表为可选项，用于指定方法必须带的参数类型及列表顺序；由于委托类型定义是定义一种新的数据类型，所以，可以写在类的外部，也可以写在类的内部。若在类的内部定义，则类型为“类名.委托名”，指定的访问修饰符对定义的委托对象有限制作用，应与委托对象的访问权限一致或高于委托对象的访问权限；在类的外部定义只能是 public 或 internal，不写时默认为 internal。例如，有一个方法定义如下：

```
public string MergeString(string s1, string s2)
```

如果要定义一个委托指向 MergeString 的方法，就可以声明一个具有两个 string 参数并且返回数据类型是 string 的委托，定义方法如下：

```
delegate string TestDelegate(string s1, string s2);
```

委托声明本身并不指向任何方法，因此委托是不可以直接被调用的。但是，可以通过委托（声明）来实例化对象，这样的对象就被称为委托实例。委托实例的创建与用类实例化一个对象类似，但有一个约定，要把目标方法的方法名作为参数传入，例如：

```
public void Print(string s1, string s2)
{
    TestDelegate lbDelegate = new TestDelegate(MergeString);
    string newString=lbDelegate(s1, s2)
    Console.WriteLine(newString);
}
```

方法 Print 中第一行，使用 MergeString 方法名作为参数，通过一个委托声明得到了一个委托实例；第二行，调用这个委托，并把结果赋值给 newString 字符串；第三行，输出结果 newString。

通过学习以上内容，可以看出委托的实质是安全的方法指针。委托分为委托声明和委托实例；使用委托时，必须要先声明，然后实例化，最后调用。

那么，有些读者可能会有这样的疑问，为什么要用委托？在上述例子中，不仅仍然要写整个方法，而且要声明委托又要实例化等。这样做反而会很复杂，那为什么还要用委托呢？

因为委托可以通过编程方法来动态地调用别的方法，也就是说当把委托作为参数时，写一个代码模板，就可以让委托以一定的方式执行不同的代码。例如有一个方法，可以打印出当前的时间。方法如下：

```
public void PrintTime()
{
    Console.WriteLine(DateTime.Now.ToString("HH:MM:ss"));
}
```

有另外一个方法，可以打印出当前的日期。方法如下：

```
public void PrintDate()
{
    Console.WriteLine(DateTime.Now.ToString("yyyy-MM-dd"));
}
```

然后定义一个委托 RunOnce，此时委托并没有实例化。定义如下：

```
delegate void RunOnce();
```

而 PrintTime 和 PrintDate 这两个方法在当前的程序里都需要经常被循环调用，那么，就可以利用一个方法 MultipleRun，把这种循环封装起来，以避免不停地在程序里写循环。在 MultipleRun 方法的第一个参数中使用委托 RunOnce 来实例化了一个委托名 method，第二个参数表示循环执行方法的次数。

```
public static void MultipleRun(RunOnce method, int count)
{
    for (int i = 0; i < count; i++)
    {
        method();
    }
}
```

下面是调用委托的方法，其中的 1000 是方法的循环次数。

```
TestClass tc = new TestClass();
MultipleRun(tc.PrintDate, 1000);
MultipleRun(tc.PrintTime, 1000);
```

程序代码 8-1 是上述说明的一个完整的委托实现方法的代码。

程序代码 8-1 定义委托和使用

```
using System;
namespace P8_1
{
    class Program
    {
        delegate void RunOnce();
        private static void MultipleRun(RunOnce method, int count)
        {
            for (int i = 0; i < count; i++)
            {
                method();
            }
        }
        static void Main(string[] args)
        {
            TestClass tc = new TestClass();
            MultipleRun(tc.PrintDate,2);
            MultipleRun(tc.PrintTime,2);
            Console.ReadLine();
        }
        class TestClass
        {
            public void PrintTime()
            {
                Console.WriteLine(DateTime.Now.ToString("HH:mm:ss"));
            }
            public void PrintDate()
            {
                Console.WriteLine(DateTime.Now.ToString("yyyy-MM-dd"));
            }
        }
    }
}
```

程序代码 8-1 的运行结果如下：

```
2011-05-25
2011-05-25
16:05:28
16:05:28
```

8.1.2 实例化委托

1. 使用 new 操作符实例化委托

委托跟普通类一样，可以使用 new 操作符实例化，程序代码 8-2 就是采用 new 操作符实例化委托。

程序代码 8-2　new 操作符实例化委托

```
using System;
namespace P8_2
{
    class Program
    {
        public delegate void CallBack(string name, int number);
        void PersonInfo(string name, int no)
        {
            System.Console.WriteLine(name);
            System.Console.WriteLine(no);
        }
        static void Main(string[] args)
        {
            Program pr = new Program();
            CallBack cb = new CallBack(pr.PersonInfo);
            cb("刘兵", 35);
            Console.ReadLine();
        }
    }
}
```

程序的运行结果如下：

```
刘兵
35
```

值得注意的是，new 操作符实例化委托时传递参数的方法，代码如下所示：

```
CallBack cb = new CallBack(pr.PersonInfo)。
```

实际上编译器知道正在构造一个委托，会通过分析源代码来确定引用的是哪个对象和方法。

委托除了调用实例方法还可以引用静态方法，如果程序代码 8-2 中的 PersonInfo 方法是静态的，则只需要在下面的代码中进行调用而不需要先实例一个 Program 对象。

```
static void Main(string[] args)
{
    CallBack cb = new CallBack(Program.PersonInfo);
    cb("刘兵", 35);
}
```

2. *用有名方法实例化委托*

有名方法实例化委托会检测所保存的函数引用是否和声明的委托匹配。程序代码 8-3 说明有名方法实例化委托。

程序代码 8-3　用有名方法实例化委托

```
using System;
namespace P8-3
{
    class Program
    {
        public delegate void CallBack(string name, int number);
        void PersonInfo(string name, int no)
        {
```

```
                System.Console.WriteLine(name);
                System.Console.WriteLine(no);
            }
            static void Main(string[] args)
            {
                Program pr = new Program();
                CallBack cb = pr.PersonInfo;
                cb("刘兵", 35);
                Console.ReadLine();
            }
        }
    }
```

3. *用匿名方法实例化委托*

用匿名方法实例化委托，即将匿名方法赋给委托。注意：匿名方法中的变量的生命周期将扩展到委托的生命周期。程序代码 8-4 说明匿名方法实例化委托。

程序代码 8-4　匿名方法实例化委托

```
using System;
namespace P8_4
{
    class Program
    {
        public delegate void CallBack(string name, int number);
        static void Main(string[] args)
        {
            CallBack cb = delegate(string name, int number)
            {
                System.Console.WriteLine(name);
                System.Console.WriteLine(number);
            };
            cb("刘兵", 35);
            Console.ReadLine();
        }
    }
}
```

8.1.3　多重委托

允许通过委托对象加括号的调用方法，体现了委托与方法之间的紧密联系，但委托不是方法，委托属于一种数据类型。一个委托数据类型对象不仅可以封装一个方法，还允许同时封装多个与委托类型相匹配的方法，这称为多重委托，也称为委托的“多播机制”。

前面说明了委托类型对象能够保存一个方法的引用，并可用委托对象加上小括号及参数进行方法的执行，就如同调用了封装的方法一样。多重委托允许调用执行引用的方法，但由于多重委托封装了多个形式相同的方法，所以，执行时多个方法按照封装的顺序分别执行。

多重委托使用“+=”来添加委托，使用“-=”来移除委托。多重委托包含的方法，其返回的数据类型必须是 void，否则会抛出 run-time exception 错误。因为方法的返回值不是 void，那么就不知道使用众多方法的返回结果中的哪一个了。另外，使用多重委托时，方法中不能包含 out 参数。

多重委托中的方法是按顺序调用的，所以各个方法应该没有任何依赖关系，否则，需要保证调用次序。程序代码 8-5 使用“+=”运算符把两个方法放入了一个委托中。

程序代码 8-5 多重委托

```
using System;
namespace P8_5
{
    class Program
    {
        public delegate void Option(int i, int j);          //定义委托，返回值为 void
        class DelegateTwo
        {
            public static void Add(int k, int m)
            {
                Console.WriteLine("{0}+{1}={2}", k, m, k + m);
            }
            public static void Mutiply(int k, int m)
            {
                Console.WriteLine("{0}*{1}={2}", k, m, k * m);
            }
            static void Main(string[] args)
            {
                Option mp = null;
                mp += new Option(Add);                  //将同一个委托指向两个不同的方法
                mp += new Option(Mutiply);
                mp(3, 4);                               //调用委托
                Console.ReadLine();
            }
        }
    }
}
```

执行程序代码 8-5 后的输出如下：

```
3+4=7
3*4=12
```

从程序及程序的执行结果可以看出，通过执行 mp()引发了 Add()方法和 Mutiply()方法被先后执行。尽管两个方法分别为实例方法和静态方法，委托对象只管找到方法的起始位置然后执行该方法。

从多重委托的实例可以看出，一个委托可以封装多个方法，说明委托中包含有一个方法的列表，当多个形式相同的方法被封装在一个委托中时，可以用委托对象加括号的形式将被封装的方法全部执行。除了以上运算符外，多重委托还允许用“==”和“！=”判断两个委托是否相等，也可以用委托的 Equals()方法判断两个委托是否相等。

8.1.4 委托调用

构造委托对象时，通常把要执行的方法名称作为参数传递给委托。当调用委托时，则委托的参数传递给方法，方法执行结束后，方法的返回值（如果有）由委托返回给调用者，这

种形式称为调用委托。调用委托的语法格式如下：

```
<委托名>(<方法参数表>)
```

例如：

```
mp(3, 4);        //程序代码 8-5 中使用
```

当调用非空的且方法参数表中仅包含一个方法的委托实例时，委托调用所使用的参数和返回值均与该方法的对应项相同。如果这样的委托在调用期间发生异常，而且没有在被调用的方法内捕捉到该异常，则会在调用该委托的方法内继续搜索与该异常对应的 catch 子句，就像调用该委托的方法直接调用了该委托所引用的方法一样。

如果一个委托实例的调用列表包含多个方法，那么调用这样的委托实例就是按顺序同步地调用列表中所列的各个方法。以这种方式调用的每个方法都使用相同的参数集，即提供给委托实例的参数集。如果这样的委托调用包含引用参数，那么每个方法调用都将使用对同一变量的引用；这样，若调用列表中有某个方法对该变量进行了更改，则调用列表中排在该方法之后的所有方法都会使用变化后的值。如果委托调用包含输出参数或一个返回值，则最终值就是调用列表中最后一个方法调用所产生的结果。程序代码 8-6 是委托调用的使用实例。

程序代码 8-6　委托调用

```
using System;
namespace P8_6
{
    class Program
    {
        delegate void D(int x);
        class C
        {
            public static void M1(int i)
            {
                Console.WriteLine("C.M1: " + i);
            }
            public static void M2(int i)
            {
                Console.WriteLine("C.M2: " + i);
            }
            public void M3(int i)
            {
                Console.WriteLine("C.M3: " + i);
            }
        }
        static void Main(string[] args)
        {
            D cd1 = new D(C.M1);
            cd1(-1);                        //调用 M1
            D cd2 = new D(C.M2);
            cd2(-2);                        //调用 M2
            D cd3 = cd1 + cd2;
            cd3(10);                        //调用 M1，然后调用 M2
            cd3 += cd1;
            cd3(20);                        //调用 M1、M2，然后调用 M1
```

```
            C c = new C();
            D cd4 = new D(c.M3);
            cd3 += cd4;
            cd3(30);                    //调用 M1、M2、M1，调用 M3
            cd3 -= cd1;                 //移除最后的 M1
            cd3(40);                    //调用 M1、M2，然后调用 M3
            cd3 -= cd4;
            cd3(50);                    //调用 M1、M2
            cd3 -= cd2;
            cd3(60);                    //调用 M1
            cd3 -= cd2;                 //移除 M2 不能实现，因为 cd3 中没有 M2
            cd3(60);                    //调用 M1
            cd3 -= cd1;                 //移除 M1 后调用表为空，cd3 的值是空 l
            Console.ReadLine();
        }
    }
}
```

程序代码 8-6 的运行结果如下所示：

```
C.M1:-1
C.M2:-2
C.M1:10
C.M2:10
C.M1:20
C.M2:20
C.M1:20
C.M1:30
C.M2:30
C.M1:30
C.M3:30
C.M1:40
C.M2:40
C.M3:40
C.M1:50
C.M2:50
C.M1:60
C.M1:60
```

委托封装了方法以后就可以实现不使用方法名而使用委托去执行相应的方法，并且同一委托可以封装格式相同的其他方法，使程序设计变得更灵活。

8.2 事件

8.2.1 事件的基本概念

1．什么是事件

事件（event）是一个非常重要的概念，Windows 程序时刻都在触发和接收着各种事件，例如鼠标单击事件、键盘按下事件和处理操作系统的各种事件等。所谓事件就是由某个对象发出的消息。发送（或引发）事件的类称为“发行者”，接收（或处理）事件的类称为

“订户”。事件具有以下特点：

（1）发行者确定何时引发事件，订户确定执行何种操作来响应该事件。

（2）一个事件可以有多个订户。一个订户可处理来自多个发行者的多个事件。

（3）没有订户的事件永远也不会引发。

（4）事件通常用于通知用户操作。例如，图形用户界面中的按钮单击或菜单选择操作。

（5）如果一个事件有多个订户，当引发该事件时，会同步调用多个事件处理程序。

（6）在 .NET Framework 类库中，事件是基于 EventHandler 委托和 EventArgs 基类的。

2. 事件的处理过程

（1）应用程序创建一个可以引发事件的对象。例如，假定应用程序是一个即时信息传送（instant messaging）的应用程序，它创建的对象表示一个远程用户的连接。当接收到通过该连接从远程用户传送来的信息时，这个连接对象会引发一个事件，如图 8-1 所示。

（2）应用程序订阅事件。即时信息传送应用程序将定义一个方法，该方法可以与事件指定的委托类型一起使用，把这个方法的一个引用传送给事件，而事件的处理方法可以是另一个对象的方法，假定是表示显示设备的对象，当接收到信息时，该方法将显示即时信息，如图 8-2 所示。

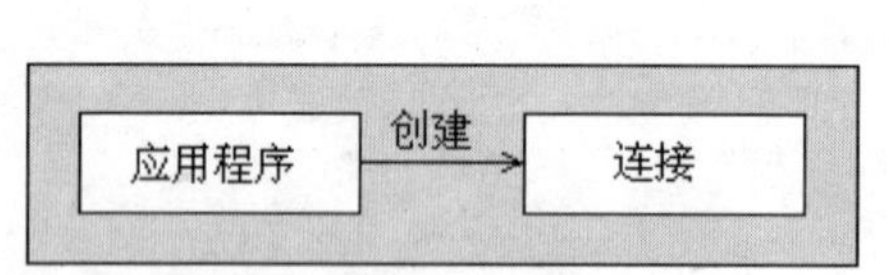

图 8-1 应用程序创建一个可以引发事件的对象

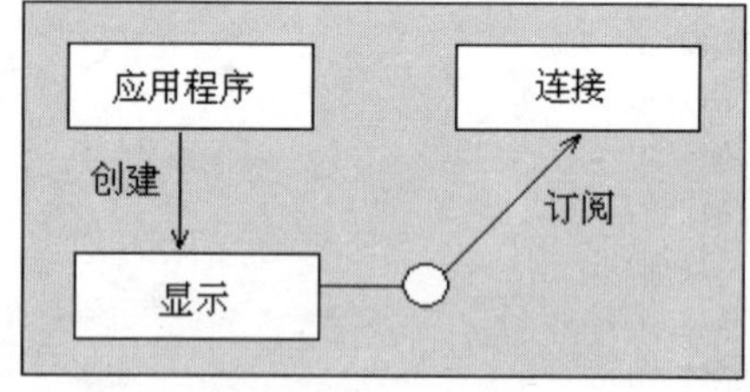

图 8-2 应用程序订阅事件

（3）事件触发后，就通知订阅器。当接收到通过连接对象传送过来的即时信息时，就调用显示设备对象上的事件处理方法。因为是一个标准方法，所以引发事件的对象可以通过参数传送任何相关的信息，这样就大大增加了事件的通用性。在本例中，参数是即时信息的文本，使用显示设备对象的事件处理程序可以显示，如图 8-3 所示。

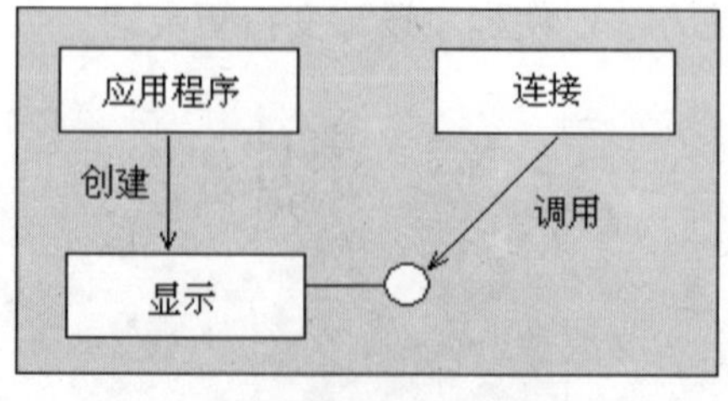

图 8-3 触发事件

8.2.2 事件定义与触发

C#中的事件处理函数是一个具有特定参数形式的委托对象，其定义形式如下：

```
public delegate void MyEventHandler(object sender, MyEventArgs e);
```

其中第一个参数（sender）指明了触发该事件的对象，第二个参数（e）包含在事件处理函数中可以被运用的一些数据。上面的 MyEventArgs 类是从 EventArgs 类继承过来的，后者是一些更广泛运用的类，如 MouseEventArgs 类、ListChangedEventArgs 类等的基类。对于基于 GUI 的事件，可以运用这些更广泛的、已经被定义好的类的对象来完成处理；而对于那些基于非 GUI 的事件，必须从 EventArgs 类派生出自己的类，并将所要包含的数据传递给委托对象。下面是一个事件定义的简单实例。

```
public class MyEventArgs EventArgs{
    public string m_myEventArgumentdata;
}
```

在事件处理方法中，可以通过关键字 event 来引用委托对象，方法如下：

```
public event MyEventHandler MyEvent;
```

程序代码 8-7 中创建两个类：A 类和 B 类，通过这两个类来说明 C#完成事件处理的机制是如何工作的。A 类将提供事件的处理方法，在创建委托对象的同时将事件处理的方法包含在其中，此处要求事件处理方法的参数形式必须和委托对象的参数形式相一致。然后，A 类将委托对象传递给 B 类。当 B 类中的事件被触发后，A 类中的事件处理方法就被调用。

程序代码 8-7　事件的定义和触发

```
using System;
namespace p8_6
{
    //步骤 1：声明委托对象
    public delegate void MyHandler1(object sender, MyEventArgs e);
    public delegate void MyHandler2(object sender, MyEventArgs e);
    //步骤 2：创建事件处理函数的方法
    class A
    {
        public const string m_id = "Class A";
        public void OnHandler1(object sender, MyEventArgs e)
        {
            Console.WriteLine("I am in OnHandler1 and MyEventArgs is {0}", e.m_id);
        }
        public void OnHandler2(object sender, MyEventArgs e)
        {
            Console.WriteLine("I am in OnHandler2 and MyEventArgs is {0}", e.m_id);
        }
        //步骤 3：创建委托对象，并且事件处理函数包含在其中，同时设置好将要触发事件的对象
        public A(B b)
        {
            MyHandler1 d1 = new MyHandler1(OnHandler1);
            MyHandler2 d2 = new MyHandler2(OnHandler2);
            // 步骤 4：用+=操作符将事件添加到队列中，即订阅事件
            b.Event1 += d1;
            b.Event2 += d2;
        }
    }
    //步骤 5：通过委托对象（也就是触发事件）来调用被包含的方法
    class B
```

```
    {
        public event MyHandler1 Event1;
        public event MyHandler2 Event2;
        public void FireEvent1(MyEventArgs e)
        {
            if (Event1 != null)
            {
                Event1(this, e);
            }
        }
        public void FireEvent2(MyEventArgs e)
        {
            if (Event2 != null)
            {
                // 步骤 6：触发事件
                Event2(this, e);
            }
        }
    }
    public class MyEventArgs
    {
        public string m_id;
    }
    class Program
    {
        static void Main(string[] args)
        {
            B b = new B();
            A a = new A(b);
            MyEventArgs e1 = new MyEventArgs();
            MyEventArgs e2 = new MyEventArgs();
            e1.m_id = "Event args for event 1";
            e2.m_id = "Event args for event 2";
            b.FireEvent1(e1);
            b.FireEvent2(e2);
            Console.ReadLine();
        }
    }
}
```

程序的执行结果如下：

```
I am in OnHandler1 and MyEventArgs is Event args for event 1
I am in OnHandler2 and MyEventArgs is Event args for event 2
```

通过程序代码 8-7，可以把自定义事件的实现归结为以下几步：

（1）定义 delegate 对象类型，它有两个参数：第一个参数是事件发送者对象，第二个参数是事件参数类对象。

（2）定义事件参数类，此类应当从 System.EventArgs 类派生。如果事件不带参数，这一步可以省略。

（3）定义事件处理方法，应当与 delegate 对象具有相同的参数和返回值类型。

（4）用 event 关键字定义事件对象，它同时也是一个 delegate 对象。

（5）用+=操作符添加事件到事件队列中（-=操作符能够将事件从队列中删除）。

（6）在需要触发事件的地方用调用 delegate 的方式写事件触发方法。一般来说，此方法应为 protected 访问限制，不能以 public 方式限制，但可以被子类继承。名字可以是 OnEventName。

（7）在适当的地方调用事件来触发方法。

由于委托事件是很灵活的，为了便于程序的理解，委托类型中声明习惯上用类型名加 Handler，事件名的开头用 On，方法的参数习惯用 object 类型，形参名为 sender。程序代码 8-8 按照上面所总结的步骤对事件进行实现，请读者仔细体会事件的实现方法。

程序代码 8-8　事件实现的步骤

```
using System;
namespace P8_7
{
    class EventTest
    {
        // 步骤 1：定义 delegate 对象
        public delegate void MyEventHandler(object sender, System.EventArgs e);
        // 步骤 2 省略
        public class MyEventCls
        {
            // 步骤 3：定义事件处理方法，它与 delegate 对象具有相同的参数和返回值类型
            public void MyEventFunc(object sender, System.EventArgs e)
            {
                Console.WriteLine("My event is ok!");
            }
        }
        // 步骤 4：用 event 关键字定义事件对象
        private event MyEventHandler myevent;
        private MyEventCls myecls;
        public  EventTest()
        {
            myecls = new MyEventCls();
            // 步骤 5：用+=操作符将事件添加到队列中
            this.myevent += new MyEventHandler(myecls.MyEventFunc);
        }
        // 步骤 6：以调用 delegate 的方式写事件触发函数
        protected void OnMyEvent(System.EventArgs e)
        {
            if(myevent != null)
            myevent(this, e);
        }
        public void RaiseEvent()
        {
            EventArgs e = new EventArgs();
            // 步骤 7：触发事件
            OnMyEvent(e);
        }
```

```
        static void Main(string[] args)
        {
            EventTest et = new EventTest();
            Console.Write("Please input 'a':");
            string s = Console.ReadLine();
            if(s == "a")
            {
                et.RaiseEvent();
            }
            else
            {
                Console.WriteLine("Error");
            }
            Console.ReadLine();
        }
    }
}
```

程序的执行结果如下所示：

```
Please input 'a': a
My event is ok!
```

本章主要介绍了委托和事件的基本知识，解释了如何声明委托，如何给委托列表添加方法，并讨论了声明事件处理程序来响应事件的过程，以及如何创建定制事件，使用引发事件的模式。

委托是数据类型，是一种特殊的引用类型。委托这种引用类型对象保存的是方法的引用，即方法在内容中的起始地址。由于委托保存的是方法的引用，C#给委托以特权，可以用保存了方法引用的委托，直接代替方法执行。

C#语言中引入了事件（Event）这一概念，它是封装了委托类型的变量，这样，在类的内部，可以把事件声明为 public，而不是直接对外公开委托变量。同时在类的外部，绑定“+=”和取消绑定“-=”的访问限定符与在声明事件时使用的访问符相同。

一、选择题

1．下列语句声明了一个委托“public delegate int myCallBack(int x);”，则用该委托产生的回调方法的原型应该是（　　）。

A．void receive (int x)　　B．int receive(int num)

C．int receive( )　　D．不确定的

2．关于委托的说法，不正确的描述是（　　）。

A．委托属于引用类型　　B．委托用于封装方法的引用

C．委托可以封装多个方法　　D．委托不必实例化即可被调用

3．C#的引用类型包括类类型、接口类型、数组类型和（　　）。

A．委托类型　　B．简单类型
C．结构类型　　D．枚举类型

4．（　　）类封装了对方法的引用。

A．委托　　B．枚举　　C．集合　　D．构造

5．委托是一种（　　）。

A．方法　　B．值类型　　C．引用类型　　D．属性

6．定义事件的关键字是（　　）。

A．class　　B．static　　C．event　　D．delegate

7．已知类 MyClass 中事件 MouseClicked 的定义如下：

```
public static event MouseClickedListener MouseClicked;
```

执行下列语句：

```
MouseClicked += new MouseClickedListener(obj.DoSomething);
MouseClicked += new MouseClickedListener(obj.DoSomething);
```

然后引发该 MouseClicked 事件，其结果为（　　）。

A．obj.DoSomething 方法被调用 4 次　　B．obj.DoSomething 方法被调用 2 次
C．obj.DoSomething 方法被调用 1 次　　D．obj.DoSomething 方法不会被调用

8．声明事件时要先声明（　　）。

A．字段　　B．属性　　C．方法　　D．委托

二、阅读程序，分析结果

1．写出下面程序的运行结果。

```
sing System;
using System.Collections.Generic;
namespace A8_1
{
    //定义委托，它定义了可以代表的方法的类型
    public delegate void GreetingDelegate(string name);
    class Program
    {
        private static void EnglishGreeting(string name)
        {
            Console.WriteLine("Morning, " + name);
        }
        private static void ChineseGreeting(string name)
        {
            Console.WriteLine("早上好, " + name);
        }
        //注意此方法，它接受一个 GreetingDelegate 类型的方法作为参数
        private static void GreetPeople(string name, GreetingDelegate MakeGreeting)
        {
            MakeGreeting(name);
        }
        static void Main(string[] args)
        {
            GreetPeople("YiDan Liu", EnglishGreeting);
            GreetPeople("刘艺丹", ChineseGreeting);
```

```
                Console.ReadKey();
            }
        }
}
```

2．写出下面程序的运行结果。

```
using System;
using System.Collections.Generic;
using System.Text;
namespace A8_2{
    // 定义热水器
    public class Heater {
        private int temperature;
        public delegate void BoilHandler(int param);
        //声明委托
        public event BoilHandler BoilEvent;
        //声明事件
        // 烧水
        public void BoilWater() {
            for (int i = 0; i <= 100; i++) {
                temperature = i;
                if (temperature > 95) {
                    if (BoilEvent != null) {
                    //如果有对象注册
                        BoilEvent(temperature);
                        //调用所有注册对象的方法
                    }
                }
            }
        }
    }
    // 警报器
    public class Alarm {
        public void MakeAlert(int param) {
          Console.WriteLine("Alarm：嘀嘀嘀，水已经 {0} 度了：", param);
        }
    }
    // 显示器
    public class Display {
        public static void ShowMsg(int param) {
            //静态方法
            Console.WriteLine("Display：水快烧开了，当前温度：{0}度。", param);
        }
    }
    class Program {
        static void Main() {
            Heater heater = new Heater();
            Alarm alarm = new Alarm();
            heater.BoilEvent += alarm.MakeAlert;
            //注册方法
            heater.BoilEvent += (new Alarm()).MakeAlert;
            //给匿名对象注册方法
```

```
                heater.BoilEvent += Display.ShowMsg;
                //注册静态方法
                heater.BoilWater();
                //烧水，会自动调用注册过对象的方法
            }
        }
    }
```

3．写出下面程序的运行结果。

```
using System;
using System.Collections.Generic;
using System.Linq;
using System.Text;
namespace A8_3
{
    delegate void EatDelegate (string food);
    class Program
    {
        static void lsEat(string food)
        {
            Console.WriteLine("李四吃{0}",food);
        }
        static void wwEat(string food)
        {
            Console.WriteLine("王五吃{0}",food);
        }
        static void zsEat(string food)
        {
            Console.WriteLine("张三吃{0}",food);
        }
        static void Main(string[] args)
        {
            EatDelegate ls = new EatDelegate(lsEat);
            EatDelegate ww = new EatDelegate(wwEat);
            EatDelegate zs = new EatDelegate(zsEat);
            Console.WriteLine("food=西瓜，并建立委托\n");
            string food = "西瓜";
            ls(food);
            ww(food);
            zs(food);
            Console.WriteLine();
            food = "香蕉";
            Console.WriteLine("\n 变更 food=香蕉建立委托链的结果\n");
            EatDelegate eatChain;
            eatChain = ls + ww + zs;
            eatChain(food);
            Console.WriteLine("\n 变更 food=荔枝，并从委托链中去除李四\n");
            food = "荔枝";
            eatChain -= ls;
            eatChain(food);
            Console.WriteLine("\n 变更 food=哈密瓜，并把李四加入到委托链中\n");
```

```
                eatChain += ls;
                eatChain(food);
                Console.ReadKey();
            }
        }
}
```

三、填写下列程序，要求输出结果如图 8-4 所示

```
using System;
using System.Collections;
public struct book
{
    public string name;
    public string title;
    public book(string name1,string title1)
    {
        name=name1;
        title=title1;
    }
}
//定义一个委托：
public delegate void RunProc(book Book);
//定义一个类：
public class Bookdb
{
    ArrayList T_book=new ArrayList();
    //数据加入
    private void addbook(string name1,string title1)
    {
        T_book.Add(new book(name1,title1));
    }
    //调用委托
    public void rundeletgate(RunProc Probook)
    {
        /****************************************
                在此填写代码
        ****************************************/
    }

    //定义输出
    static void Proc(book b)
    {
        Console.WriteLine(b.name.ToString());
    }
    //定义数据内容
    private void addboxs()
    {
        addbook("test1","test2");
        addbook("test3","test4");
        addbook("test5","test6");
    }
```

```
    //主输出：
    static void Main()
    {
    /****************************************
            在此填写代码
    ****************************************/
    }
}
```

图 8-4　程序的输出结果

第 9 章　接口

在 C#语言中，接口是强制类或结构实现特定的成员集，也指示类或结构的用户哪些成员是受支持的，这是用户与实现者之间的某种协定，并且 C#的类和结构支持多个接口继承。通过对本章的学习，读者应该掌握以下主要内容:

- 接口的定义
- 接口的成员
- 接口的实现

9.1　接口的基本概念

9.1.1　定义接口

接口（interface）是定义类必须实现的行为类型的特性。接口就是一个类，可以认为是用 interface 代替 class 的一个类，所以声明语法和类是一样的。接口是一个特殊的类，特殊之处就在于只声明成员，而不具体实现。所以不能创建这个类（接口）的对象，要继承自接口的类必须实现接口的所有方法。

接口是规定实现接口的类或结构应具有的操作（方法）的协定（或称说明）。类或结构的接口实现要与接口的定义严格一致。有了接口就可以设计出较高质量的程序代码，甚至突破编程语言上的限制。

接口为类定义了一种行为，即类“能做什么”，内置的.NET ICloneable 接口就是这样一个例子。尽管 C#语言只允许类的单继承，但类的设计随着问题的规模变大，而变得趋于复杂。通过类实现的各种方法（包含一般方法、属性、索引器和事件）的设计有着不同的目的，通过类的对象可“点”出所有可访问的方法，但使用时需要理解类的各成员，使得方法的使用不方便，类的使用比较复杂。

根据不同的目的可定义不同的接口，在类中继承接口并实现。通过接口会使一个复杂的类的使用变得简单，而不需要了解复杂的类是如何实现的。所以，面向接口的编程是程序设计发展的必然趋势，面向接口的程序设计会使得程序设计变得更加轻松自如。

一个接口可以从多个基本接口继承，而一个类或结构也可以实现多个接口。接口可以包含方法、属性、事件和索引。接口不定义成员的程序实现，只是指定必须实现这个接口的类或接口提供的成员。

1. 接口与抽象类的区别

接口是定义类必须实现的行为，是一个类用来允许其他类以明确定义的和预期的方式与其进行交互的协定，接口确定了类之间应该怎样交互显式地定义。抽象类是抽象的单元，而接口定义了更深的特性。抽象类成员中可以包括实现，当抽象类成员有一个修饰符 abstract 时例外。派生类必须用抽象类修饰符 abstract 才能实现抽象类成员声明，但是不必实现声明为 virtual 的其他方法。接口只包含成员定义，不包含成员的实现，成员的实现需要在继承的类或者结构中实现。

接口和抽象类有一些共同之处：可以定义对象，但不能实例化；可利用多态性，实现接口类或派生类对象的方法操作。

接口的特点：

- 接口用 interface 关键字定义；
- 接口中只有方法；
- 接口中的方法有方法说明，而无方法实现；
- 接口可定义对象，但对象不能实例化；
- 接口利用多态性对实现接口的类的对象方法进行操作；
- 类继承了接口就必须实现接口方法；
- 接口支持多继承；
- 类可继承多个接口；
- 通过显式接口成员实现，继承了接口的类可以设计成只能通过接口访问对象。

抽象类的特点：

- 如果一个类用 abstract 修饰，该类就为抽象类；
- 抽象类中，如果方法用 abstract 修饰，则该方法为抽象方法；
- 抽象类中可以有其他类一样的数据成员和方法成员；
- 抽象类中可以没有抽象方法，但抽象方法只能出现在抽象类中；
- 抽象类只用于继承，定义的对象不能实例化；
- 抽象类中的抽象方法利用多态性对派生类的对象方法进行操作；

抽象类是一个类，因为类只支持单继承，所以，派生类不能再继承其他类。

2. 接口定义

当类或结构实现一个接口时，类或结构要为所有接口所定义的成员都提供实现。接口本身不提供类或结构能够以继承基类功能的方式继承的任何功能。但是，如果基类实现接口，派生类将继承该实现。派生的类称为隐式实现接口。类和结构实现接口，其方法类似于类继承基类或结构，但有两个例外：

（1）类或结构可以实现多个接口。

（2）当类或结构实现一个接口时，仅继承成员方法说明，因为接口本身没有实现。

一个接口声明属于一个类型声明，声明了新的接口类型，其定义格式如下：

```
[接口修饰符] interface 接口名[:继承的接口列表]
{
    //接口的成员;
};
```

其中接口的修饰符可以是 new、public、protected、internal 和 private。new 修饰符是在嵌套接口中唯一被允许存在的修饰符，说明用相同的名称隐藏一个继承的成员。public、 protected、internal 和 private 修饰符控制接口的访问能力。

接口具有不变性，但这并不意味着接口不再发展。类似于类的继承性，接口也可以继承和发展。一个接口可以从零个或多个接口继承，这些接口被称为这个接口的显式基本接口。从多个接口中继承时，用“:”后跟被继承的接口名字。多个接口名之间用“,”分隔。被继承的接口应该是可以通过访问得到的，从 private 类型或 internal 类型的接口继承是不允许的。接口不允许直接或间接地从自身继承。值得注意的是，接口继承和类继承不同：首先，类继承不仅要说明继承，而且要实现继承，而接口继承只是说明继承，也就是说派生的接口只继承了父接口的成员方法说明，而没有继承父接口的实现；其次，C#中类继承只允许单继承，但是接口继承允许多继承，一个子接口可以有多个父接口。

3. 接口的实现

接口是一种协议，接口中只有对方法的声明，没有方法体，即无方法的实现。具体实现接口规定的功能，是某个类或结构要完成的事。类或结构继承了接口，并实现了方法，就称为接口实现。

类实现接口的格式：

```
[修饰符] Class <类名>:[基类名],[接口 1],[接口 2],[接口 3],…
{
    //类体
}
```

需要说明的是如果在类实现中有基类，基类名应写在继承成员的最前面；基类只允许有一个，类继承接口的个数是没有限制的，可以有多个；类继承了接口，就必须为接口成员实现方法，格式要求相同；接口中的方法隐含的访问修饰符为 public，所以，类在实现方法时一般必须用 public 修饰符。

程序代码 9-1 就是定义一个接口，并在类中对接口的定义进行实现。

程序代码 9-1　定义接口和接口使用

```
//定义一个接口
interface ISampleInterface
{
    void SampleMethod();
}
//定义了一个继承接口 IsampleInterface 的类
class ImplementationClass : ISampleInterface
{
    void ISampleInterface.SampleMethod()
    {
        // 方法的具体实现
    }
    static void Main()
    {
        //接口对象保存实现接口的类的对象引用
        ISampleInterface obj = new ImplementationClass();
        // 调用成员
        obj.SampleMethod();
    }
}
```

9.1.2 定义接口成员

接口可以包含零个、一个或多个成员，这些成员可以是方法、属性、索引器和事件，不能是常量、字段、构造函数等，且不能包含任何静态成员（不能用 static 修饰接口成员）。

1. 定义接口的属性成员

接口属性成员的定义格式：

```
[new] <返回类型> <属性名>{ get; set; }
```

接口属性的定义与类属性的定义格式基本相同，需要注意以下两点：

（1）可以有 new 修饰符，表示在继承的基接口中有同名属性。

（2）定义接口属性与定义类的属性一样，可以有 get 项或 set 项，至少有其中一项或两项都有。get、set 项用于设置属性是否可读可写。同时，作为接口成员，get 和 set 项也只能有定义不能有实现。

程序代码 9-2 中定义一个接口的属性成员 x 和 y，在继承接口的类中进行具体实现。

程序代码 9-2　定义接口的属性

```
using System;
namespace P9_2
{
    interface IPoint                    //定义一个接口
    {
        int x                           // 定义属性
        {
            get;
            set;
        }
        int y
        {
            get;
            set;
        }
    }
    //定义一个类
    class Point : IPoint
    {
        // 定义私有成员
        private int _x;
        private int _y;
        // 定义类的构造函数
        public Point(int x, int y)
        {
            _x = x;
            _y = y;
        }
        // 属性的具体实现
        public int x
        {
            get
```

```
                {
                    return _x;
                }
                set
                {
                    _x = value;
                }
            }
            public int y
            {
                get
                {
                    return _y;
                }
                set
                {
                    _y = value;
                }
            }
        }
        class Program
        {
            static void PrintPoint(IPoint p)
            {
                Console.WriteLine("x={0}, y={1}", p.x, p.y);
            }
            static void Main(string[] args)
            {
                Point p = new Point(2, 3);
                Console.Write("My Point: ");
                PrintPoint(p);
                Console.ReadLine();
            }
        }
}
```

程序代码 9-2 的执行结果如下：

```
My Point: x=2, y=3
```

2. 定义接口的方法成员

接口方法的定义格式如下：

```
[new] <返回类型> <方法名>([参数列表]);
```

接口方法的定义与类方法的定义格式基本相同，需要说明的是：

（1）如果有修饰符则只能是 new，表示在继承的基接口中也有同名方法。

（2）定义接口方法与定义抽象类的抽象方法一样，只有方法的声明格式，没有方法的实现，所以在方法的声明后面也有一个“;”符号。

例如，定义一个接口的方法成员。

```
public interface IPoint
{
    void Show();
}
```

3. 定义接口的索引器成员

接口索引器的定义格式如下：

```
[new] <返回类型> this[int <索引参数名>]{ get; set; }
```

接口索引器的访问器与类索引器的访问器具有以下不同：

（1）接口索引器不使用修饰符。

（2）接口索引器与定义类的索引器一样，可以有 get 项或 set 项用于指示索引器是读写、只读还是只写，作为接口成员，get 项和 set 项也只能有定义不能有实现。

以下是接口索引器访问器的实例：

```
public interface ISomeInterface
{
    // 声明一个索引器
    string this[int index]
    {
        get;
        set;
    }
}
```

一个索引器的标识名必须区别于在同一接口中声明的其他所有索引器的标识名。程序代码 9-3 显示如何实现接口索引器，程序的运行结果如图 9-1 所示。

程序代码 9-3　实现接口索引器

```
using System;
namespace P9_3
{
    // 定义一个带有索引器的接口
    public interface ISomeInterface
    {
        // 声明索引器 I
        int this[int index]
        {
            get;
            set;
        }
    }
    //定义接口具体实现的类
    class IndexerClass : ISomeInterface
    {
        private int[] arr = new int[100];
        public int this[int index]      // 索引器的实现
        {
            get
            {
                return arr[index];
            }
            set
            {
                arr[index] = value;
```

```
                }
            }
        }
        class Program
        {
            static void Main(string[] args)
            {
                IndexerClass test = new IndexerClass();
                System.Random rand = new System.Random();
                for (int i = 0; i < 10; i++)                    //调用索引器初始化其元素
                {
                    test[i] = rand.Next();
                }
                for (int i = 0; i < 10; i++)                    //显示索引器中的元素值
                {
                    System.Console.WriteLine("Element #{0} = {1}", i, test[i]);
                }
                Console.ReadLine();
            }
        }
    }
```

```
file:///D:/My Documents/V...
Element #0 = 271174251
Element #1 = 635240854
Element #2 = 1764535382
Element #3 = 284373635
Element #4 = 1910980838
Element #5 = 1484527323
Element #6 = 33421776
Element #7 = 1130716692
Element #8 = 1966176990
Element #9 = 1772463050
```

图 9-1　程序代码 9-3 的运行结果

4. 定义事件成员

前面提到类或对象可以通过事件向其他类或对象通知发生的相关事情。发送（或引发）事件的类称为“发行者”，接收（或处理）事件的类称为“订户”。接口事件的定义与类的事件的定义格式相同，其定义格式如下：

```
[new] event <委托名> <事件名>
```

例如，定义一个接口的事件成员，并在类中实现。

```
//定义一个接口，其中有事件定义
public interface IDrawingObject
    {
        event EventHandler ShapeChanged;                //定义事件成员
    }

    public class MyEventArgs : EventArgs
    {
        // 类成员
    }
    public class Shape : IDrawingObject
```

```
    {
        public event EventHandler ShapeChanged;      //定义接口的具体实现
        void ChangeShape()
        {
            //此处是事件发生之前执行的一些语句
            OnShapeChanged(new MyEventArgs(/*参数列表*/));
            //此处是事件发生之后执行的一些语句
        }
        protected virtual void OnShapeChanged(MyEventArgs e)
        {
            if(ShapeChanged != null)
            {
                ShapeChanged(this, e);
            }
        }
    }
```

9.1.3 接口成员的访问

对接口的访问实际上是对实现了接口的类的方法的访问，这些类中的方法是接口中声明的方法，可通过接口对象访问。由于接口中的方法只有声明而无实现，与抽象类中的抽象方法一样，所以，访问接口时，接口对象要先指向实现接口的类的实例。接口访问格式如下：

```
<接口名> <接口对象名> = <实例化实现接口的对象>;
<接口对象名>.<接口方法名>([参数列表]);
```

由于接口是支持多重继承的，这样在多重继承中如果两个父接口含有同名的成员就会产生二义性。这时就需要进行显式声明。例如：

```
interface ILbInterface
{
   int Number { get; set; }
}
interface IJlInterface
{
   void Number (int i);
}
interface ILiubingJingli: ILbInterface, IJlInterface {}
class C
{
   void Test(ILiubingJingli    rs)
   {
       //rs. Number (1) ; 错误，Number 有二义性
       //rs. Number = 1; 错误，Number 有二义性
       ((ILbInterface)rs). Number = 1;                  // 正确
       ((IJlInterface)rs). Number (1) ;                 // 正确调用 IJlInterface. Number
   }
}
```

上面的例子中，前两条语句 rs.Count(1)和 rs.Count = 1 会产生二义性，从而导致编译时错误。再看下面一个例子：

```
interface IInteger {
   void Add(int i) ;
```

```
}
interface IDouble {
   void Add(double d) ;
}
interface INumber: IInteger, IDouble {}
   class CMyTest {
   void Test(INumber Num) {
      // Num.Add(1) ; 错误
      Num.Add(1.0) ; // 正确
      ((IInteger)n).Add(1) ; // 正确
      ((IDouble)n).Add(1) ; // 正确
   }
}
```

调用 Num.Add(1) 会导致二义性，因为候选的重载方法的参数类型均适用。但是，调用 Num.Add(1.0) 是允许的，因为 1.0 是浮点数参数类型与方法 IInteger.Add()的参数类型不一致，这时只有 IDouble.Add 才是适用的。不过只要加入了显式的指派，就决不会产生二义性。接口的多重继承性也会带来成员访问上的问题，例如：

```
interface IBase
{
   void F(int i);
}
interface ILeft: IBase
{
   new void F(int i);
}
interface IRight: IBase
{
   void G();
}
interface IDerived: ILeft, IRight {}
class A
{
   void Test(IDerived d)
   {
       d.F(1) ;                    // 调用 ILeft.F
      ((IBase)d).F(1) ;            // 调用 IBase.F
      ((ILeft)d).F(1) ;            // 调用 ILeft.F
      ((IRight)d).F(1) ;           // 调用 IBase.F
   }
}
```

上例中，方法 IBase.F 在派生的接口 ILeft 中被 ILeft 的成员方法 F 覆盖了，所以对 d.F(1) 的调用实际上调用了 ILeft.F 方法，虽然 IDerived 也是从 IRight 派生的，而在 IRight 中 F 方法并没有被覆盖，但事实是一旦成员被覆盖以后，所有派生类对此成员的访问都被覆盖以后的成员拦截了。

9.2 接口的实现

9.2.1 类对接口的实现

前面提到接口定义不包括方法的实现部分，接口可以通过类或结构来实现。用类来实现接口时，接口的名称必须包含在类定义的基类列表中。

下面的例子给出了由类来实现接口的例子。其中 ISequence 为一个队列接口，提供了向队列尾部添加对象的成员方法 Add()，IRing 为一个循环表接口，提供了向环中插入对象的方法 Insert(object obj)，方法返回插入的位置。类 RingSquence 实现了接口 ISequence 和接口 IRing。

```
interface ISequence {
   object Add( ) ;
}
interface ISequence {
   object Add( ) ;
}
interface IRing {
   int Insert(object obj) ;
}
class RingSequence: ISequence, IRing
{
   public object Add( ) {…}
   public int Insert(object obj) {…}
}
```

如果类实现了某个接口，类也隐式地继承了该接口的所有父接口，不管这些父接口有没有在类定义的基类表中列出。例如：

```
interface IControl
{
   void Paint();
}
interface ITextBox: IControl
{
   void SetText(string text);
}
class TextBox: ITextBox
{
   public void Paint() {…}
   public void SetText(string text) {…}
}
```

这里，类 TextBox 不仅要实现接口 ITextBox，还要实现接口 ITextBox 的父接口 IControl。另外，一个类可以继承多个接口，例如：

```
interface IControl
{
   void Paint();
}
```

```
interface IDataBound
{
    void Bind(Binder b);
}
public class Control: IControl
{
    public void Paint() {…}
}
public class EditBox: Control, IControl, IDataBound
{
    public void Paint() {…}
    public void Bind(Binder b) {…}
}
```

上例中，类 EditBox 从 Control 类继承，并同时实现了 IControl 和 IDataBound 接口，EditBox 中的 Paint 方法来自 IControl；接口的 Bind 方法来自 IDataBound 接口；二者在 EditBox 类中都作为公有成员实现。当然也可以选择不作为公有成员实现接口。

如果每个成员都显式地指出了被实现的接口，以这种方式实现的接口称为显式接口成员。用这种方式改写上面的例子后，代码如下：

```
public class EditBox: IControl, IDataBound
{
    void IControl.Paint() {…}
    void IDataBound.Bind(Binder b) {…}
}
```

但是显式接口成员只能通过接口调用：

```
class Test
{
    static void Main()
    {
        EditBox editbox = new EditBox();
        editbox.Paint();                    // 错误
        IControl control = editbox;
        control.Paint();                    // 调用 EditBox 的 Paint 实现
    }
}
```

上述代码中对 editbox.Paint()的调用是错误的，因为 EditBox 本身并没有提供 Paint 方法，control.Paint()才是正确的调用方式。

9.2.2 接口的继承

类继承由其基类提供的所有接口实现。如果不显式地重新实现接口，派生类就无法以任何方式更改从其基类继承的接口映射。例如，在下面的声明中：

```
interface IControl
{
    void Paint();
}
class Control: IControl
{
    public void Paint() {...}
```

```
}
class TextBox: Control
{
    new public void Paint() {...}
}
```

TextBox 中的 Paint 方法隐藏 Control 中的 Paint 方法，但这种隐藏并不更改 Control.Paint 到 IControl.Paint 的映射，所以通过类实例和接口实例对 Paint 进行的调用将具有不同的结果。

```
Control c = new Control();
TextBox t = new TextBox();
IControl ic = c;
IControl it = t;
c.Paint();                  // 调用 Control.Paint();
t.Paint();                  // 调用 TextBox.Paint();
ic.Paint();                 // 调用 Control.Paint();
it.Paint();                 // 调用 Control.Paint();
```

但是当一个接口方法被映射到类中的一个虚方法时，派生类就可以重载这个虚方法并且改变这个接口的实现。

```
interface IControl
{
    void Paint();
}
class Control: IControl
{
    public virtual void Paint() {...}
}
class TextBox: Control
{
    public override void Paint() {...}
}
```

上面代码的实际效果是：

```
Control c = new Control();
TextBox t = new TextBox();
IControl ic = c;
IControl it = t;
c.Paint();                          // 调用 Control.Paint()
t.Paint();                          // 调用 TextBox.Paint()
ic.Paint();                         // 调用 Control.Paint()
it.Paint();                         // 调用 TextBox.Paint()
```

由于显式接口成员实现不能被声明为虚拟的，因此不可能重写显式接口成员实现。然而，显式接口成员实现的内部完全可以调用另一个方法，只要将该方法声明为虚拟方法，派生类就可以重写它了。例如：

```
interface IControl
{
    void Paint();
}
class Control: IControl
{
```

```
    void IControl.Paint() { PaintControl(); }
    protected virtual void PaintControl() {...}
}
class TextBox: Control
{
    protected override void PaintControl() {...}
}
```

这里从 Control 中派生的类可以通过重载 PaintControl 方法来具体实现 IControl.Paint。

本章介绍了接口，接口是一种对外发布的协议，用 interface 关键字声明一个接口。接口可以被定义为抽象成员的集合。因为接口不提供任何实现细节，通常把接口看作某个类型支持的行为。如果两个或更多类实现相同的接口，就可以以相同方式对待两个类型（又叫基于接口的多态），即使类型定义在独立的类继承体系中。接口的方法默认为公有的，不能显式修改接口方法的访问权限，接口对象不能实例化，但接口可以指向实现了接口的类的对象，表现接口的多态性。实现了接口的类必须实现接口的方法，也就是说类如果实现了接口，通过指向类的对象的接口对象就可以表现所有接口的行为。

类可以实现多个接口，接口自身支持多继承，即一个接口可以继承多个接口。

一、选择题

1．接口的定义只包含（　　）。

A．类定义　　B．方法定义　　C．方法实现　　D．类实现

2．程序模块之间可以使用（　　）来定义组件的功能和行为方式。

A．接口　　B．类　　C．方法　　D．事件

3．定义接口使用关键字（　　）。

A．interface　　B．class　　C．delegate　　D．collection

4．接口可以通过（　　）来实现。

A．方法　　B．属性　　C．事件　　D．类或结构

5．类必须为在基类表中列出的所有接口的成员提供具体的实现，在类中定位接口成员的实现称为（　　）。

A．方法　　B．接口映射　　C．函数嵌套　　D．属性定义

6．如果一个类实现了 4 个接口，这些接口又拥有同一个父接口，则这个父接口只允许被实现（　　）次。

A．1　　B．2　　C．3　　D．4

7．所有接口成员默认都是（　　）访问。

A．私有　　B．内部　　C．公有　　D．保护

8．“完全有效名称”是由接口名加（　　）符号，再跟成员名。

A．;　　B．”　　C．’　　D．.

9．显示接口成员执行体只能通过（　　）引用接口的成员名称来访问。

A．对象的实例　　B．接口的实例　　C．类的实例　　D．抽象方法

10．在 C#中，分别使用（　　）和（　　）关键字声明接口和事件。

A．interface,event　　B．delegate,event

C．interface,class　　D．public,object

11．下列关于接口的说法中，（　　）是正确的。

A．一个类可以有多个基类和多个基接口

B．抽象类和接口都不能被实例化

C．抽象类和接口都可以对成员方法进行实现

D．派生类可以不实现抽象基类的抽象方法，但必须实现继承的接口的方法

12．程序模块之间可以使用（　　）来定义组件的功能和行为方式。

A．接口　　B．类　　C．方法　　D．事件

13．接口 Animal 定义如下：

```
public interface Animal
{
    void Move();
}
```

则下列抽象类的定义中（　　）是不合法的。

A.

```
abstract class Cat: Animal
{
    abstract public void Move();
}
```

B.

```
abstract class Cat:Animal{
    virtual public void Move(){
        Console.Write(Console.Write("Move!");
    }
}
```

C.

```
abstract class Cat: Animal {
public void Move()
    {
        Console.Write(Console.Write("Move!");
    }
}
```

D.

```
abstract class Cat: Animal {
    public void Eat(){
        Console.Write(Console.Write("Eat!");
    }
}
```

二、程序分析

已知接口 IHello 和类 Base、MyClass 的定义如下：

```
interface IHello {
    void Hello();
}
class Base : IHello {
    public void Hello()
    {
        System.Console.WriteLine("Hello in Base！");
    }
}
```

```
class Derived : Base {
    public void Hello()
    {
        System.Console.WriteLine("Hello in Derived！ ");
    }
}
```

则下列语句在控制台中的输出结果是什么？

```
IHello x = new Derived();
x.Hello();
```

三、程序设计

1．已知下面接口，试编写一个类实现该接口，并通过该接口进行编程，实现简单功能。

```
interface IShow
{
    int Data
    {
        get;
        set;
    }
    void Show();
}
```

2．已知下面接口，试编写一个实现了该接口的 People 类，使该类只能通过接口编程。

```
interface IPeople
{
    string Name
    {
        get;
        set;
    }
     string age
    {
        get;
        set;
    }
    void Learn();
    void Show();
}
```

第 10 章　异常处理

本章主要讲解使用异常处理程序来进行错误处理和使用异常类型，同时对用户定义的异常和基本异常处理语法进行说明，另外还对正则表达式的使用方法进行了详细介绍。通过对本章的学习，读者应该掌握以下主要内容：

- 解释异常处理
- 使用 throw 关键字
- 使用 try、catch 和 finally 关键字
- 捕获特定的异常类型
- 正则表达式

10.1　错误与异常

10.1.1　程序错误

无论编码技术有多好，程序出现错误是不可避免的。程序中的错误有很多种，最典型的程序错误有以下 3 种：

（1）代码中的语法错误。这样的错误能够被编译器检查到，不改正程序就不能通过编译。例如：

```
Console.WriteLine("Error")
```

该语句的错误是语句结束没有使用“;”，编译时就会报该行出现语法错误。

（2）代码中的逻辑错误。也就是说代码本身没有语法错误，但是程序出现一些不可预知的错误，这种错误既可能在程序运行过程中出现，也可能一直隐藏在程序中，不知道哪一天会突然发生。例如，判断整型变量 i 是偶数，输出“OK！”，但语句写成如下形式：

```
if (i%2==1)
    Console.WriteLine("OK!");
```

上述语句并没有语法错误，而是产生了逻辑错误，即判断的不是偶数，而是奇数时输出“OK！”，改正时应把 if 条件语句中的条件换成“i%2==0”才能改正这个逻辑错误。

（3）运行时错误。这种错误是指编译已经通过，运行时发生的错误。错误的出现不是编写应用程序的错误，有时应用程序会因为终端用户的操作而发生错误，这种错误属于程序设计时考虑欠周全而导致的。

运行时错误是导致异常的根源，即异常是运行时错误引起的。运行时错误不管什么时候发生，如果没有进行适当处理，.NET 运行时环境将启动预设的异常处理机制，抛出异常对

象，在弹出的对话框中显示程序出错位置的异常类型和错误信息，程序的执行会被终止。运行时错误将引发异常，不加以处理会带来数据丢失的危险而造成危害。程序代码 10-1 可以通过编译器的编译，但如果用户不按照程序的要求输入数据时，程序会出现错误。

程序代码 10-1　程序交互出错

```
using System;
namespace P10_1
{
    class Program
    {
        static void Main(string[] args)
        {
            Console.Write("请输入整数：");
            int x = int.Parse(Console.ReadLine());
            int result = 50 /   x;
            Console.WriteLine("result = {0}", result);
            Console.ReadLine();
        }
    }
}
```

程序代码 10-1 运行后，当用户输入数据时会产生两类错误：一类是用户输入的非数字，例如输入“a”，程序会终止运行，弹出如图 10-1 所示的对话框；另一类是用户输入数字 0，此时会产生除数为 0 的错误，弹出如图 10-2 所示的对话框。

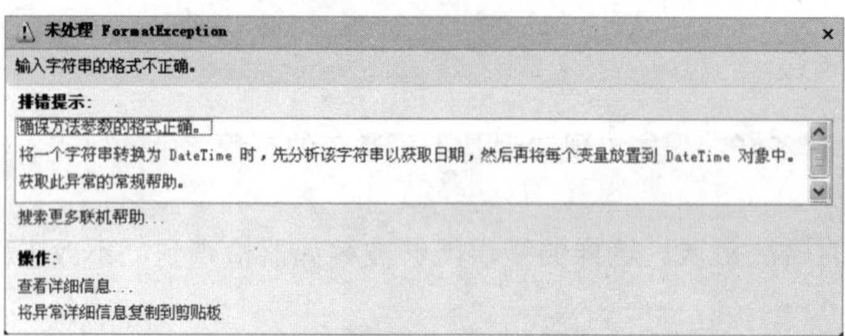

图 10-1　输入类型错误

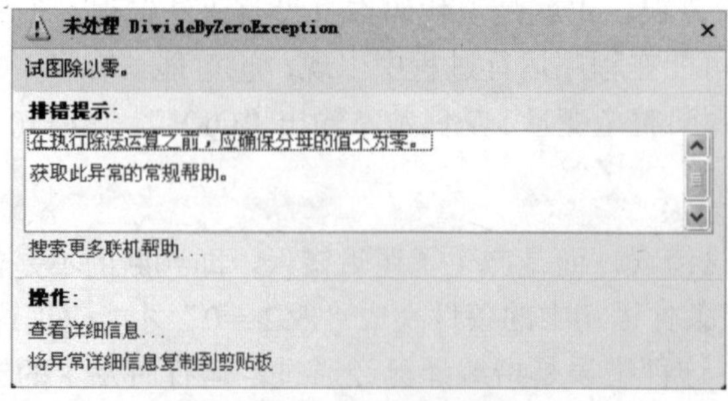

图 10-2　除数为 0 错误

上面所说的两种情况，执行后都出现了异常，并且都被.NET 运行时环境识别并执行了相应的操作，显示了错误的类型，且程序的执行被终止。对这两种情况能否不让程序终止，允许用户重新进行输入，可通过异常处理机制来帮助解决这些问题。

10.1.2 异常

异常是应用程序表现的某种非正常状态。具体地讲，异常是程序通过编译后，运行时由于程序对数据进行非法操作，或者对资源进行非法访问等，引起程序不能正常工作而导致程序中断的一种现象。.NET 设计上让应用程序出现异常时，抛出某些类型的异常对象，其中包含了该异常的各种信息，可以被异常处理机制捕捉到，并有效地加以处理，避免应用程序执行的过程中系统崩溃和用户重要数据丢失。

异常产生的原因主要有用户的误操作、操作系统错误、内存资源不足、硬件故障、无法连接网络或数据库等。在传统的程序设计中，通常依靠程序设计人员来预先估计可能出现的错误情况，并对出现的错误进行处理。这样，程序中就充满了条件判断语句。另外，由于程序员经验不同，对出现错误的估计能力有所差别，这样程序设计的稳定性也有所区别。因此，在传统的程序设计中错误处理一直是影响程序设计质量的一个瓶颈。

在现代的程序设计中，在系统定义异常的基础上，辅之以用户自定义异常，可以使程序中出现的异常问题以统一的方式进行处理，不仅增加了程序的稳定性和可读性，更重要的是规范了程序的设计风格，有利于提高程序质量。

在 C# 中，程序中的运行时错误使用一种称为“异常”的机制在程序中传播。异常由遇到错误的代码引发，由能够更正错误的代码捕捉。异常可由 .NET Framework 公共语言运行库（CLR）或由程序中的代码引发。一旦引发了一个异常，这个异常就会在调用堆栈中往上传播，直到找到相应的 catch 语句。未捕获的异常由系统提供的通用异常处理程序处理，该处理程序会显示一个对话框。

try/catch 块是 C#的异常处理的主要机制，这个机制允许把错误处理与算法的正常信息流分开。下面是 try/catch 块的基本语法。

```
try
{
    //正常情况下，程序代码块
}
catch([异常类型  e])
{
    //异常处理代码块
}
[其他 catch 块]
[finally
{
    //是否发生异常，均要执行的代码块
}]
```

try/catch 块的 try 部分包含着支持这个方法的目标的算法，如果代码中有错误，该错误就可能传播到 try/catch 块的 catch 部分。引起控制跳转到 catch 块的错误叫做异常，catch 块是处理异常的地方。“[其他 catch 块]”表示 catch 子句可以有多个，各 catch 语句块用于捕捉 try 语句块抛出的相应类型异常对象。例如：

```
try
{    //正常情况下，程序代码块}
catch(… … Exception e)
```

```
{    //异常处理代码块 }
//… …  //其他 catch 语句块
catch(…… Exception e)
{    //异常处理代码块 }
catch(Exception e)
{    //异常处理代码块 }
// …
```

各 catch 语句，按异常类型从深层派生异常类型到异常基类型（从特殊到一般）的顺序排列。若颠倒顺序则参数为异常基类类型的 catch 语句将截获所有 try 语句块抛出的异常对象。另外无论是否发生了异常，finally 的代码块都将被执行，finally 为可选项。

程序代码 10-2 是使用 try/catch 块的一个实例。

程序代码 10-2　使用 try/catch 块的实例

```
using System;
namespace P10_2
{
    class Program
    {
        static int Zero = 0;
        static void Main(string[] args)
        {
            // 监视是否有异常
            try
            {
                int j = 22 / Zero;
            }
            // try 块中的异常将发送到 catch 中
            catch (Exception e)
            {
                Console.WriteLine("异常：" + e.Message+"被捕获！");
            }
            Console.WriteLine("捕获之后执行的语句");
            Console.ReadLine();
        }
    }
}
```

程序代码 10-2 在 try 块中包含一个将会发生异常的表达式语句，此时将产生一个名为 DivideByZeroException 的异常。当发生这个异常时，运行将会停止操作，并寻找包含此代码句的 try 块。当找到 try 块时，将寻找与此 try 块相关联的 catch 块。在与此 try 块相关联的 catch 块中（有可能有不止一个 catch 块与指定的 try 块关联）寻找一个最佳的，并执行其中的处理代码。此 catch 块中的代码将处理异常或重新抛出异常。程序代码 10-2 运行结果如下：

```
异常：试图除以零。被捕获！
捕获之后执行的语句
```

异常在以下两种情况下抛出：

（1）使用 throw 语句会直接无条件地抛出一个异常。控制其不会接触到紧跟在 throw 后面的语句。

（2）当运算符不能正常结束时。在某种特殊情况下，在 C#语句和表达式执行的过程中产生某种异常。例如，一个整数除法操作在分母为零时抛出一个 System.DivideByZeroException 异常。

程序代码 10-3 是使用多个 catch 块的一个实例。

程序代码 10-3　使用 try/catch 块的实例

```
using System;
namespace P10_3
{
    class Program
    {
        static void Main(string[] args)
        {
            try
            {
                Console.Write("\n 请输入一个整数：");
                string s = Console.ReadLine();
                int x = int.Parse(s);
                int y = 100 / x;
                Console.WriteLine("y = {0}", y);
                break;
            }
            catch (DivideByZeroException e)
            {
                Console.WriteLine(e.Message);
            }
            catch (FormatException e)
            {
                Console.WriteLine(e.Message);
            }
            catch (Exception e)
            {
                Console.WriteLine(e.Message);
            }
            Console.ReadLine();
        }
    }
}
```

在程序代码 10-3 中，当用户输入零时，由 catch (DivideByZeroException e)块捕获错误并显示如下信息：

```
试图除以零。
```

当用户输入非数字字符时，由 catch (FormatException e)块捕获错误并显示如下信息：

```
输入字符串的格式不正确。
```

当用户输入大于整型数范围时，由 catch (Exception e)块捕获错误并显示如下信息：

```
值对于 Int32 太大或太小。
```

在 try 块的代码中出现异常后，发生的事件依次是：

（1）try 块在发生异常的地方中断程序的执行。

（2）如果有 catch 块，就检查该块是否匹配于已发生的异常类型。如果没有 catch 块，就执行 finally 块。

（3）如果有 catch 块，但它与已发生的异常类型不匹配，就检查是否有其他 catch 块。

（4）如果有 catch 块匹配于已发生的异常类型，就执行包含的代码，再执行 finally 块（如果有）。

（5）如果异常类型找不到匹配的 catch 块时，就执行 finally 块（如果有）。

另外，在程序发生异常时常常会终止，如果这是程序设计的部分，那是正常的。但是有时是由于系统资源需要释放而没有释放才终止程序，要处理这样的情况，就要用到 finally 块。在程序退出之前，执行必要的清除内存的操作，而且在程序退出之前，保证 finally 块执行。程序代码 10-4 是 try 块在发生异常的地方中断，执行 finally 块后再跳转到指定的语句。

程序代码 10-4　finally 块总是被执行

```
using System;
namespace P10_4
{
    class Program
    {
        static void Main(string[] args)
        {
            try
            {
                Console.WriteLine("try");
                goto leave;
            }
            finally
            {
                Console.WriteLine("inally");
            }
        leave:
            Console.WriteLine("leave");
            Console.ReadLine();
        }
    }
}
```

程序代码 10-4 的执行结果如下：

```
try
inally
leave
```

10.1.3　抛出异常

前面讲解了当捕获到异常之后，运行库系统自动抛出异常。另外，也可以使用 throw 语句抛出异常，其一般形式如下所示：

```
throw [表达式];
```

需要说明的是可以将 throw 语句放在方法内的任何位置，而且执行到 throw 语句，将会发生异常。另外表达式是可选项，若无表达式项，表示将 catch 语句块中捕捉到的异常对象再抛出；若表达式有值，应为实例化了的异常类型的对象，则抛出该对象。程序代码 10-5 使用抛出 DivideByZeroException 异常的 throw 语句。

程序代码 10-5　抛出 DivideByZeroException 异常的 throw 语句

```
using System;
namespace P10_5
{
    class Program
    {
        static void Main(string[] args)
        {
            try
            {
                Console.WriteLine("抛出异常之前。");
                throw new DivideByZeroException();
            }
            catch (DivideByZeroException)
            {
                Console.WriteLine("捕获到异常。");
            }
            Console.WriteLine("try/catch 语句之后。");
            Console.ReadLine();
        }
    }
}
```

程序代码 10-5 的输出结果如下所示：

```
抛出异常之前。
捕获到异常。
try/catch 语句之后。
```

需要强调的是 throw 抛出的是一个对象。因此，必须创建要抛出的对象。也就是说，不能仅抛出类型。在本例中，虽然使用默认构造函数来创建 DivideByZeroException 对象，但是也可以将其他构造函数用于异常。抛出异常一般用于创建自定义的异常类，即将代码中的错误处理作为程序的整体异常处理策略的一部分。

10.2 异常类

C#语言定义了很多异常类，每个异常类代表着一种程序运行时错误，类中包含运行时错误的信息和处理错误的方法等内容。C#语言的异常类都是由 System.Exception 类派生的。

10.2.1 Exception 类

Exception 类定义了几个属性，其中最主要的 3 个属性是 Message、StackTrace 和 TargetSite，并且这 3 个属性都是只读的。其中，Message 属性是描述错误的性质的字符串；StackTrace 属性是包含导致异常的调用栈的字符串；TargetSite 属性返回一个对象，指定生成异常的方法。

另外，Exception 还定义了几个方法。最常用的方法是 ToString()，该方法是返回描述异常的字符串。例如，当通过 WriteLine()显示异常时，自动调用 ToString()。

程序代码 10-6 说明了上述的几种属性和方法的使用，其程序的运行结果如图 10-3 所示。

程序代码 10-6　Exception 类的属性和方法

```
using System;
namespace P10_6
{
    class ExcTest
    {
        public static void GenException()
        {
            int[] nums = new int[4];
            Console.WriteLine("异常发生之前。");
            // 产生了一个数组越界异常
            nums[7] = 10;
            Console.WriteLine("这的文本将不会被显示！");
        }
    }
    class Program
    {
        static void Main(string[] args)
        {
            try
            {
                ExcTest.GenException();
            }
            catch (IndexOutOfRangeException exc)
            {
                Console.WriteLine("异常的标准信息是：");
                Console.WriteLine(exc);                          //调用了 ToString()方法
                Console.WriteLine("Stack trace 属性值是：  " + exc.StackTrace);
                Console.WriteLine("Message 属性值是：  " + exc.Message);
                Console.WriteLine("TargetSite 属性值是：" + exc.TargetSite);
            }
            Console.WriteLine("catch 块之后语句");
            Console.ReadLine();
        }
    }
}
```

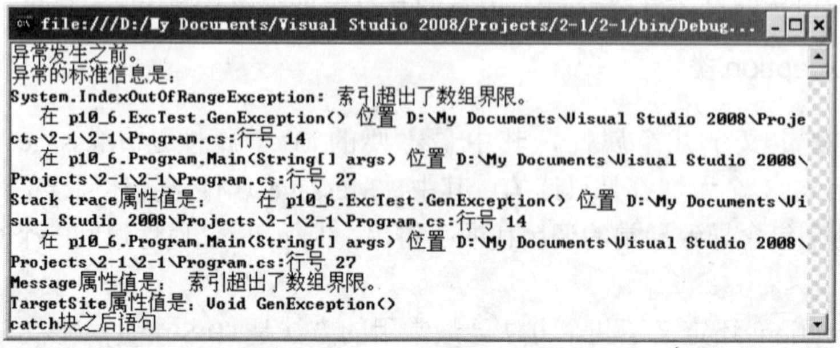

```
file:///D:/My Documents/Visual Studio 2008/Projects/2-1/2-1/bin/Debug...
异常发生之前。
异常的标准信息是：
System.IndexOutOfRangeException: 索引超出了数组界限。
   在 p10_6.ExcTest.GenException() 位置 D:\My Documents\Visual Studio 2008\Proje
cts\2-1\2-1\Program.cs:行号 14
   在 p10_6.Program.Main(String[] args) 位置 D:\My Documents\Visual Studio 2008\
Projects\2-1\2-1\Program.cs:行号 27
Stack trace属性值是：     在 p10_6.ExcTest.GenException() 位置 D:\My Documents\Vi
sual Studio 2008\Projects\2-1\2-1\Program.cs:行号 14
   在 p10_6.Program.Main(String[] args) 位置 D:\My Documents\Visual Studio 2008\
Projects\2-1\2-1\Program.cs:行号 27
Message属性值是： 索引超出了数组界限。
TargetSite属性值是：Void GenException()
catch块之后语句
```

图 10-3　Exception 类的属性和方法

Exception 类中常见的构造函数有以下三种：

```
public Exception( )
public Exception(string str)
public Exception(string str, Exception inner)
```

第一个构造函数是默认构造函数。第二个构造函数指定与 Message 属性（该属性与异常关联）关联的字符串。第三个构造函数指定所谓的内部异常，当一个异常引起另一个异常时使用这个构造函数。在本例中，inner 指定第一个异常，如果不存在内部异常，将是空值（如果存在内部异常，则可以从 Exception 定义的 InnerException 属性中获得该内部异常）。

所有异常都从 SystemException 中派生，因为是发生运行时错误由 CLR 生成的。System 命名空间定义了几个标准的内置异常，如表 10-1 所示。

表 10-1　System 命名空间中定义的常用异常

异常	含义
ArrayTypeMismatchException	存储的值的类型与数组的类型不兼容
DivedeByZeroException	试图除以零
IndexOutOfRangeException	数组索引超出边界
InvalidCastException	运行时类型强制转换无效
OutOfMemoryException	因为空闲内存不够导致对 new 的调用失败
OverflowException	发生了算术溢出
StackOverflowException	栈溢出

10.2.2　自定义异常

虽然 C#的内置异常处理了大部分常见错误，但是 C#的异常处理机制不仅限于处理这些错误。事实上，C#处理异常的能力在某种程度上就是处理程序员创建异常的能力。可以使用自定义异常来处理代码中的错误。创建异常很容易，只要定义一个从 Exception 中派生的类即可。派生类不需要真正实现任何内容——因为它们存在于类型系统中，所以可以使用它们作为异常。

创建自定义异常类会自动使 Exception 类定义的属性和方法可用。当然，在创建的异常类中重写一个或多个这样的成员。

当创建自定义的异常类时，一般希望创建的类支持由 Exception 定义的所有构造函数。对于简单的自定义异常类，很容易做到这一点，因为只要通过 base 简单地将构造函数的实参传递给相应的 Exception 构造函数即可。程序代码 10-7 是一个自定义异常的实例，其程序的运行结果如图 10-4 所示。

程序代码 10-7　自定义异常

```
using System;
namespace P10_7
{
    //创建一个异常
    class LbException : Exception
    {
```

```
        // 定义异常的构造函数
        public LbException() : base() { }
        public LbException(string str) : base(str) { }
        public LbException(string str, Exception inner) :
            base(str, inner) { }
        // 重载 LbException 的 ToString 的方法
        public override string ToString()
        {
            return Message;
        }
    }
    class Program
    {
        static void Main(string[] args)
        {
            // 这里数字中包括一些奇数
            int[] numer = { 4, 8, 15, 32, 64, 127, 256, 512 };
            int[] denom = { 2, 0, 4, 4, 0, 8 };
            for (int i = 0; i < numer.Length; i++)
            {
                try
                {
                    if ((numer[i] % denom[i]) != 0)
                        throw new
                          LbException(numer[i] + " / " + denom[i] + " 不是偶数。");
                          Console.WriteLine(numer[i] + " / " +
                                          denom[i] + "是 " +
                                          numer[i] / denom[i]);
                }
                catch (DivideByZeroException)
                {
                    Console.WriteLine("不能被 0 整除！");
                }
                catch (IndexOutOfRangeException)
                {
                    Console.WriteLine("没有匹配的元素被发现。");
                }
                catch (LbException exc)
                {
                    Console.WriteLine(exc);
                }
            }
        Console.ReadLine();
        }
    }
}
```

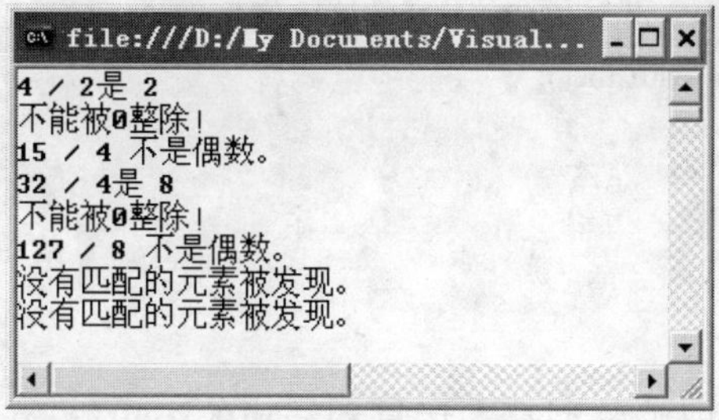

图 10-4　自定义异常

10.2.3　Checked 和 unchecked 语句

1. Checked 语句

Checked 关键字用于对整型算术运算和转换的溢出检查，检查表达式是否产生溢出，在发生溢出时，系统会抛出一个异常。

默认情况下，如果表达式产生的值超出了目标类型的范围，则常数表达式将引起编译时错误。不过，如果通过编译器选项或环境配置在全局范围内取消了溢出检查，则可以使用 Checked 关键字来启用此项功能。

程序代码 10-8 是 Checked 语句引起 OverflowException 生成的实例。

程序代码 10-8　Checked 语句的使用

```
using System;
namespace P10_8
{
    class OverFlowTest
    {
        static short x = 32767;     // 最大数
        static short y = 32767;
        // 用于检测表达式
        static int CheckedMethod()
        {
            int z = 0;
            try
            {
                z = checked((short)(x + y));
            }
            catch (System.OverflowException e)
            {
                Console.WriteLine(e.ToString());
            }
            return z;
        }
    class Program
    {
            static void Main(string[] args)
            {
```

```
                Console.WriteLine("Checked 的输出值是：{0}",CheckedMethod());
                Console.ReadLine();
            }
        }
    }
}
```

2. unchecked

unchecked 关键字用于取消整型算术运算和转换的溢出检查。在未检查的上下文中，如果表达式产生目标类型范围之外的值，则结果被截断。例如：

```
unchecked
{
    int val = 2147483647 * 2;
}
```

因为上面的计算在 unchecked 块中执行，所以会忽略结果太大。默认情况下，启用溢出检测，这与使用 checked 具有相同的效果。

在上面的示例中，如果省略 unchecked，将产生编译错误，因为表达式使用常数，结果在编译时是已知的。unchecked 关键字还取消对不是常数表达式的溢出检测，这是为了避免在运行时导致 OverflowException。异常 unchecked 关键字还可以用作运算符，例如：

```
public int UncheckedAdd(int a, int b)
{
    return unchecked(a + b);
}
```

程序代码 10-9 通过在常数表达式中使用 unchecked，说明如何使用 unchecked 语句。

程序代码 10-9 unchecked 语句的使用

```
using System;
namespace P10_9
{
    class Program
    {
        const int x = 2147483647;    // 最大的整数
        const int y = 2;
        static void Main(string[] args)
        {
            int z;
            unchecked
            {
                z = x * y;
            }
            Console.WriteLine("unchecked 输出值是：{0}", z);
            Console.ReadLine();
        }
    }
}
```

程序代码 10-9 的输出结果如下：

```
unchecked 输出值是：-2
```

10.3 正则表达式

10.3.1 正则表达式的基本概念

正则表达式是指一个用来描述或者匹配一系列符合某个句法规则的字符串的单个字符串。正则表达式由一些普通字符和一些元字符（metacharacters）组成，其中普通字符包括大小写的字母和数字，而元字符则是一些具有特殊含义的字符。通过使用正则表达式，可以解决如下问题：

（1）测试字符串内的模式。例如，测试输入字符串，以检测字符串内是否出现电话号码模式或信用卡号码模式，这种方式称为数据验证。

（2）替换文本。使用正则表达式来识别文档中的特定文本，完全删除该文本或者用其他文本替换它。

（3）基于模式匹配从字符串中提取子字符串。

（4）可以查找文档内或输入域内特定的文本。

最简单的情况下，一个正则表达式看上去就是一个普通的查找串。例如，正则表达式“testing”中没有包含任何元字符，可以匹配“testing”和“123testing”等字符串，但是不能匹配“Testing”。要想正确使用正则表达式，就要对元字符有比较深的认识。表 10-2 中列出了所有的元字符以及对这些元字符的一个简短的描述。

表 10-2 正则表达式中的元字符

字符	说明
\	将下一字符标记为特殊字符、文本、反向引用或八进制转义符。例如，“n”匹配字符“n”。“\n”匹配换行符
^	匹配输入字符串开始的位置。如果设置了 RegExp 对象的 Multiline 属性，^ 还会与“\n”或“\r”之后的位置匹配
$	匹配输入字符串结尾的位置。如果设置了 RegExp 对象的 Multiline 属性，$ 还会与“\n”或“\r”之前的位置匹配
*	零次或多次匹配前面的字符或子表达式。例如，zo* 匹配“z”和“zoo”。* 等效于 {0,}
+	一次或多次匹配前面的字符或子表达式。例如，“zo+”与“zo”和“zoo”匹配，但与“z”不匹配。+ 等效于 {1,}
?	零次或一次匹配前面的字符或子表达式。例如，“do(es)?”匹配“do”或“does”中的“do”。? 等效于 {0,1}
{*n*}	*n* 是非负整数。正好匹配 *n* 次。例如，“o{2}”与“Bob”中的“o”不匹配，但与“food”中的两个“o”匹配
{*n*,}	*n* 是非负整数。至少匹配 *n* 次。例如，“o{2,}”不匹配“Bob”中的“o”，而匹配“foooood”中的所有 o。“o{1,}”等效于“o+”。“o{0,}”等效于“o*”
{*n*,*m*}	*M* 和 *n* 是非负整数，其中 *n*≤*m*。匹配至少 *n* 次，至多 *m* 次。例如，“o{1,3}”匹配“fooooood”中的头三个 o。'o{0,1}' 等效于 'o?'。注意：不能将空格插入逗号和数字之间

续表

字符	说明
(*pattern*)	匹配 *pattern* 并捕获该匹配的子表达式。可以使用 $0…$9 属性从结果“匹配”集合中检索捕获的匹配。若要匹配括号字符 ( )，请使用“\(”或者“\)”
(?:*pattern*)	匹配 *pattern* 但不捕获该匹配的子表达式，即它是一个非捕获匹配，不存储供以后使用的匹配。这对于用“or”字符 (|) 组合模式部件的情况很有用。例如，'industr(?:y|ies) 是比 'industry|industries' 更实用的表达式
(?=*pattern*)	执行正向预测先行搜索的子表达式，该表达式匹配处于匹配 *pattern* 的字符串的起始点的字符串。它是一个非捕获匹配，即不能捕获供以后使用的匹配。例如，'Windows (?=95|98|NT|2000)' 匹配“Windows 2000”中的“Windows”，但不匹配“Windows 3.1”中的“Windows”。预测先行不占用字符，即发生匹配后，下一匹配的搜索紧随上一匹配之后，而不是在组成预测先行的字符后
(?!*pattern*)	执行反向预测先行搜索的子表达式，该表达式匹配不处于匹配 *pattern* 的字符串的起始点的搜索字符串。它是一个非捕获匹配，即不能捕获供以后使用的匹配。例如，'Windows (?!95|98|NT|2000)' 匹配“Windows 3.1”中的 “Windows”，但不匹配“Windows 2000”中的“Windows”。预测先行不占用字符，即发生匹配后，下一匹配的搜索紧随上一匹配之后，而不是在组成预测先行的字符后
x|*y*	匹配 *x* 或 *y*。例如，'z|food' 匹配“z”或“food”。'(z|f)ood' 匹配“zood”或“food”
[*xyz*]	字符集。匹配包含的任一字符。例如，“[abc]”匹配“plain”中的“a”
[^*xyz*]	反向字符集。匹配未包含的任何字符。例如，“[^abc]”匹配“plain”中的“p”
[a-z]	字符范围。匹配指定范围内的任何字符。例如，“[a-z]”匹配“a”到“z”范围内的任何小写字母
[^a-z]	反向范围字符。匹配不在指定的范围内的任何字符。例如，“[^a-z]”匹配任何不在“a”到“z”范围内的任何字符
\b	匹配一个字边界，即字与空格间的位置。例如，“er\b”匹配“never”中的“er”，但不匹配“verb”中的“er”
\B	非字边界匹配。“er\B”匹配“verb”中的“er”，但不匹配“never”中的“er”
\c*x*	匹配 *x* 指示的控制字符。例如，\cM 匹配 Control-M 或回车符。*x* 的值必须在 A-Z 或 a-z 之间。如果不是这样，则假定 c 就是“c”字符本身
\d	数字字符匹配。等效于 [0-9]
\D	非数字字符匹配。等效于 [^0-9]
\f	换页符匹配。等效于 \x0c 和 \cL
\n	换行符匹配。等效于 \x0a 和 \cJ
\r	匹配一个回车符。等效于 \x0d 和 \cM
\s	匹配任何空白字符，包括空格、制表符、换页符等。与 [\f\n\r\t\v] 等效
\S	匹配任何非空白字符。与 [^ \f\n\r\t\v] 等效
\t	制表符匹配。与 \x09 和 \cI 等效
\v	垂直制表符匹配。与 \x0b 和 \cK 等效
\w	匹配任何字类字符，包括下划线。与“[A-Za-z0-9_]”等效
\W	与任何非单词字符匹配。与“[^A-Za-z0-9_]”等效

续表

字符	说明
\x*n*	匹配 *n*，此处的 *n* 是一个十六进制转义码。十六进制转义码必须正好是两位数长。例如，"\x41"匹配"A"。"\x041"与"\x04"&"1"等效。允许在正则表达式中使用 ASCII 代码
num	匹配 *num*，此处的 *num* 是一个正整数。到捕获匹配的反向引用。例如，"(.)\1"匹配两个连续的相同字符
n	标识一个八进制转义码或反向引用。如果 *n* 前面至少有 *n* 个捕获子表达式，那么 *n* 是反向引用。否则，如果 *n* 是八进制数 (0-7)，那么 *n* 是八进制转义码
nm	标识一个八进制转义码或反向引用。如果 *nm* 前面至少有 *nm* 个捕获子表达式，那么 *nm* 是反向引用。如果 *nm* 前面至少有 *n* 个捕获，则 *n* 是反向引用，后面跟有字符 *m*。如果前面的两种情况都不存在，则 *nm* 匹配八进制值 *nm*，其中 *n* 和 *m* 是八进制数字 (0-7)
nml	当 *n* 是八进制数 (0-3)，*m* 和 *l* 是八进制数 (0-7) 时，匹配八进制转义码 *nml*。
\u*n*	匹配 *n*，其中 *n* 是以四位十六进制数表示的 Unicode 字符。例如，\u00A9 匹配版权符号 (©)

1. 句点符号

正则表达式中的句点符号“.”表示可以匹配任意一个字符。包括空格、Tab 字符甚至换行符。例如要找出三个字母的单词，而且这些单词必须以“t”字母开头，以“n”字母结束，完整的正则表达式就是“t.n”，该正则表达式将匹配“tan”、“ten”、“tin”和“ton”等，也匹配“t#n”、“tpn”甚至“tn”，还包括数字等。

2. 方括号符号

为了解决句点符号匹配范围过于广泛这一问题，可以在方括号（“[]”）里面指定需要匹配的字符。即只有方括号里面指定的字符才参与匹配。例如，正则表达式“t[aeio]n”只匹配“tan”、“ten”、“tin”和“ton”。但“Toon”不匹配，因为在方括号之内只能匹配单个字符。

3. 表示匹配次数的符号

下面列出了表示匹配次数的符号，这些符号用来确定紧靠该符号左边的符号出现的次数。

- *：零次或多次匹配前面的字符或子表达式。
- +：一次或多次匹配前面的字符或子表达式。
- ?：零次或一次匹配前面的字符或子表达式。
- {n}：n 是非负整数。正好匹配 n 次。
- {n,}：n 是非负整数。至少匹配 n 次。
- {n,m}：m 和 n 是非负整数，其中 n≤m。匹配至少 n 次，至多 m 次。

假设要在文本文件中搜索固定电话的号码，其格式是“区号-电话号码”，例如，武汉的一个固定电话号码是 027-87654321。用来匹配它的正则表达式是“[0-9]{3,4}\-[0-9]{6,9}”。在正则表达式中，连字符（“-”）有着特殊的意义，它表示一个范围，本例表示从 0 到 9。因此，匹配固定电话号码中的连字符号时，其前面要加上一个转义字符“\”。

假设进行搜索的时候，希望连字符可以出现，也可以不出现，例如 027-87654321 和 02787654321 都属于正确的格式。这时，可以在连字符号后面加上数量限定符号“？”。则正则表达式应该为“[0-9]{3,4}\-?[0-9]{6,9}”。

下面再来看另外一个例子。中国汽车牌照的格式是前面三个是字母和数字，再加上两个数字，其正则表达式是“[0-9A-Z]{3}[0-9]{2}”。

4. “否”符号

“^”符号称为“否”符号。如果用在方括号内，“^”表示不想要匹配的字符。例如，“^[^Xx][A-Za-z]+”的正则表达式匹配所有单词，但以“X”字母开头的单词除外。需要强调的是“^”在正则表达式方括号外的第一个位置表示匹配输入字符串开始的位置。

5. 圆括号和空白符号

假设要从格式为“June 26,1951”的生日日期中提取出月份部分，用来匹配该日期的正则表达式如下所示：

```
([a-z]+)\s+[0-9]{1,2},\s*[0-9]{4}
```

此正则表达式中的“\s”符号表示是空白符号，匹配所有的空白字符，包括 Tab 字符。如果字符串正确匹配，并且需要提取出月份部分，只需在月份周围加上一个圆括号创建一个组，提取方式将在后面章节中说明。

6. 其他符号

可以使用一些为常见正则表达式创建的快捷符号，主要有：

- \d：数字字符匹配。等效于 [0-9]。
- \D：非数字字符匹配。等效于 [^0-9]。
- \s：匹配任何空白字符，包括空格、制表符、换页符等。与 [\f\n\r\t\v] 等效。
- \S：匹配任何非空白字符。与 [^ \f\n\r\t\v] 等效。
- \w：匹配任何字类字符，包括下划线。与“[A-Za-z0-9_]”等效。
- \W：与任何非单词字符匹配。与“[^A-Za-z0-9_]”等效。

例如，使用上面的特殊字符实现“June 26,1951”的正则表达式如下：

```
(\w+)\s+\d{1,2},\s*\d{4}
```

下面是一些常用正则表达式的实例。

（1）匹配特定数字。

```
^[1-9]\d*$                                    //匹配正整数
^-[1-9]\d*$                                   //匹配负整数
^-?[1-9]\d*$                                  //匹配整数
^[1-9]\d*|0$                                  //匹配非负整数（正整数 +0）
^-[1-9]\d*|0$                                 //匹配非正整数（负整数 +0）
^[1-9]\d*\.\d*|0\.\d*[1-9]\d*$                //匹配正浮点数
^-([1-9]\d*\.\d*|0\.\d*[1-9]\d*)$             //匹配负浮点数
^-?([1-9]\d*\.\d*|0\.\d*[1-9]\d*|0?\.0+|0)$   //匹配浮点数
^[1-9]\d*\.\d*|0\.\d*[1-9]\d*|0?\.0+|0$       //匹配非负浮点数（正浮点数 +0）
^(-([1-9]\d*\.\d*|0\.\d*[1-9]\d*))|0?\.0+|0$  //匹配非正浮点数（负浮点数 +0）
```

（2）匹配特定字符串。

```
^[A-Za-z]+$               //匹配由 26 个英文字母组成的字符串
^[A-Z]+$                  //匹配由 26 个英文字母的大写组成的字符串
^[a-z]+$                  //匹配由 26 个英文字母的小写组成的字符串
^[A-Za-z0-9]+$            //匹配由数字和 26 个英文字母组成的字符串
^\w+$                     //匹配由数字、26 个英文字母或者下划线组成的字符串
[\u4e00-\u9fa5]           //匹配中文字符的正则表达式
```

```
[^\x00-\xff]                         //匹配双字节字符（包括汉字在内）
\n[\s| ]*\r                          //匹配空行的正则表达式
/<(.*)>.*<\/\1>|<(.*) \/>/           //匹配 HTML 标记的正则表达式
(^\s*)|(\s*$)                        //匹配首尾空格的正则表达式
\w+([-+.]\w+)*@\w+([-.]\w+)*\.\w+([-.]\w+)*   //匹配 Email 地址的正则表达式
^[a-zA-z]+://(\\w+(-\\w+)*)(\\.(\\w+(-\\w+)*))*(\\?\\S*)?$         //匹配网址 URL 的正则表达式
^[a-zA-Z][a-zA-Z0-9_]{4,15}$         //匹配帐号是否合法（字母开头，允许 5-16 字节，允许字母数字
                                     下划线）
(\d{3}-|\d{4}-)?(\d{8}|\d{7})?       //匹配国内电话号码
```

10.3.2 正则表达式类

C#提供 System.Text.RegularExpressions 包含一些类，这些类提供对 .NET Framework 正则表达式引擎的访问。该命名空间提供正则表达式功能，可以从运行在 Microsoft .NET Framework 内的任何平台或语言中使用该功能。

1. Regex 类

Regex 类是.NET Framework 的正则表达式引擎，用来快速分析大量的文本，以查找特定字符模式；提取、编辑、替换或删除文本子字符串；或将提取的字符串添加到集合中，以便生成报告。Regex 类的常用方法如表 10-3 所示。

表 10-3 Regex 类的常用方法

方法	说明
Escape	对字符串中的 Regex 中的转义符进行转义
IsMatch	如果表达式在字符串中匹配，该方法返回一个布尔值
Match	返回 Match 的实例
Matches	返回一系列的 Match 的方法
Replace	用替换字符串替换匹配的表达式
Split	返回一系列由表达式决定的字符串
Unescape	不对字符串中的转义字符转义

（1）IsMatch 方法。IsMatch()方法实际上是一个返回 Bool 值的方法，如果测试字符满足正则表达式时返回 True，否则返回 False。程序代码 10-10 使用 IsMatch 方法测试正则表达式是否与给定的字符串匹配。

程序代码 10-10 IsMatch 方法

```
using System;
using System.Text.RegularExpressions;
namespace P10_10
{
    class Program
    {
        static void Main(string[] args)
        {
            // 定义一个正则表达式：保留小数点后两位实数
            Regex rx = new Regex(@"^-?\d+(\.\d{1,2})?$");
            // 定义一些测试字符串
```

```
            string[] tests = { "-42.1", "19.99", "0.001", "100 USD" };
            //检测 tests 中的每一个字符串是否符合正则表达式的要求
            foreach (string test in tests)
            {
                if (rx.IsMatch(test))
                {
                    Console.WriteLine("{0} 符合正则表达式要求。", test);
                }
                else
                {
                    Console.WriteLine("{0} 不符合正则表达式的要求。", test);
                }
            }
            Console.ReadLine();
        }
    }
}
```

程序代码 10-10 的运行结果如下：

```
-42.1 符合正则表达式要求。
19.99 符合正则表达式要求。
0.001 不符合正则表达式要求。
100 USD 不符合正则表达式要求。
```

（2）Replace()方法。Replace()方法实际上是一种替换的方法，替换匹配正则表达式的匹配模式。程序代码 10-11 定义一个正则表达式“\s+”，该表达式与一个或多个白色空白字符匹配。替换字符串" "，将其用单个空格字符代替。

程序代码 10-11 Replace()方法

```
using System;
using System.Text.RegularExpressions;
namespace P10_11
{
    class Program
    {
        static void Main(string[] args)
        {
            string input = "This is    text with    far  too    much    " +
                        "whitespace.";
            string pattern = "\\s+";
            string replacement = " ";
            Regex rgx = new Regex(pattern);
            string result = rgx.Replace(input, replacement);
            Console.WriteLine("原始字符串是：{0}", input);
            Console.WriteLine("替换后字符串是： {0}", result);
            Console.ReadLine();
        }
    }
}
```

程序代码 10-11 的输出结果是：

```
原始字符串是：This is    text with    far  too    much    whitespace.
替换后字符串是：This is text with far too much whitespace.
```

（3）Split()方法。Split()方法实际上是拆分的方法，根据匹配正则表达式进行拆分存储在字符串数组中。程序代码 10-12 是从一个群发邮件地址中读取所有邮件地址，其中群发邮件地址是以分号作为分隔符的，所以需要通过“;”进行拆分。

程序代码 10-12　从一个群发邮件地址中读取所有邮件地址

```
using System;
using System.Text.RegularExpressions;
namespace P10_12
{
    class Program
    {
        static void Main(string[] args)
        {
            Regex regex = new Regex(";");                    // 定义拆分符号是";"
            string[] substrings = regex.Split("lb@whpu.edu.cn;lbliubing@sina.com;lbmm2009@sina.com");
            foreach (string match in substrings)
            {
                Console.WriteLine("{0}", match);
            }
            Console.ReadLine();
        }
    }
}
```

程序代码 10-12 的输出结果如下：

```
lb@whpu.edu.cn
lbliubing@sina.com
lbmm2009@sina.com
```

2. Match 类

Match 类表示正则表达式匹配操作。Match 对象没有公共构造函数，所以 Match 类的实例由 Regex.Match 方法返回，并表示字符串中的第一个模式匹配项。后续匹配项由 Match.NextMatch 方法返回的 Match 对象表示。此外，由零个、一个或多个 Match 对象组成的 MatchCollection 对象由 Regex.Matches 方法返回。

如果 Regex.Matches 方法无法与输入字符串中的正则表达式模式匹配，将返回一个空的 MatchCollection 对象。然后，可以使用 C# 中的 foreach 构造来循环访问集合。

如果 Regex.Match 方法无法与正则表达式模式匹配，将返回一个等于 Match.Empty 的 Match 对象。可以使用 Success 属性来确定匹配是否成功。

如果模式匹配成功，Value 属性将包含匹配的子字符串，Index 属性指示该匹配的子字符串在输入字符串中的起始位置（从零开始），而 Length 属性则指示该匹配的子字符串在输入字符串中的长度。程序代码 10-13 说明 Match 对象的匹配方法。

程序代码 10-13　Match 对象的匹配方法

```
using System;
using System.Text.RegularExpressions;
namespace P10_13
{
    class Program
    {
```

```
        static void Main(string[] args)
        {
            Regex r = new Regex("abc"); // 定义一个 Regex 对象实例
            Match m = r.Match("123abc456"); // 在字符串中匹配
            if (m.Success)
            {
                Console.WriteLine("发现匹配，匹配位置是：" + m.Index); //输入匹配字符的位置
            }
            else
            {
                Console.WriteLine("没有发现匹配！");
            }
            Console.ReadLine();
        }
    }
}
```

输出结果如下：

```
发现匹配，匹配位置是：3
```

由于需要匹配的值可能会涉及到在源串中有多个地方符合匹配规则，这样 Match 对象将通过 GroupCollection 的 Groups 属性来返回多个匹配结果的值，并且 Match 对象是从 Group 继承的，因此可以直接访问匹配的整个子字符串。也就是说，Match 对象自身等效于 Match.Groups[0]。程序代码 10-14 说明调用 Regex.Matches(String, String) 方法来检索输入字符串中的所有模式匹配项，然后使用循环访问返回的 MatchCollection 对象中的 Match 对象来显示有关每个匹配的信息。

程序代码 10-14　检索输入字符串中的所有模式匹配项

```
using System;
using System.Text.RegularExpressions;
namespace P10_14
{
    class Program
    {
        static void Main(string[] args)
        {
            string input = "123abc45abc6abc";          //定义源串
            string pattern = "abc?";                   //定义匹配规则
            MatchCollection matches = Regex.Matches(input, pattern);       //查找所有的匹配位置
            foreach (Match match in matches)           //显示所有匹配结果
                Console.WriteLine("'{0}'被发现在源串的位置是：{1}。",match.Value, match.Index);
            Console.ReadLine();
        }
    }
}
```

程序代码 10-14 的输出结果如下：

```
'abc'被发现在源串的位置是：3。
'abc'被发现在源串的位置是：8。
'abc'被发现在源串的位置是：12。
```

程序代码 10-14 的语句“string pattern = "abc?";”，其中的正则表达式“abc?”匹配字符

串“abc”零次或一次。

程序代码 10-15 调用 Match(String, String) 和 NextMatch 方法来一次检索一个匹配项来重新实现程序代码 10-14。

程序代码 10-15　检索输入字符串中的所有模式匹配项

```
using System;
using System.Text.RegularExpressions;
namespace P10_15
{
    class Program
    {
        static void Main(string[] args)
        {
            string input = "123abc45abc6abc";           //定义源串
            string pattern = "abc?";                    //定义匹配规则
            Match match = Regex.Match(input, pattern);
            while (match.Success)
            {
                Console.WriteLine("'{0}'发现在源串的位置是：{1}。", match.Value, match.Index);
                match = match.NextMatch();
            }
            Console.ReadLine();
        }
    }
}
```

3. Capture 类

Capture 类表示来自单个成功的子表达式捕获的结果。

Capture 对象没有公共构造函数，其实例通过 CaptureCollection 对象返回，该对象由 Match.Captures 和 Group.Captures 属性返回。但是，在 Match.Captures 属性提供的匹配相关信息中，该匹配与 Match 对象的匹配相同。

如果没有对捕获组应用量词，Group.Captures 属性将返回 CaptureCollection，其中包含一个 Capture 对象。在该对象提供的捕获的有关信息中，该捕获与 Group 对象的捕获相同。如果将一个量词应用到捕获组，则 Group.Index、Group.Length 和 Group.Value 属性只提供有关最后的捕获组的信息，而在 CaptureCollection 中的 Capture 对象提供有关所有子表达式捕获的信息。下面通过程序代码 10-16 说明 Capture 类的用法。

程序代码 10-16　Capture 类的用法

```
using System;
using System.Text.RegularExpressions;
namespace P10_16
{
    class Program
    {
        static void Main(string[] args)
        {
            string input = "Hello world.";
            string pattern = @"((\w+)[\s.])+";
            foreach (Match match in Regex.Matches(input, pattern))
```

```
            {
                Console.WriteLine("Match: {0}", match.Value);
                for (int groupCtr = 0; groupCtr < match.Groups.Count; groupCtr++)
                {
                    Group group = match.Groups[groupCtr];
                    Console.WriteLine("    Group {0}: {1}", groupCtr, group.Value);
                    for (int captureCtr = 0; captureCtr < group.Captures.Count; captureCtr++)
                        Console.WriteLine("    Capture {0}: {1}", captureCtr, group.Captures[captureCtr].Value);
                }
            }
            Console.ReadLine();
        }
    }
}
```

程序代码 10-16 的运行结果如下所示：

```
Match:Hello world.
   Group 0: Hello world.
      Capture 0: Hello world.
   Group 1: world.
      Capture 0: Hello
      Capture 1: world.
   Group 2: world.
      Capture 0: Hello
      Capture 1: world
```

正则表达式模式 ((\w+)[\s.])+ 的说明如下所示：

- (\w+) ——匹配一个或多个单词字符。这是第二个捕获组。
- [\s.]) ——匹配空格字符或句号（"."）。
- ((\w+)[\s.]) ——匹配一个或多个单词字符后跟一个空格字符或句号（"."）。这是第一个捕获组。
- ((\w+)[\s.])+——匹配一处或多处的一个或多个单词字符后跟空格字符或句号（"."）。

4. Group 类

Group 表示单个捕获组的结果。Group 类包含 Capture 对象的集合，所以在单个匹配中捕获零个、一个或更多的字符串；同时又继承自 Capture，所以可以直接访问最后捕获的子字符串。Group 类的常用属性如下：

（1）Captures 属性：按从里到外、从左到右的顺序获取由捕获组匹配的所有捕获的集合（如果正则表达式用 RegexOptions.RightToLeft 选项修改了，则顺序为按从里到外、从右到左）。该集合可以有零个或更多的项。

（2）Success 属性：获取一个值，该值指示匹配是否成功。

程序代码 10-17 说明 Group 类的使用方法，程序的运行结果如图 10-5 所示。

程序代码 10-17　Group 类的使用方法

```
using System;
using System.Text.RegularExpressions;
namespace P10_17
{
```

```
class Program
{
    static void Main(string[] args)
    {
        string text = "One car red car";
        string pat = @"(\w+)\s+(car)";
        // 创建正则表达式实例
        Regex r = new Regex(pat, RegexOptions.IgnoreCase);
        // 对一个文本字符串使用正则表达式进行匹配
        Match m = r.Match(text);
        int matchCount = 0;
        while (m.Success)
        {
            Console.WriteLine("Match" + (++matchCount));
            for (int i = 1; i <= 2; i++)
            {
                Group g = m.Groups[i];
                Console.WriteLine("Group" + i + "='" + g + "'");
                CaptureCollection cc = g.Captures;
                for (int j = 0; j < cc.Count; j++)
                {
                    Capture c = cc[j];
                    System.Console.WriteLine("Capture" + j + "='" + c + "', Position=" + c.Index);
                }
            }
            m = m.NextMatch();
        }
        Console.ReadLine();
    }
}
}
```

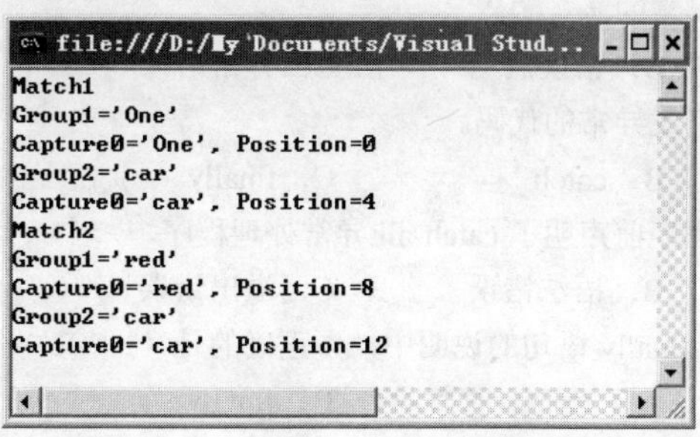

图 10-5　Group 类的使用方法

异常处理是提高程序健壮性的一个有效途径，但使用不当会造成代码的混乱和性能下降。C#语言内置了结构化的异常处理语句，包括 try-catch 语句、try-catch-finally 语句、tryfinally 语句和 throw 语句，这样就能够在程序中以统一的方式来处理各类不同异常。如果 try 语句块内发生异常，会立即被异常处理机制捕捉到，控制跳转到相关联的异常处理程序。异常处理程序是在异常发生时执行的代码块。在 C# 中，catch 关键字用于定义异常处理程序，称为 catch 语句块。try 语句块出现异常时，如果没有 catch 语句块或没有相匹配的 catch 语句块，则异常被系统默认的异常处理程序捕捉，显示该错误消息，程序将被终止执行；如果有相匹配的 catch 语句块，则异常被相匹配的 catch 语句块捕捉，转入 catch 语句块处理。异常处理 catch 语句块可以定义一个异常变量作为参数，用来获取有关异常类型的错误信息。

另外，在.NET 类库中定义了许多异常类，开发人员还可以从中派生出自己的异常类型，二者共同组成了 C#程序的异常处理模型，对异常进行实时、高效、层次化的管理。

正则表达式主要是用于控制用户输入数据时，防止用户不按照程序所定义的数据格式进行输入的。掌握好正则表达式，程序员仅仅通过简单的正则表达式设定，就可以完成需要非常复杂的程序设计才能够检测出的用户的输入错误，对于防止用户输入数据的不正确而造成的程序出错有很大的帮助。

习题十

一、选择题

1．异常处理程序可以处理（　　）错误。

A．同步　　B．异步　　C．同步和异步　　D．非正常

2．在方法检测到有问题发生时，该方法抛出一个（　　）。

A．错误　　B．异常　　C．系统类　　D．方法

3．与 try 块相关的（　　）块始终可以执行。

A．try　　B．catch　　C．finally　　D．exception

4．异常对象是从（　　）类派生而来的。

A．System　　B．Math　　C．String　　D．Exception

5．抛出异常的语句称为异常的（　　）。

A．抛出点　　B．错误点　　C．异常语句　　D．中断点

6．（　　）块封装了可能引发异常的代码。

A．try　　B．catch　　C．finally　　D．exception

7．如果在一个异常处理程序前声明了 catch-all 异常处理程序，一个（　　）发生。

A．逻辑错误　　B．语法错误　　C．溢出错误　　D．没有错误

8．下列关于 try…catch…finally 语句的说明中，不正确的是（　　）。

A．catch 块可以有多个　　B．finally

C．catch 块也是可选的　　D．可以只有 try 块

9．为了能够在程序中捕获所有的异常，在 catch 语句的括号中使用的类名为（　　）。

A．Exception　　B．DivideByZeroException

C．FormatException　　D．以上三个均可

10．关于异常，下列说法中不正确的是（　　）。

A．用户可以根据需要抛出异常

B．被调用方法可通过 throw 语句把异常传回给调用方法

C．用户可以自己定义异常

D. 在 C#中有的异常不能被捕获

11. 下面对异常的说法不正确的是（　　）。

A. try/catch 块为基本引发异常的组合

B. 在捕获异常时，可以有多个 catch 块

C. 无论异常是否发生，finally 块总会执行

D. try 块和 finally 不能连用

12. 给出下面代码：

```
try
    {
                    Throw new OverflowException();
    }
    Catch(FileNotFoundException e){}
    Catch(OverflowException e){}
    Catch(SystemException e){}
    Catch{}
Finally{}
```

则下面语句会执行的是（　　）。

A. Ccatch(OverflowException e){}

B. Catch(OverflowException e){}

C. Catch(SystemException e){}

D. Catch{}, Finally{}

13. 下列关于 try…catch…finally 语句的说明中，不正确的是（　　）。

A. catch 块可以有多个

B. finally

C. catch 块也是可选的

D. 可以只有 try 块

二、填空

1. 与 try 块相关的________块将一定被执行。

2. 异常对象是从________类派生而来的。

3. ________块封装了可能引发异常的代码。

4. 如果方法 Convert.ToInt32 的参数不是一个有效的整型值，可以抛出一个________异常。

5. 在整型运算中发生算术溢出时，为了强制发生异常，使用运算符________。

6. 数组下标越界时产生的异常是________类型的异常。

7. Exception 类中有两个重要的属性，________属性包含对异常原因的描述信息。

8. 在 catch 语句中列出异常类型时，FormatException 异常应列在 Exception 异常的________。

9. 二代身份证号的正则表达式是________。

10. 首字符是字母，且由字母、数字和下划线组成的字符串的正则表达式是________。

三、简答

1. 错误和异常有什么区别，为什么要进行异常处理，用于异常处理的语句有哪些？

2. 解释正则表达式 <a\s+href\s*=\s*""?([^"" >]+)""?>(.+)</a>各部分代表的含义。

3. 下面是检查输入字符串是否为有效的电子邮件的正则表达式：

```
^([\w-]+\.)*?[\w-]+@[\w-]+\.([\w-]+\.)*?[\w]+$
```

试解释各部分的含义。

4. 写出符合下列要求的正则表达式。

（1）要求 4～8 个英文字母。

（2）不能包含字母，至少 1 个字符。

（3）至少 3 个数字。

（4）至少 3 个字符。

（5）至少 3 个英文字母。

（6）任意字符。

（7）3 个字母或数字，如 123、r3a 等。

（8）3 个点。

（9）@前至少有 1 个字符，@后至少有 3 个字符。

（10） 必须输入左括号。

四、阅读程序

1．分析下面程序的运行结果。

```
using System;
namespace lberror
{
    class ExceptionPropagateSample
    {
        static void Main()
        {
            try
            {
                OutterMethod(0);
                OutterMethod(1);
                OutterMethod(2);
            }
            catch (Exception)
            {
                Console.WriteLine("发生一般异常");
            }
        }
        public static void OutterMethod(int x)
        {
            if (x == 2)
                throw new Exception();
            try
            {
            MiddleMethod(x);
            }
            catch (ArithmeticException)
            {
                Console.WriteLine("发生算术异常");
            }
        }
        public static void MiddleMethod(int x)
        {
            if (x == 1)
                throw new ArithmeticException();
            try
            {
```

```
                InnerMethod(x);
            }
            catch (DivideByZeroException)
            {
                Console.WriteLine("发生除法异常");
            }
        }
        public static void InnerMethod(int x)
        {
            if (x == 0)
                throw new DivideByZeroException();
        }
    }
}
```

2．分析下面程序的运行结果。

```
using System;
namespace jlerror
{
    class Program
    {
        static void Main()
        {
            for (int i = 0; i < 5; i++)
            {
                try
                {
                    A a1 = new A();
                    a1.Method(i);
                    A.SMethod(i);
                }
                catch (Exception exp)
                {
                    Console.WriteLine(exp.GetType());
                }
            }
        }
    }
    public class A
    {
        private B m_B = new B();
        public void Method(int i)
        {
            if (i == 1)
                throw new ApplicationException();
            m_B.Method(i);
        }
        public static void SMethod(int i)
        {
            B.SMethod(i);
            if (i == 0)
```

```
                    throw new FormatException();
            }
        }
        public class B
        {
            public void Method(int i)
            {
                if(i > 3)
                    throw new OverflowException();
            }
            public static void SMethod(int i)
            {
                if (i < 1)
                    throw new SystemException();
            }
        }
    }
```

第 11 章　文件操作

文件操作是绝大多数应用程序开发中必不可少的技术。本章主要介绍 Visual C#的文件处理系统，使用户可以掌握在 Visual C#中如何管理文件和目录，这里的文件包括文本文件和二进制文件。通过对本章的学习，读者应该掌握以下主要内容：

- 文件的创建、复制、移动和删除
- 文件的读写
- 目录管理

11.1　文件操作概述

计算机系统的重要作用之一是能快速处理大量信息，因此数据的组织和存取就成为相当重要的内容。文件是数据的一种组织形式，文件系统的目标就是提高存储器的利用率，接受用户的请求，实施对文件的操作。

11.1.1　文件系统的基本概念

文件系统是操作系统的一个重要组成部分。文件系统所要解决的问题包括：管理存储设备，决定文件的存放位置和方式，提高文件的共享能力，保证文件的安全性，并能提供友好的用户接口。通过文件系统，用户和应用程序能够方便地进行数据存储，而不必关心底层存储设备的实现细节。

Windows 支持多种文件系统，包括 FAT、FAT32、NTFS 等，这些文件系统在操作系统内部有不同的实现方式，但是提供给用户的接口是一致的。如果应用程序不涉及到操作系统的具体特性，那么只要按照标准方式来编写代码，生成的应用程序就可以运行在各个文件系统上，甚至可以不经改动而移植到其他操作系统（例如 UNIX 和 Linux）上。.NET 框架中的输入/输出处理部分就封装了文件系统的实现细节，提供给开发人员一个标准化的接口。可以使用.NET 类库提供的标准方法进行目录管理、文件控制和文件存取等工作，公共语言运行时（CRL）会在程序执行时自动调用相关的系统命令。

C#将文件视为一个字节序列，以流的方式对文件进行操作。流是字节序列的抽象概念，文件、输入/输出设备、内部进程通信管道以及 TCP/IP 套接字等都可以视为一个流。.NET 对流的概念进行了抽象，为这些不同类型的输入和输出提供了统一的视图，使程序员不必了解操作系统和基础设备的具体细节。

文件（File）和流（Stream）是既有区别又有联系的两个概念。文件是指在各种存储介质上（例如可移动磁盘、硬盘、CD 等）永久存储的数据的有序集合，是进行数据读写操作的基本对象。通常情况下文件按照树状目录进行组织，每个文件都具有文件名、文件所在路径、创建时间、访问权限等属性。

流是字节序列的抽象概念，例如文件、输入/输出设备、内部进程通信管道或者 TCP/IP 套接字。流提供的是一种向后备存储器写入字节和从后备存储器读取字节的方式。除了和磁盘文件直接相关的文件流以外，流还有多种类型。流可以分布在网络中、内存中或者磁带中，分别称为网络流、内存流、磁带流等。

所有表示流的类都是从抽象基类 Stream 继承的。Stream 类及其派生类提供不同类型的输入和输出的一般视图，使程序员不必了解操作系统和基础设备的具体细节。

流涉及以下三种基本操作：

（1）读取：从流到数据结构（如字节数组）的数据传输。

（2）写入：从数据结构到流的数据传输。

（3）查找：对流内的当前位置进行查询和修改。

从概念上讲，流非常类似于单独的磁盘文件，也是进行数据读取操作的基本对象。流为用户提供了连续的字节流存储空间。虽然数据实际的存储位置可以不连续，甚至可以分布在多个磁盘上，但用户看到的是封装以后的数据结构，是连续字节流抽象结构，这和一个文件可以分布在磁盘上的多个扇区是一样的道理。

.NET 是通过数据流来执行输入/输出的。数据流输入和输出信息的抽象，是通过.NET 的输入/输出系统与物理设备连接的。这些物理设备包括磁盘、显示器、打印机等。即使数据流所连接的物理设备不同，所有的数据流也都以相同的方式工作，因此.NET 的输入/输出系统能够应用于许多类型的设备，例如，用来输出到控制台的方法也能够用来输出到磁盘文件。

11.1.2 用于输入和输出的类

.NET 输入/输出操作的最小单位是字节，这是因为进行输入/输出操作时许多设备面向字节。因此.NET 的 System.IO 命名空间提供了 Stream 类表示字节流，即 Stream 类提供了标准的数据流操作，例如读取字节、写入字节操作等。

Stream 类是面向字节的，但是程序员通常更习惯使用字符。在.NET 中 char 类型是 16 位，而字节（byte）是 8 位。如果需要使用 ASCII 字符集，那么在 char 和 byte 之间直接进行转换很简单，只需忽略 char 类型的高位字节即可，但是对于 Unicode 编码字符是不可用的。因此，字节流不适合处理基于字符的输入/输出。

另外，有时程序员还希望以二进制的形式读取数据，这样更加方便用户处理数据。如果使用字节流处理二进制，那么必须进行二进制数据和字节数据的转换。例如，浮点整型数据就是二进制数据，如果用户需要处理浮点的整数部分数据，那么就需要在字节流中将浮点型的整数部分数据和字节数据进行转换。这样势必会给开发者带来麻烦，因此可以说字节流也不是很适合处理二进制数据。

为了解决数据的格式问题，C#定义了一些类，将字节数据流转换为字符数据流或者将字节数据流转换成二进制数据流。图 11-1 根据不同的数据格式，对.NET 数据流进行了分类。

System.IO 包含用于在文件中读取和写入数据的类，在 C#应用程序中引用此命名空间才可以访问这些类。System.IO 包含的类中主要用于浏览文件系统和执行操作的类如下：

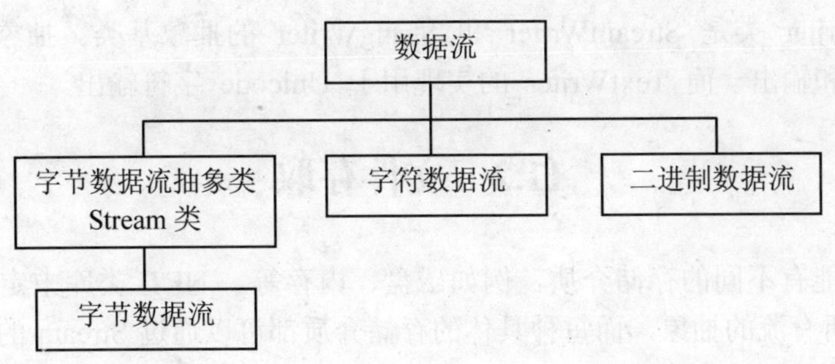

图 11-1　数据流分类

1. 用于文件 I/O 的类

（1）Directory 类：提供进行创建、移动和枚举目录及子目录的静态方法。

（2）DirectoryInfo 类：提供进行创建、移动和枚举目录及子目录的实例方法。

（3）DriveInfo 类：提供访问有关驱动器信息的实例方法。

（4）File 类：提供用于创建、复制、删除、移动和打开文件的静态方法，并协助创建 FileStream。

（5）FileInfo 类：提供用于创建、复制、删除、移动和打开文件的实例方法，并协助创建 FileStream。

（6）FileStream 类：支持通过其 Seek 方法随机访问文件。默认情况下，FileStream 以同步方式打开文件，但也支持异步操作。

（7）FileSystemInfo 类：是 FileInfo 和 DirectoryInfo 的抽象基类。

（8）Path 类：提供以跨平台的方式处理目录字符串的方法和属性。

（9）DeflateStream 类：提供使用 Deflate 算法压缩和解压缩流的方法和属性。

（10）GZipStream 类：提供压缩和解压缩流的方法和属性。默认情况下，此类使用与 DeflateStream 类相同的算法，但可以扩展到使用其他压缩格式。

（11）SerialPort 类：提供控制串行端口文件资源的方法和属性。

2. 用于从流读取和写入流的类

（1）BinaryReader 类和 BinaryWriter 类是从 Streams 读取或向 Streams 写入编码的字符串和基元数据类型。

（2）StreamReader 类是通过使用 Encoding 进行字符和字节的转换，并从 Streams 中读取字符。StreamReader 具有一个构造函数，该构造函数根据是否存在专用于 Encoding 的 preamble（例如一个字节顺序标记）来尝试确定给定 Stream 的正确 Encoding 是什么。

（3）StreamWriter 类是通过使用 Encoding 将字符转换为字节，并向 Streams 写入字符。

（4）StringReader 类是从 Strings 中读取字符。StringReader 允许使用相同的 API 来处理 Strings，因此输出可以是 String 或以任何编码表示的 Stream。

（5）StringWriter 类是向 Strings 写入字符。StringReader 允许使用相同的 API 来处理 Strings，因此输出可以是 String 或以任何编码表示的 Stream。

（6）TextReader 类是 StreamReader 和 StringReader 的抽象基类。抽象 Stream 类的实现用于字节输入和输出，而 TextReader 的实现用于 Unicode 字符输出。

（7）TextWriter 类是 StreamWriter 和 StringWriter 的抽象基类。抽象 Stream 类的实现用于字节输入和输出，而 TextWriter 的实现用于 Unicode 字符输出。

11.2 文件存取

不同的流可能有不同的存储介质，例如磁盘、内存等。.NET 类库中定义了一个抽象类 Stream，表示对所有流的抽象，而每种具体的存储介质都可以通过 Stream 的派生类来实现相应的流操作。

流是一个用于传输数据的对象，数据的传输有两个方向：如果数据从外部源传输到程序中，这种叫读取流；如果数据从程序传输到外部源，这种叫写入流。

外部源常常是一个文件，但也不完全都是文件，也可能是使用一些网络协议读写网络上的数据，其目的是选择数据，或从另一个计算机上发送数据；也可能是读写到指定的管道上；或者是把数据读写到一个内存区域上。

11.2.1 文本文件的存取

C#中无论是要读取一个文件还是写入一个文件，都是要首先创建一个 FileStream，然后再创建相应的读写器，如 StreamReader 和 StreamWriter，BinaryReader 和 BinaryWriter 等来对文件进行具体的操作。

1. FileStream 类

FileStream 类主要是对文件系统中的文件进行读取、写入、打开和关闭操作，并对其他与文件相关的操作系统句柄进行操作，如管道、标准输入和标准输出。读写操作可以指定为同步或异步操作。FileStream 对输入输出进行缓冲，从而提高性能。

FileStream 对象支持使用 Seek 方法，因为 Seek 方法允许将读取/写入位置移动到文件中的任意位置，可以对文件进行随机访问，这是通过字节偏移参考点参数完成的。而字节偏移量是相对于查找参考点而言的，该参考点可以是基础文件的开始、当前位置或结尾，分别由 SeekOrigin 类的三个属性表示。创建一个 FileStream 对象的语法如下：

```
Stream s = new FileStream("文件名",文件模式);
```

其中文件名中可以包含绝对路径或者相对路径，其路径名中的“\”要用“\\”来代替，例如 "C:\\tmp\\lb.dat"，或者用逐字表示法（如@"C:\tmp\ lb.dat"）来表示；而文件模式有以下几种方式：

（1）FileMode.Append：文件追加。如果文件存在，则从文件尾开始写，否则创建一个新文件。

（2）FileMode.Create：创建一个新文件。如果文件存在，则首先删除文件中原有的内容并从头开始写。

（3）FileMode.CreateNew：创建一个新文件但不覆盖。如果文件存在，则产生一个异常。

（4）FileMode.Open：打开一个文件，从头开始读写。如果文件不存在，则产生一个异常。

（5）FileMode.OpenOrCreate：打开一个文件，从头开始读写。如果文件不存在，则创建一个新文件。

（6）FileMode.Truncate：将一个文件内容删除。

例如，创建一个用于读写访问的文件流并且允许其他流进行访问的 FileStream 对象，方法如下：

```
FileStream fs = new FileStream(@"C:\MyTest\lbtest.txt", FileMode.Create);
```

2. StreamReader 类

StreamReader 用于读取文本文件，使其以一种特定的编码从字节流中读取字符。一般使用 StreamReader 时，是把其关联到 FileStream 上。这种方式的优点是可以显式指定是否创建文件和共享许可，如果直接把 StreamReader 关联到文件上，就不能这么做。下面是建立 StreamReader 对象的方法。

```
FileStream fs = new FileStream(@"C:\My Documents\ReadMe.txt",   FileMode.Open, FileAccess.Read,
                                FileShare.None);
StreamReader sr = new StreamReader(fs);
```

StreamReader 对象使用完毕之后一定要释放 StreamReader 对象，否则就会导致文件一直被锁定，因此不能执行其他过程。关闭 StreamReader 对象的方法如下：

```
sr.Close();
```

StreamReader 对象建立之后，有以下三种方式读取文件流数据：

（1）一次读取一行。读取一行所使用的方法是 ReadLine()，但返回的字符串中不包括标记该行结束的回车换行符。例如：

```
string nextLine = sr.ReadLine();
```

（2）读取剩余内容。还可以在一个字符串中提取文件的所有剩余内容（严格地说，是流的全部剩余内容）。例如：

```
string restOfStream = sr.ReadToEnd();
```

（3）一次读取一个字符。只读取一个字符的方法如下：

```
int nextChar = sr.Read();
```

另外，Read()的重载方法可以把返回的字符转换为一个整数，如果读取到流的尾端，就返回-1。最后，可以用一个偏移值，把给定个数的字符读到数组中。例如：

```
//下面是读 100 个字符
int nChars = 100;
char [] charArray = new char[nChars];
int nCharsRead = sr.Read(charArray, 0, nChars);
```

如果要求读取的字符数大于文件中剩余的字符数，nCharsRead 应小于 nChars 。

3. StreamWriter 类

StreamWriter 只能用于写入文件（或另一个流）。构造 StreamWriter 对象的代码如下：

```
StreamWriter sw = new StreamWriter(@"C:\My Documents\ReadMe.txt");
```

上面的代码使用了 UTF8 编码方法写文件，.NET 把这种编码方法设置为默认的编码方法。如果要指定其他的编码方法，可以使用下面的构造方法：

```
StreamWriter sw = new StreamWriter(@"C:\My Documents\ReadMe.txt", true, Encoding.ASCII);
```

在这个构造函数中，第二个参数是 Boolean 型，表示文件是否应以追加方式打开。构造函数的参数不能仅是一个文件名和一个编码类。

写入流可以使用 StreamWriter.Write()，最简单的方式是写入一个流，后面加上一个回车换行符。例如：

```
string nextLine = "Hello World!";
sw.Write(nextLine);
```

也可以写入一个字符。例如：

```
char nextChar = 'a';
sw.Write(nextChar);
```

也可以写入一个字符数组。例如：

```
char [] charArray = new char[100];
// initialize these characters
sw.Write(charArray);
```

甚至可以写入字符数组的一部分。例如：

```
int nCharsToWrite = 50;
int startAtLocation = 25;
char [] charArray = new char[100];
sw.Write(charArray, startAtLocation, nCharsToWrite);
```

程序代码 11-1 先用 StreamWriter 来创建一个新文件，写入一些字符串，再用 StreamReader 来读取其内容，其运行结果如图 11-1 所示。

程序代码 11-1　字符串文件操作

```
using System;
using System.IO;
namespace P11_1
{
    class FileOperation
    {
        public void WriteToFile()
        {
            Stream s = new FileStream("c:\\lb.dat", FileMode.Create);
            StreamWriter sw = new StreamWriter(s);
            sw.WriteLine("刘兵");
            sw.WriteLine(2003.09);
            sw.WriteLine(false);
            sw.Write(1968);
            sw.WriteLine(10);
            sw.WriteLine((byte)65);
            sw.WriteLine('A');
            sw.WriteLine(new char[] { 'A', 'B', 'C', 'D' });
            sw.WriteLine((short)12);
            sw.WriteLine((long)34);
            sw.Close();
        }
        public void ReadFromFile()
        {
            Stream s = new FileStream("c:\\lb.dat", FileMode.Open);
            BufferedStream bs = new BufferedStream(s);
            StreamReader sr = new StreamReader(bs);
            int LineNo = 1;
            string LineStr = "";
            while ((LineStr = sr.ReadLine()) != null)
```

```
                {
                    Console.WriteLine(LineNo++ + ":" + LineStr);
                }
            }
            static void Main(string[] args)
            {
                FileOperation app = new FileOperation();
                app.WriteToFile();
                app.ReadFromFile();
                Console.ReadLine();
            }
        }
    }
```

图 11-2　字符串文件操作

在程序代码 11-1 中，先创建 FileStream 对象，在此基础上创建了一个向文件中保存字符串数据的 StreamWriter，而 StreamWriter 有一个重要函数是 WriteLine，用来向文件中写入一行数据并自动加上一个换行。WriteLine 的写入数据类型可以是任何 C#中的数据类型，例如 bool、int、string 甚至 object。如果要写入的数据类型不是 string，系统会首先调用 ToString() 函数，然后再写入；另一个类似的函数是 Write，其唯一区别是此函数在写入数据后不会自动加上换行，下次可以在同一位置上接着写。在写入完毕后一定要调用 Close 函数来关闭文件指针。

创建完测试文件后，接着读取其内容。与写文件一样，为了读取文件也需要先创建 FileStream，只不过将选择的文件模式设定为 Open，然后基于这个 FileStream 创建了一个 BufferedStream，是因为要执行一个有缓冲的读取操作。也就是说，虽然要一行一行地读取数据，但当系统去实际读取文件时是每次都读入一块数据，例如 512 或者 1024 个字节，并将读取结果存放在内存一个缓冲区内。当对第一行读取的数据操作完毕，需要读取第二行时，系统并不需要再从硬盘上实际读取第二行数据，而是从内存里将上一次读取的数据缓冲区的第二行数据取出来返回给程序，这样反复进行，一直到内存缓冲区中的数据不能满足需要时才再去硬盘上实际读取下一块数据，从而避免了对硬盘的频繁操作，也就大大提高了程序运行效率。要特别强调的是，对比前面在写操作时的 StreamWriter， StreamWriter 本身已经具有缓冲功能，所以虽然并没有再创建一个 BufferedStream 并通过这个 BufferedStream 去写文件，然而当写入一行数据后，这行数据并不会立即被写入到硬盘上，而是被保存在内存的一个缓冲区中。一直到这个缓冲区中的数据已经足够大，可以组成一个有效写入块，例如 512 或者 1024 字节，这个块才会被实际写入硬盘，但在此写入块之外的数据则仍然会保留在内存中等待下一次的写入。这就是为什么文件写入完毕一定要调用 Close()函数来关闭文件的原因：一是释放资源，二是为了强行将所有数据缓冲区中的数据真正存放到硬盘上。在文件写入过程中，还可以调用 Flush 函数强行将缓冲区内所有数据立即存入硬盘中。

在创建好 BufferedStream 后，还必须在此基础上创建一个 StreamWriter，并调用其 ReadLine()函数逐行从文件中读取数据。此函数每次被调用都会返回文件中下一行的数据（字符串类型），但当读完文件中最后一行数据后，如果再调用此函数则返回 Null，从而知道文件结束，以终止读取循环。

11.2.2 二进制文件的存取

BinaryWriter 类用于从 C#变量向指定流写入二进制数据，该类可以把 C#数据类型转换成可以写到底层流的一系列字节。BinaryWriter 类的常用方法如下：

（1）Write 方法：将值写入流，有很多重载版本，适用于不同的数据类型。

（2）Flush 方法：清除缓存区。

（3）Close 方法：关闭数据流。

程序代码 11-2 是实现 C#对本地二进制文件的读写。

程序代码 11-2 二进制文件操作

```
using System;
using System.IO;
namespace P11_2
{
    class FileOperation
    {
        public void ReadFromFile(string filename)
        {
            Stream s = new FileStream(filename, FileMode.Open);
            BufferedStream bs = new BufferedStream(s);
            BinaryReader br = new BinaryReader(bs);
            char str = br.ReadChar();                      //读取一个字符
            Console.WriteLine(str);
            int d = br.ReadInt32();                        //读取一个整型数
            Console.WriteLine(d);
            double  b = br.ReadDouble();                   //读取一个双精度数
            Console.WriteLine(b);
            string  bt = br.ReadString();                  //读取一个字符串
            Console.WriteLine(bt);
        }
        public void WriteToFile(string filename)
        {
            Stream s = new FileStream(filename, FileMode.Create);    //初始化 FileStream 对象
            BinaryWriter bw = new BinaryWriter(s);         //创建 BinaryWriter 对象
            //写入文件
            bw.Write('a');
            bw.Write(123);
            bw.Write(456.789);
            bw.Write("Hello World!");
```

```
                Console.WriteLine("成功写入");
                bw.Close(); //关闭 BinaryWriter 对象
                s.Close(); //关闭文件流
            }
            static void Main(string[] args)
            {
                Console.WriteLine("请输入文件名：");
                string filename = Console.ReadLine(); //获取输入文件名
                FileOperation app = new FileOperation();
                app.WriteToFile(filename);
                app.ReadFromFile(filename);
                Console.ReadLine();
            }
        }
}
```

在程序代码 11-2 中，将数据写入用户指定文件名的文件（本例是“c:\lb.dat”）中，本例写入的是二进制数据，所以用一个文本编辑器已经无法再读取其内容了。在 ReadFromFile() 函数中，用 BufferedStream 就可直接指定要读取数据的类型，例如，要是当前位置上的数据类型是布尔类型，那么可以用 BufferedStream.ReadBoolean 直接将其读取为布尔类型。

在使用 BinaryReader 和 BinaryWriter 时要注意以下两点：

（1）写入和读取的数据类型必须完全一致。例如，开始写入的是一个字符串，那么在读取时就要首先读取一个字符串，即使根本不需要这个字符串，也只能读取出来。如果读取的数据类型与写入的数据类型不一致则会产生一个异常。所以在写入一个二进制文件时必须同时做好说明文件，以便在读取时准确地确定数据类型。

（2）在写入时如果没有显式指明一个数据常量的数据类型，则用其 C#默认类型。例如语句“bw.Write(15.16);”，写入的实际上是一个 Double 类型的数据。如果是写入一个变量则以此变量的类型为准。

11.2.3 对文件的加密和解密

通过.NET 类库中定义的 CryptoStream 类，以及 File 类的静态方法 Encrypt 和 Decrypt，都能够实现对文件流的加密和解密操作，但相应的算法被封装在类的内部，开发人员无需了解算法的细节就可以实现加密功能。另外 Encrypt 方法和 Decrypt 方法只能对磁盘 NTFS 格式进行加密操作。程序代码 11-3 说明对指定文件进行加密和解密操作。

程序代码 11-3 文件进行加密和解密操作

```
using System;
using System.IO;
using System.Security.AccessControl;
namespace P11_3
{
    class FileExample
    {
        public static void Main()
        {
            try
```

```
                {
                    string FileName = "D:\\TestDir\\MyTest.txt";
                    Console.WriteLine("Encrypt " + FileName);
                    // 调用加密函数
                    AddEncryption(FileName);
                    Console.WriteLine("Decrypt " + FileName);
                    // 调用解密函数
                    RemoveEncryption(FileName);
                    Console.WriteLine("Done");
                }
                catch (Exception e)
                {
                    Console.WriteLine(e);
                }
                Console.ReadLine();
            }
            // 加密一个文件函数
            public static void AddEncryption(string FileName)
            {
                File.Encrypt(FileName);
            }
            // 解密一个文件函数
            public static void RemoveEncryption(string FileName)
            {
                File.Decrypt(FileName);
            }
        }
    }
```

下面使用简单的异或算法来实现对文件流的加密，加密功能封装在自定义的FileStream类的派生类CzCryptStream中。异或加密算法的原理是：把数据码和密钥码进行二进制位的异或运算得到密文。由于把一个数同另一个数进行两次异或运算，结果还是原来的数，这使得对明文进行两次加密就可以还原，也就是说异或法的加密密钥和解密密钥是相同的。例如：

```
加密                              解密
    明文 1 0 1 0 1 1 1 0              密文 0 1 1 0 1 0 0 1
    密钥 1 1 0 0 0 1 1 1              密钥 1 1 0 0 0 1 1 1
    ---------------------             ---------------------
    密文 0 1 1 0 1 0 0 1              明文 1 0 1 0 1 1 1 0
```

异或算法加解密速度较快，其安全程度取决于密钥的长度。如果密钥与原文长度相同且只使用一次，那么就是不可破译的了。在程序代码11-4中，对CzCryptStream类中的文件流读写方法进行了重载。在进行读取时，先读出文件的加密内容，而后与密钥进行异或解密；在进行写入时，则先将内容与密钥进行异或加密，而后写入加密后的内容。在程序的Main方法中，首先采用加密算法写入文件内容，而后分别使用FileStream对象和CzCryptStream对象打开文件，显示解密之前和解密之后的文件内容。程序代码11-4的执行结果如图11-3所示。

程序代码 11-4　自定义算法对文件进行加密和解密

```
using System;
using System.IO;
using System.Security.AccessControl;
namespace P11_4
{
    class CryptStreamSample
    {
        static void Main()
        {
            //采用加密流写入文件内容
            FileStream fs = new CzCryptStream("EncyptTest.txt",FileMode.Create, "Hello");
            StreamWriter sw = new StreamWriter(fs);
            sw.WriteLine("刘兵：");
            sw.WriteLine("      这是一个文件加密测试程序！");
            sw.Close();
            //采用普通流读取文件内容
            fs = new FileStream("EncyptLetter.txt", FileMode.Open);
            StreamReader sr = new StreamReader(fs);
            Console.WriteLine("加密文件内容：");
            while (!sr.EndOfStream)
                Console.WriteLine(sr.ReadLine());
            sr.Close();
            //采用加密流读取文件内容
            fs = new CzCryptStream("EncyptTest.txt", FileMode.Open, "Hello");
            sr = new StreamReader(fs);
            Console.WriteLine("\n 解密文件内容：");
            while (!sr.EndOfStream)
                Console.WriteLine(sr.ReadLine());
            sr.Close();
            fs.Close();
            Console.ReadLine();
        }
    }
    public class CzCryptStream : FileStream
    {
        //定义密钥字段
        private byte[] m_key;
        //构造函数
        public CzCryptStream(string sPath, FileMode fMode, string sKey):base(sPath, fMode)
        {
            m_key = new byte[sKey.Length];
            for (int i = 0; i < sKey.Length; i++)
                m_key[i] = (byte)sKey[i];
        }
        //重载读取的字节
        public override int ReadByte()
        {
            return base.ReadByte() ^ m_key[this.Position % m_key.Length];
        }
```

```
        //重载写字节的方法
        public override void WriteByte(byte value)
        {
            value ^= m_key[this.Position % m_key.Length];
            base.WriteByte(value);
        }
        //重载读的方法
        public override int Read(byte[] buffer, int offset, int count)
        {
            int iLen = base.Read(buffer, offset, count);
            for (int i = 0; i < iLen; i++)
            {
                buffer[i] ^= m_key[(offset + i) % m_key.Length];
            }
            return iLen;
        }
        //重载写的方法
        public override void Write(byte[] buffer, int offset, int count)
        {
            for (int i = 0; i < buffer.Length; i++)
            {
                buffer[i] ^= m_key[(offset + i) % m_key.Length];
            }
            base.Write(buffer, offset, count);
        }
    }
}
```

图 11-3 自定义算法对文件进行加密和解密

11.3 文件管理

Windows 操作系统对文件采用目录管理方式，文件和目录则存储在驱动器上。相应的，.NET 类库中提供了 DriveInfo 类、Directory 类和 File 类，分别对驱动器、目录和文件进行了封装。这 3 个类都是密封类，无法从中派生出其他类；并且 Directory 和 File 类属于抽象类，无法创建实例，而只能通过类的原型调用其公有的静态方法成员。

11.3.1 目录管理

1. Directory 类

.NET Framework 结构在命名空间 System.IO 中提供了 Directory 类来进行目录管理。利用 Directory 类可以完成进行创建、移动、浏览目录（或子目录）等操作，甚至还可以定义隐藏目录和只读目录。

由于 Directory 类的所有方法都是静态的，所以如果只想执行一个操作，那么使用 Directory 方法的效率比使用相应的 DirectoryInfo 实例方法可能更高。大多数 Directory 方法要求使用当前操作的目录路径。表 11-1 列出了 Directory 类的常用方法。

表 11-1 Directory 类的方法

方法	说明
CreateDirectory	按 path 的指定创建所有目录和子目录
Delete	已重载。删除目录及其内容
Exists	确定给定路径是否引用磁盘上的现有目录
GetCreationTime	获取目录的创建日期和时间
GetCurrentDirectory	获取应用程序的当前工作目录
GetDirectories	已重载。获取指定目录中子目录的名称
GetDirectoryRoot	返回指定路径的卷信息、根信息或两者同时返回
GetFiles	已重载。返回指定目录中的文件的名称
GetFileSystemEntries	已重载。返回指定目录中所有文件和子目录的名称
GetLastAccessTime	返回上次访问指定文件或目录的日期和时间
GetLastWriteTime	返回上次写入指定文件或目录的日期和时间
GetLogicalDrives	检索此计算机上格式为“<驱动器号>:\”的逻辑驱动器的名称
GetParent	检索指定路径的父目录，包括绝对路径和相对路径
Move	将文件或目录及其内容移到新位置
SetCreationTime	为指定的文件或目录设置创建日期和时间
SetCurrentDirectory	将应用程序的当前工作目录设置为指定的目录
SetLastAccessTime	设置上次访问指定文件或目录的日期和时间
SetLastWriteTime	设置上次写入目录的日期和时间

在 Directory 类的方法中使用路径时可以是绝对路径，也可以是相对路径或者服务器和共享名称的统一命名的约定路径。例如，以下都是可接受的路径：

（1）“c:\\MyDir”，这是绝对路径。

（2）“MyDir\\MySubdir”，这是相对路径。

（3）“\\\\MyServer\\MyShare”，这是统一命名的约定路径。

默认情况下，向所有用户授予对新目录的完全读/写访问权限。如果在以目录分隔符结尾的路径字符串处要求提供某个目录的权限，会导致要求提供该目录所含的所有子目录的权限，例如“C:\Temp\”。如果仅需要某个特定目录的权限，则该字符串应该以“.”字符结尾，例如“C:\Temp\.”。

程序代码 11-5 确定指定的目录是否存在，如果存在，则删除该目录；如果不存在，则创建该目录。然后，将移动此目录，并在其中创建一个文件并对文件进行计数。

程序代码 11-5　目录操作

```
using System;
using System.IO;
class Test
{
    public static void Main()
    {
        //设置要操纵目录的字符串
        string path = @"c:\MyDir";
        //设置需要复制的目标目录的字符串
        string target = @"c:\TestDir";
        try
        {
            // 判断由 path 变量指定的目录是否存在
            if (!Directory.Exists(path))
            {
                // 不存在 path 变量指定的目录就创建它
                Directory.CreateDirectory(path);
            }
            if (Directory.Exists(target))
            {
                // 存在 target 变量指定的目录就删除它
                Directory.Delete(target, true);
            }
            // 把由 path 变量指定的目录移动到由 target 变量指定的目录
            Directory.Move(path, target);
            // 在指定目录创建文件 myfile.txt
            File.CreateText(target + @"\myfile.txt");
            // 计算 target 变量指定目录中的文件个数
            Console.WriteLine("在{0}目录中的文件个数是：{1}个。",
                target, Directory.GetFiles(target).Length);
        }
        catch (Exception e)
        {
            Console.WriteLine("操作错误，原因是：  {0}", e.ToString());
        }
        finally { }
        Console.ReadLine();
    }
}
```

2. DirectoryInfo 类

DirectoryInfo 类用于目录的一些基本操作，例如复制、移动、重命名、创建和删除目录。DirectoryInfo 类的常用属性及说明如表 11-2 所示，DirectoryInfo 类的常用方法及说明如表 11-3 所示。

表 11-2 DirectoryInfo 类的常用属性及说明

属性	说明
Attributes	设置当前 FileSystemInfo 的 FileAttributes
CreationTime	设置当前 FileSystemInfo 对象的创建时间
Exists	获取指示目录是否存在的值
FullName	获取目录或文件的完整目录
Parent	获取指定子目录的父目录
Name	获取此 DirectoryInfo 实例的名称

表 11-3 DirectoryInfo 类的常用方法及说明

方法	说明
Create	创建目录
CreateObjRef	创建一个对象，该对象包含生成用于与远程对象进行通信的代理所需的全部相关信息
CreateSubdirectory	在指定路径中创建一个或多个子目录。指定路径可以是相对于 DirectoryInfo 类的此实例的路径
Delete	从路径中删除 DirectoryInfo 及其内容
Equals	确定两个 Object 实例是否相等
GetAccessControl	获取当前目录的访问控制列表（ACL）项
GetDirectories	返回当前目录的子目录
GetFiles	返回当前目录的文件列表
GetFileSystemInfos	检索表示当前目录的文件和子目录的强类型 FileSystemInfo 对象的数组
GetHashCode	用作特定类型的哈希函数。GetHashCode 适合在哈希算法和数据结构（如哈希表）中使用
GetLifetimeService	检索控制此实例的生存期策略的当前生存期服务对象
GetObjectData	设置带有文件名和附加异常信息的 SerializationInfo 对象
GetType	获取当前实例的 Type
InitializeLifetimeService	获取控制此实例的生存期策略的生存期服务对象
MoveTo	将 DirectoryInfo 实例及其内容移动到新路径
ReferenceEquals	确定指定的 Object 实例是否是相同的实例
Refresh	刷新对象的状态
SetAccessControl	将 DirectorySecurity 对象所描述的访问控制列表（ACL）项应用于当前 DirectoryInfo 对象所描述的目录
ToString	返回用户所传递的原始路径

程序代码 11-6 是显示指定文件夹下的指定文件类型的文件信息，这些文件信息包括文件名、文件的创建时间和文件大小。本程序代码主要是让读者了解 DirectoryInfo 类的属性和方法的使用情况。

程序代码 11-6 显示文件夹下的指定文件类型的文件信息

```
using System;
using System.IO;
```

```
class DirectoryLister
{
    public static void Main(string[] args)
    {
    // DirectoryInfo 类的实例化
        DirectoryInfo dir = new DirectoryInfo("c:\\");
        Console.WriteLine("文件名          创建时间                    文件大小");
    //显示指定目录下的所有后缀是 dat 的文件
        foreach (FileInfo f in dir.GetFiles("*.dat"))
        {
            string name = f.FullName;                          //获取文件名
            long size = f.Length;                              //获取文件长度
            DateTime creationTime = f.CreationTime;            //获取文件的创建时间
            Console.WriteLine("{0}       {1}       {2}字节",   name, creationTime,size);
        }
        Console.ReadLine();
    }
}
```

程序代码 11-6 的显示结果如图 11-4 所示。

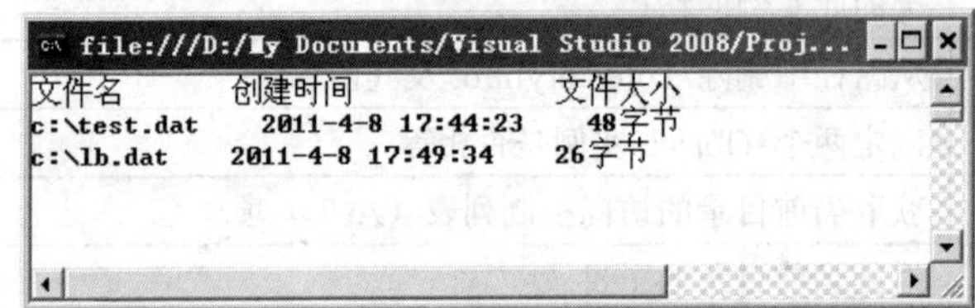

图 11-4 显示文件夹下的指定文件类型的文件信息

3. DriveInfo 类

DriveInfo 类提供对有关驱动器的信息的访问。表 11-4 中列出了 DriveInfo 类的常用属性。

表 11-4 DriveInfo 类的常用属性

名称	
AvailableFreeSpace	指示驱动器上的可用空闲空间量
DriveFormat	获取文件系统的名称，例如 NTFS 或 FAT32
DriveType	获取驱动器类型
IsReady	获取一个指示驱动器是否已准备好的值
Name	获取驱动器的名称
RootDirectory	获取驱动器的根目录
TotalFreeSpace	获取驱动器上的可用空闲空间总量
TotalSize	获取驱动器上存储空间的总大小
VolumeLabel	获取或设置驱动器的卷标

程序代码 11-7 说明如何使用 DriveInfo 类显示有关当前系统中所有驱动器的信息，其程序运行结果如图 11-5 所示。

程序代码 11-7　显示驱动器信息

```
using System;
using System.IO;
class Test
{
    public static void Main()
    {
        DriveInfo[] allDrives = DriveInfo.GetDrives();
        foreach (DriveInfo d in allDrives)
        {
            Console.WriteLine("驱动器：{0}", d.Name);
            Console.WriteLine("  类型：{0}", d.DriveType);
            if (d.IsReady == true)
            {
                Console.WriteLine("  卷    标：{0}", d.VolumeLabel);
                Console.WriteLine("  文件系统格式：{0}", d.DriveFormat);
                Console.WriteLine("  文件系统类型：{0, 15} ",d.DriveType);
                Console.WriteLine("  用户可用空间：{0, 15} bytes", d.AvailableFreeSpace);
                Console.WriteLine("  本驱动器空间：{0, 15} bytes ",d.TotalSize);
            }
        }
        Console.ReadLine();
    }
}
```

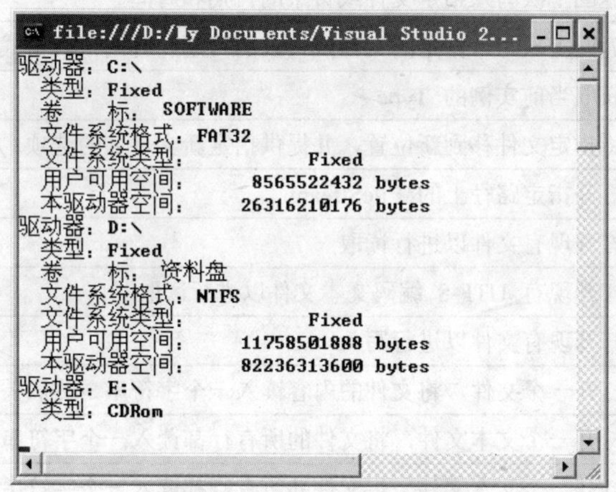

图 11-5　显示驱动器信息

11.3.2　文件管理

1. File 类

File 类主要用于对文件进行一些基本的操作，例如文件的复制、移动、重命名、创建、打开、删除和追加等操作。也可以通过 File 类对文件的属性进行设置，或者获取文件创建、访问及写入操作的 DateTime 信息。表 11-5 列出了 File 类的方法。

表 11-5　File 类的方法

方法	说明
AppendText	创建一个 StreamWriter，它将 UTF-8 编码文本追加到现有文件
AppendAllText	将指定的字符串追加到文件中，如果文件还不存在则创建该文件
Copy	将现有文件复制到新文件
Create	在指定路径中创建文件
CreateText	创建或打开一个文件用于写入 UTF-8 编码的文本
Decrypt	解密由当前帐户使用 Encrypt 方法加密的文件
Delete	删除指定的文件。如果指定的文件不存在，则不引发异常
Encrypt	将某个文件加密，使得只有加密该文件的帐户才能将其解密
Equals	确定两个 Object 实例是否相等
Exists	确定指定的文件是否存在
GetAccessControl	获取一个 FileSecurity 对象，它封装指定文件的访问控制列表（ACL）条目
GetAttributes	获取在此路径上的文件的 FileAttributes
GetCreationTime	返回指定文件或目录的创建日期和时间
GetCreationTimeUtc	返回指定的文件或目录的创建日期及时间，其格式为世界标准时间（UTC）
GetHashCode	用作特定类型的哈希函数
GetLastAccessTime	返回上次访问指定文件或目录的日期和时间
GetLastAccessTimeUtc	返回上次访问指定的文件或目录的日期及时间，其格式为世界标准时间（UTC）
GetLastWriteTime	返回上次写入指定文件或目录的日期和时间
GetLastWriteTimeUtc	返回上次写入指定的文件或目录的日期和时间，其格式为世界标准时间（UTC）
GetType	获取当前实例的 Type
Move	将指定文件移到新位置，并提供指定新文件名的选项
Open	打开指定路径上的 FileStream
OpenRead	打开现有文件以进行读取
OpenText	打开现有 UTF-8 编码文本文件以进行读取
OpenWrite	打开现有文件以进行写入
ReadAllBytes	打开一个文件，将文件的内容读入一个字符串，然后关闭该文件
ReadAllLines	打开一个文本文件，将文件的所有行都读入一个字符串数组，然后关闭该文件
ReadAllText	打开一个文本文件，将文件的所有行都读入一个字符串，然后关闭该文件
ReferenceEquals	确定指定的 Object 实例是否是相同的实例
Replace	使用其他文件的内容替换指定文件的内容，这一过程将删除原始文件，并创建被替换文件的备份
SetAccessControl	对指定的文件应用由 FileSecurity 对象描述的访问控制列表（ACL） 项
SetAttributes	设置指定路径上文件的指定的 FileAttributes
SetCreationTime	设置创建该文件的日期和时间

续表

方法	说明
SetCreationTimeUtc	设置文件创建的日期和时间，其格式为世界标准时间（UTC）
SetLastAccessTime	设置上次访问指定文件的日期和时间
SetLastAccessTimeUtc	设置上次访问指定的文件的日期和时间，其格式为世界标准时间（UTC）
SetLastWriteTime	设置上次写入指定文件的日期和时间
SetLastWriteTimeUtc	设置上次写入指定的文件的日期和时间，其格式为世界标准时间（UTC）
ToString	返回表示当前 Object 的 String
WriteAllBytes	创建一个新文件，在其中写入指定的字节数组，然后关闭该文件。如果目标文件已存在，则改写该文件
WriteAllLines	创建一个新文件，在其中写入指定的字符串，然后关闭文件。如果目标文件已存在，则改写该文件
WriteAllText	创建一个新文件，在文件中写入内容，然后关闭文件。如果目标文件已存在，则改写该文件

使用文件对象时，一定要注意文件的并发操作问题。当两个或者两个以上的程序或进程使用同一文件时，对文件进行的读写、移动等操作都可能会失败；在使用完文件对象之后，也一定要注意关闭文件，以免其他的程序或进程不能访问。

默认情况下，将向所有用户授予对新文件的完全读/写访问权限。程序代码 11-8 说明 File 类的一些主要成员的使用方法。该程序首先判断指定路径下的文件是否存在，不存在就建立；如果存在就打开，并把其内容显示出来；另外把打开的文件复制到指定目录下的指定文件名，然后把复制的文件再删除。

程序代码 11-8　File 类成员的使用方法

```
using System;
using System.IO;

class Test
{
    public static void Main()
    {
        string path = @"c:\testdir\MyTest.txt";
        if (!File.Exists(path))
        {
            // 创建一个文件用于写
            using (StreamWriter sw = File.CreateText(path))
            {
                sw.WriteLine("Hello");
                sw.WriteLine("And");
                sw.WriteLine("Welcome");
            }
        }
        // 打开文件用于读
        using (StreamReader sr = File.OpenText(path))
```

```
        {
            string s = "";
            while ((s = sr.ReadLine()) != null)
            {
                Console.WriteLine(s);
            }
        }
        try
        {
            string path2 = @"c:\testdir\MyTest.temp";
            // 如果目标文件存在，则删除
            if (!File.Exists(path2)) File.Delete(path2);
            // 复制文件到指定目录
            File.Copy(path, path2);
            Console.WriteLine("{0} 被复制到 {1}.", path, path2);
            // 删除新复制的文件
            File.Delete(path2);
            Console.WriteLine("{0} 文件已经被成功删除。", path2);
        }
        catch (Exception e)
        {
            Console.WriteLine("处理失败，原因是：{0}", e.ToString());
        }
        Console.ReadLine();
    }
}
```

2. FileInfo 类

FileInfo 类是一个密封类，可以用来创建、复制、删除、移动和打开文件。FileInfo 类包括 6 个属性，可以用来获取文件的名称、完整路径等，具体说明如表 11-6 所示。

表 11-6 FileInfo 类的常用属性

属性	说明	属性	说明
Directory	获取父目录	Exists	指定当前文件是否存在
DirectoryName	获取文件的完整路径	Length	获取当前文件的大小（字节）
IsReadOnly	获取或设置当前文件是否为只读	Name	获取文件的名称

程序代码 11-9 使用 FileInfo 类的对象和方法来实现程序代码 11-8 的功能。

代码 11-9 FileInfo 类成员的使用方法

```
using System;
using System.IO;
class Test
{
    public static void Main()
    {
        string path = Path.GetTempFileName();
        FileInfo fi1 = new FileInfo(path);
        if (!fi1.Exists)
        {
```

```
            // 创建一个文件用于写
            using (StreamWriter sw = fi1.CreateText())
            {
                sw.WriteLine("Hello");
                sw.WriteLine("And");
                sw.WriteLine("Welcome");
            }
        }
        // 打开文件用于读
        using (StreamReader sr = fi1.OpenText())
        {
            string s = "";
            while ((s = sr.ReadLine()) != null)
            {
                Console.WriteLine(s);
            }
        }
        try
        {
            string path2 = Path.GetTempFileName();
            FileInfo fi2 = new FileInfo(path2);
            // 如果目标文件存在，则删除
            if (fi2.Exists )      fi2.Delete();
            // 复制文件
            fi1.CopyTo(path2);
            Console.WriteLine("{0} 文件被复制到 {1}。", path, path2);
            // 删除新复制的文件
            fi2.Delete();
            Console.WriteLine("{0} 文件已成功被删除", path2);
        }
        catch (Exception e)
        {
            Console.WriteLine("处理失败，原因是：{0}", e.ToString());
        }
        Console.ReadLine();
    }
}
```

3. FileSystemInfo 类

FileSystemInfo 类包含文件和目录操作所共有的方法。FileSystemInfo 对象可以表示文件或目录，从而可以作为 FileInfo 或 DirectoryInfo 对象的基础。表 11-7 列出了 FileSystemInfo 类的常用属性，表 11-8 列出了 FileSystemInfo 类的常用方法

表 11-7 FileSystemInfo 类的属性

属性	说明
Attributes	获取或设置当前文件或目录的特性
CreationTime	获取或设置当前文件或目录的创建时间
CreationTimeUtc	获取或设置当前文件或目录的创建时间，其格式为世界标准时间（UTC）

续表

属性	说明
Exists	获取指示文件或目录是否存在的值
Extension	获取表示文件扩展名部分的字符串
FullName	获取目录或文件的完整目录
LastAccessTime	获取或设置上次访问当前文件或目录的时间
LastAccessTimeUtc	获取或设置上次访问当前文件或目录的时间，其格式为世界标准时间（UTC）
LastWriteTime	获取或设置上次写入当前文件或目录的时间
LastWriteTimeUtc	获取或设置上次写入当前文件或目录的时间，其格式为世界标准时间（UTC）
Name	对于文件，获取该文件的名称。对于目录，如果存在层次结构，则获取层次结构中最后一个目录的名称。否则，Name 属性获取该目录的名称

表 11-8　FileSystemInfo 类的方法

方法	说明
CreateObjRef	创建一个对象，该对象包含生成用于与远程对象进行通信的代理所需的全部相关信息
Delete	删除文件或目录
Equals(Object)	确定指定的 Object 是否等于当前的 Object
GetHashCode	用作特定类型的哈希函数
GetLifetimeService	检索控制此实例的生存期策略的当前生存期服务对象
GetObjectData	设置带有文件名和附加异常信息的 SerializationInfo 对象
GetType	获取当前实例的 Type
InitializeLifetimeService	获取控制此实例的生存期策略的生存期服务对象
MemberwiseClone()	创建当前 Object 的浅表副本
MemberwiseClone(Boolean)	创建当前 MarshalByRefObject 对象的浅表副本
Refresh	刷新对象的状态
ToString	返回表示当前对象的字符串

程序代码 11-10 说明 FileSystemInfo 类的属性和方法的使用，该程序代码是遍历指定目录下的所有子目录和文件。其程序的运行结果如图 11-6 所示。

程序代码 11-10　FileSystemInfo 类的属性和方法

```
using System;
using System.IO;
namespace P11_10
{
    class Program
    {
        static void Main(string[] args)
        {
            // 遍历“C:\testdir”目录下的所有子目录
            foreach (string entry in Directory.GetDirectories(@"C:\testdir"))
```

```
            {
                DisplayFileSystemInfoAttributes(new DirectoryInfo(entry));
            }
            // 遍历“C:\testdir”目录下的所有文件
            foreach (string entry in Directory.GetFiles(@"C:\testdir"))
            {
                DisplayFileSystemInfoAttributes(new FileInfo(entry));
            }
            Console.ReadLine();
        }
        static void DisplayFileSystemInfoAttributes(FileSystemInfo fsi)
        {
            // 假设对象是文件
            string entryType = "File";
            // 对象是目录，则改变 entryType 变量的值
            if ((fsi.Attributes & FileAttributes.Directory) == FileAttributes.Directory)
            {
                entryType = "Directory";
            }
            // 显示对象的类型、名字和创建的时间
            Console.WriteLine("{0} 对象 {1}被创建于 {2:D}", entryType, fsi.FullName, fsi.CreationTime);
        }
    }
}
```

```
Directory 对象 C:\testdir\jl被创建于 2011年4月11日
Directory 对象 C:\testdir\lb被创建于 2011年4月11日
File 对象 C:\testdir\myfile.txt被创建于 2011年4月11日
File 对象 C:\testdir\MyTest.txt被创建于 2011年4月11日
```

图 11-6 FileSystemInfo 类的属性和方法

程序代码 11-11 是前面讲的几种类的综合运用，实现目标是接受用户输入的路径和查找匹配方式，然后在查询结果的基础上分别统计目录和文件的个数，此处的目录个数包括子目录下的子目录。其程序的运行结果如图 11-7 所示。

代码 11-11 文件管理的综合应用

```
using System;
using System.IO;
class DirectoryFileCount
{
    static long files = 0;           // 定义文件计数器变量
    static long directories = 0;  // 定义文件夹计数器变量
    static void Main()
    {
        try
        {
            Console.Write("请输入一个文件夹的路径：");
            string directory = Console.ReadLine();
            Console.WriteLine("输入要查询的匹配串(例如 *.*)：");
```

```
            string searchString = Console.ReadLine();
            // 实例化 DirectoryInfo 对象
            DirectoryInfo dir = new DirectoryInfo(directory);
            if (!dir.Exists)
            {
                throw new DirectoryNotFoundException("此文件夹不存在！");
            }
            // 调用 DirectoryInfo 对象的 GetFileSystemInfos 方法，对 FileSystemInfo 对象进行实例化
            FileSystemInfo[] infos = dir.GetFileSystemInfos(searchString);
            Console.WriteLine("查询结果如下：");
            // 查询结果通过 ListDirectoriesAndFiles 方法实现
            ListDirectoriesAndFiles(infos, searchString);
            // 显示查询结果
            Console.WriteLine("子文件夹的个数有：{0}个", directories);
            Console.WriteLine("文件的个数有:      {0}个", files);
        }
        catch (Exception e)
        {
            Console.WriteLine(e.Message);
        }
        finally
        {
            Console.ReadLine();
        }
    }
    static void ListDirectoriesAndFiles(FileSystemInfo[] FSInfo, string SearchString)
    {
        //检查参数
        if (FSInfo == null)
        {
            throw new ArgumentNullException("FSInfo");
        }
        if (SearchString == null || SearchString.Length == 0)
        {
            throw new ArgumentNullException("SearchString");
        }
        // 遍历每个项目
        foreach (FileSystemInfo i in FSInfo)
        {
            // 检测是否是 DirectoryInfo 对象
            if (i is DirectoryInfo)
            {
                // 文件夹计数器加 1
                directories++;
                //定义新的 DirectoryInfo 对象
                DirectoryInfo dInfo = (DirectoryInfo)i;
                // 递归调用，已检测子文件中的内容
                ListDirectoriesAndFiles(dInfo.GetFileSystemInfos(SearchString), SearchString);
            }
            // 检测如果是文件，则文件计数器加 1
```

```
            else if (i is FileInfo)
            {
                // Add one to the file count.
                files++;
            }
        }
    }
}
```

```
file:///D:/My Documents/Visual Studi...
请输入一个文件夹的路径：c:\testdir
输入要查询的匹配串(例如 *.*)：
*.*
查询结果如下：
子文件夹的个数有：3个
文件的个数有：    1个
```

图 11-7　文件管理的综合应用

11.3.3　路径管理

路径是提供文件或目录位置的字符串。路径不但可以指向磁盘上的位置，也可以映射到内存中或设备上的位置。路径可以分为绝对路径和相对路径。绝对路径完整指定一个文件或目录的位置，例如“c:\lb\lbtest”，即文件或目录可被唯一标识，而与当前位置无关；相对路径是指以当前位置作起始点，来说明指定文件的位置。在 C#中确定当前目录位置可调用“Directory.GetCurrentDirectory”来获得。

在 C#中使用 Path 类来对文件系统的目录进行操作，Path 类的大多数成员不与文件系统交互，并且不验证路径字符串指定的文件是否存在。修改路径字符串的 Path 类成员（例如 ChangeExtension）对文件系统中文件的名称没有影响。但 Path 成员需要验证指定路径字符串的内容；并且如果字符串包含在路径字符串中无效的字符（例如 InvalidPathChars 中的定义），则引发 ArgumentException。例如，在基于 Windows 的桌面平台上，无效路径字符可能包括引号（"）、小于号（<）、大于号（>）、管道符号（|）、退格（\b）、空（\0）以及从 16 到 18 和从 20 到 25 的 Unicode 字符。

Path 类的成员可以快速方便地执行常见操作，例如，确定文件扩展名是否是路径的一部分，以及将两个字符串组合成一个路径名。另外 Path 类的所有成员都是静态的，因此无需具有路径的实例即可被调用。Path 类常用方法如表 11-9 所示。

表 11-9　Path 类常用方法

方法	说明
ChangeExtension	更改路径字符串的扩展名
Combine	合并两个路径字符串
Equals	确定两个 Object 实例是否相等
GetDirectoryName	返回指定路径字符串的目录信息
GetExtension	返回指定的路径字符串的扩展名

续表

方法	说明
GetFileName	返回指定路径字符串的文件名和扩展名
GetFileNameWithoutExtension	返回不具有扩展名的指定路径字符串的文件名
GetFullPath	返回指定路径字符串的绝对路径
GetHashCode	用作特定类型的哈希函数。GetHashCode 适合在哈希算法和数据结构（如哈希表）中使用
GetInvalidFileNameChars	获取包含不允许在文件名中使用的字符的数组
GetInvalidPathChars	获取包含不允许在路径名中使用的字符的数组
GetPathRoot	获取指定路径的根目录信息
GetRandomFileName	返回随机文件夹名或文件名
GetTempFileName	创建磁盘上唯一命名的零字节的临时文件并返回该文件的完整路径
GetTempPath	返回当前系统的临时文件夹的路径
GetType	获取当前实例的 Type
HasExtension	确定路径是否包括文件扩展名
IsPathRooted	获取一个值，该值指示指定的路径字符串是包含绝对路径信息还是包含相对路径信息
ReferenceEquals	确定指定的 Object 实例是否是相同的实例
ToString	返回表示当前 Object 的 String

程序代码 11-12 说明了 Path 类的某些主要成员的使用，其程序的运行结果如图 11-8 所示。

代码 11-12 Path 类的某些主要成员的使用

```
using System;
using System.IO;
class Test
{
    public static void Main()
    {
        string path1 = @"c:\temp\MyTest.txt";
        string path2 = @"c:\temp\MyTest";
        string path3 = @"temp";
        if (Path.HasExtension(path1))
        {
            Console.WriteLine("{0} 路径中包含扩展名。", path1);
        }
        if (!Path.HasExtension(path2))
        {
            Console.WriteLine("{0} 路径中不包含扩展名。", path2);
        }
        if (!Path.IsPathRooted(path3))
        {
            Console.WriteLine("{0}路径中不包含根信息。", path3);
```

```
            }
            Console.WriteLine("{0}完整路径是{1}。", path3, Path.GetFullPath(path3));
            Console.WriteLine("{0} 是本地的临时文件目录。", Path.GetTempPath());
            Console.WriteLine("{0} 是可用的文件名。", Path.GetTempFileName());
            Console.ReadLine();

        }
    }
```

```
file:///D:/My Documents/Visual Studio 2008/Projects/2-1/2-1/bin/Debug...
c:\temp\MyTest.txt 路径中包含扩展名。
c:\temp\MyTest 路径中不包含扩展名。
temp路径中不包含根信息。
temp完整路径是D:\My Documents\Visual Studio 2008\Projects\2-1\2-1\bin\Debug\temp
。
C:\Documents and Settings\Administrator\Local Settings\Temp\ 是本地的临时文件目
录。
C:\Documents and Settings\Administrator\Local Settings\Temp\tmpB4.tmp 是可用的文
件名。
```

图 11-8　Path 类的某些主要成员的使用

本章首先介绍了文件与流的概念，然后介绍了有关文件管理的一些类及其常用方法。重点介绍了文件的创建、复制、删除、读取、写入等基本操作的实现，File 类经常和 FileStream 类结合起来实现对文件的操作，此外还可以通过 StreamReader 和 StreamWriter 类来实现对文件的读写操作。另外，还对目录管理的相关操作进行了详细的说明。

一、选择题

1．(　　) 类用于目录管理。

A．System.IO　　B．Directory　　C．File　　D．Stream

2．(　　) 类用于对文件进行创建、删除、复制、移动、打开等操作。

A．File 和 FileStream　　B．File

C．Stream　　D．System.IO

3．(　　) 类可用于按文本方式读写文件。

A．StreamReader　　B．StreamWriter

C．StreamReader 和 StreamWriter　　D．File

4．(　　) 类可用于以二进制方式读写文件。

A．BinaryReader 和 BinaryWriter　　B．StreamWriter

C．StreamReader　　D．Stream

5．使用 FileStream 类以独占方式打开文件，FileShare 需要使用（　　）。

A．None　　B．Read　　C．ReadWrite　　D.Write

6．在以下 C#代码的下划线处填入（　　），该 C#语句表示打开一个文件，如果该文件不存在则发生异常。

```
FileStream fs=new FileStream("D:\\music.txt",_______________);
```

A．FileMode.Create　　B．FileMode.Open

C．FileMode.Close　　D．FileMode.CreateNew

7．下列 Stream 类不支持查找操作的是（　　）。

A．FileStream　　B．MemoryStream

C．BufferedStream　　D．NetworkStream

8．（　　）是使用 System.IO 命名空间类 Move 方法的错误代码。

A．Directory.Move("E:\\C#","E:\\.NET\\C#");

B．Directory.Move("E:\\C#","C:\\C#");

C．Directory.Move("E:\\C#","E:\\.File");

D．File.Moce("E:\\C#\\2006\\2006.txt","C:\\2006.txt');

9．整型数组 MyIntArray 的定义和初始化如下：

```
int[] MyIntArray = new int[400];
for(int i = 0;i<400;i++) MyIntArray[i]=i;
```

A．BinaryWriter　　B．StreamWriter

C．TextWriter　　D．StringWriter

为了将数组 MyIntArray 的所有元素值写入 FileStream 流，可创建（　　）类的实例对该流进行写入。

10．用 FileStream 打开一个文件时，可用 FileShare 参数控制（　　）。

A．对文件执行覆盖、创建、打开等选项中的哪些操作

B．对文件进行只读、只写还是读/写

C．其他 FileStream 对同一个文件所具有的访问类型

D．对文件进行随机访问时的定位参考点

二、程序分析，并说明程序功能

```
using System;
using System.IO;
class Test
{
    public static void Main()
    {
        string path = @"c:\MyDir";
        string target = @"c:\TestDir";
        try
        {
            if (!Directory.Exists(path))
                {
                    Directory.CreateDirectory(path);
                }
            if (Directory.Exists(target))
                {
                  Directory.Delete(target, true);
                }
            Directory.Move(path, target);
            File.CreateText(target + @"\myfile.txt");
            Console.WriteLine("在{0}中的文件数目是{1}",
            target, Directory.GetFiles(target).Length);
```

```
            }
            catch (Exception e)
            {
                Console.WriteLine("操作失败: {0}", e.ToString());
            }
            finally {}
        }
    }
```

三、程序设计

1．编写程序，从键盘接受学生的姓名和学号，并写入文本文件中。

2．编写程序，将文件复制到指定路径，允许改写同名的目标文件。

3．编写程序，使用 File 类实现删除当前目录下的所有文件。

第 12 章　线程

到目前为止，书中在前面所讲述的所有内容都是基于单线程的，但多线程在某些领域应用时的优势很明显。本章介绍 C#和.NET 基类为开发多线程应用程序所提供的支持。多线程是指在应用程序执行过程中，有多个运行单元可以执行。通过对本章的学习，读者应该掌握以下主要内容：

- 理解多线程的概念
- 掌握线程的创建、控制和同步
- 理解线程的优先级
- 掌握线程的实现方式

12.1　多线程的概念

最初的 DOS 系统是一种单任务的操作系统，即每次只能运行一个程序，只有当这个程序执行结束之后，才能执行新的程序任务；现在流行使用的 Windows 操作系统是一种多任务的操作系统，其不仅可以同时运行多个程序，还可以同时运行一个程序的多个副本，这里每一个运行着的程序叫进程，而线程是进程内的一个组成部分，这样就可以同时运行同一程序内的多个线程，这就引出了多线程的概念。

12.1.1　多线程的概念

程序是一段静态的代码，是应用程序执行的蓝本；进程是一个动态的概念，是一个正在执行的应用程序。进程由若干个代码块和数据块组成，每个进程还拥有包括文件句柄、线程、用户资源（对话框或字符串）、GDI 资源（设备环境 DC 和画笔等）等资源。这些不同的资源随着进程的产生而产生，当进程终止时，这些资源也同时撤销，这些资源的分配是由操作系统来统一完成的。因此，作为执行蓝本的同一段程序，可以被多次加载到系统的不同内存区域分别执行，形成不同的进程。在 Windows 操作系统中提供一个“任务管理器”的工具来查看和管理进程。

图 12-1 中 WINWORD.EXE 是 Word 字处理进程；POWERPNT.EXE 是幻灯片制作和播放进程；taskmgr.exe 是 Windows 的“任务管理器”进程，用于对正在运行的进程进行管理。这些启动的进程跟本机环境有关，当启动一个应用程序（或说一个任务）时通常也就启动了一个进程。从图 12-1 中还可以看出每一个进程占有一定的内存空间和 CPU，当然进程还会有其他系统资源，内存和 CPU 只是操作系统便于用户了解进程的运行情况而向用户公布进程的重要信息。

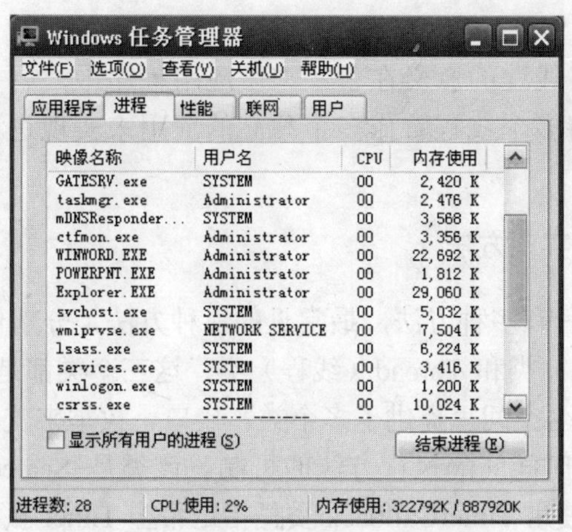

图 12-1 Windows 中的“任务管理器”

所以准确地讲，进程是一个可执行程序的一次运行过程，是系统进行资源分配和调度的一个独立单位。当一个程序被调入内存开始执行时就变成了进程，此时操作系统便为其分配了相关的资源并且负责进行调度。

线程是进程中的一个执行单元，且一个进程可以包含若干个线程。同一进程中的各个线程对应于一组 CPU 指令、一组 CPU 寄存器以及一个堆栈。进程并不执行代码，只是代码存放的地址空间，进程地址空间中所存放的代码是由线程来执行的。

多进程决定了操作系统的多任务，而真正完成某个任务的是线程。通常一个 CPU 在同一时间只能做一件事情，那么在单 CPU 下的操作系统如何实现多任务呢？答案是操作系统以轮转方式向线程提供时间片，即由于 CPU 执行速度非常快，单独为一个线程服务有些浪费 CPU 的工作时间，因此 CPU 将一秒的工作时间进行分片，每片有 1 毫秒左右（这个时间与 CPU 速度有关，速度越快时间片分得越小），然后以时间片为单位向线程提供服务。例如在 1 秒钟内 A 线程占有 10 个时间片，B 线程占有 30 个时间片……每 1 秒都这样分配了以后，操作系统负责 CPU 的切换，于是 1 秒钟过后所有线程都执行了，整体看上去好像所有的进程是在同时运行，这就是操作系统多任务的实现方式，也就是通过不断切换线程的执行来实现。对于进程来讲至少会带有一个默认的线程，称之为主线程。

对于线程来讲抢占的 CPU 时间越多，完成任务的速度就越快。多线程处理可以同时运行多个任务，因此多线程技术可以使程序的响应速度更快，可以让占用大量处理时间的任务和当前没有进行处理的任务定期将处理器时间让给别的任务，可以随时停止任务。要让某个线程抢占 CPU 的能力增加，可以提高该线程的优先级，通常来说优先级越高的线程抢占 CPU 的能力越强。

进程和线程都是由操作系统所调用程序运行的基本单元，系统利用该基本单元实现系统对应用的并发性，其主要区别在于：

（1）线程划分尺度小于进程，这样多线程的程序的并发性就高。

（2）进程在执行过程中拥有独立的内存单元，而多个线程共享内存单元，从而极大地提高了程序的运行效率。

（3）执行方式不同。每个独立的线程有一个程序运行的入口、顺序执行序列和程序出口。但是线程不能够独立执行，必须依存在应用程序中，由应用程序提供多个线程执行控制。

从逻辑角度来看，多线程的意义在于：一个应用程序中，有多个执行部分可以同时执行。但操作系统并没有将多个线程看作多个独立的应用来实现进程的调度和管理以及资源分配。

12.1.2 C#中的线程实现方法

在 C#中，实现多线程有多种方法，最常见的三种方法是分别使用 Timer 类（线程计数器）、ThreadPool（线程池）类和 Thread（线程）类，这三个类都是通过 System.Threading 命名空间实现的，在这个命名空间里提供了多个类、接口、枚举来支持多线程的实现。

Timer 类提供以指定时间间隔执行方法的机制。该类是 Sealed 类，不能被继承。调用 Timer 类的构造方法时，使用 TimerCallback 委托指定希望 Timer 执行的方法。

计时器委托在构造计时器时指定，并且不能更改。此方法不在创建计时器的线程中执行，而是在系统提供的线程池线程中执行。创建计时器时，可以指定在第一次执行方法之前等待的时间量（截止时间）以及此后的执行期间等待的时间量（时间周期），可以使用 Change()方法更改这些值或禁用计时器。当不再需要计时器时，可以使用 dispose()方法释放计时器持有的资源。System.Threading.Timer 是一个使用回调方法的计时器，主要适用于间隔性地完成任务。

ThreadPool 为大多数任务提供最佳的基本线程创建和管理机制。该类使用户能够请求某一线程执行任务，而不必亲自完成任何线程管理工作。ThreadPool 类提供一个线程池，该线程池可用于发送工作项、处理异步 I/O、代表其他线程等待以及处理计时器。许多应用程序创建的线程都要在休眠状态中消耗大量时间，以等待事件发生。其他线程可能进入休眠状态，只被定期唤醒以轮询更改或更新状态信息。线程池通过为应用程序提供一个由系统管理的辅助线程池，让用户更有效地使用线程。一个线程监视到线程池的若干个等待操作的状态，当一个等待操作完成时，线程池中的一个辅助线程就会执行对应的回调函数，也可以将与等待操作不相关的工作项排列到线程池。可以调用 QueueUserWorkItem()方法，请求由线程池中的一个线程来处理工作项。此方法把将被从线程池中选定的线程调用的方法或委托的引用用作参数。线程池在首次创建 ThreadPool 类的实例时被创建，且具有 25 个线程的默认限制，这个可以在 mscoree.h 文件中定义的 CorSetMaxThreads 来更改。每个线程使用默认的堆栈大小并按照默认的优先级运行，每个进程只能具有一个操作系统线程池。ThreadPool 类适用于多个小的线程。

Thread 类是实现线程的主要方法，适用于各种情况，本章主要介绍 Thread 类，并且以 Thread 类为例，介绍线程的相关概念。

12.2 多线程的程序设计

12.2.1 创建线程

在 C#中多线程的程序设计主要是用 System.Threading.Thread 类来实现的，该类的主要属性和方法如表 12-1 和表 12-2 所示。

表 12-1　Thread 类的主要方法

属性	说明
CurrentThread	静态属性，获取当前正在运行的线程
IsAlive	获取一个值，该值指示当前线程的执行状态
IsBackground	获取或设置一个值，该值指示是否是后台线程
Name	获取或设置线程的名称
Priority	获取或设置一个值，该值指示线程的调度优先级
ThreadState	获取一个值，该值包含当前线程的状态

表 12-2　Thread 类的主要方法

方法	说明
Start	开始执行线程
Abort	终止线程
Interrupt	打断处于 WaitSleepJoin 线程状态的线程，使其继续执行
Join	阻止调用线程，直到被调用线程终止为止，它在被调用线程实际停止执行之前或可选超时间隔结束之前不会返回
Sleep	静态方法，使当前线程停止指定的毫秒数

应用程序的主线程总是从 Main 方法开始，而后其他的线程需要在程序里定义和启动。C#中创建一个线程分成两步：一是准备线程函数，也就是线程的起始点，即线程完成的任务；二是定义一个 ThreadStart 类型的变量，并将前面准备好的线程函数作为其构造函数的参数传入，其使用的语法格式如下：

```
Thread 线程对象实例 = new Thread(new ThreadStart(方法名));
```

这里要注意的是，在委托 ThreadStart 的构造方法里面传入的是方法名，这个方法名是线程函数的方法名，该方法可以是静态方法，也可以是某个对象的方法。线程对象创建后，可以调用其 Start 方法开始线程的执行。可以在主线程里建立线程，也可以在线程里再创建线程，线程启动后会自动执行委托实例代表的方法，线程执行完后会自动销毁并释放其资源。程序代码 12-1 是建立一个线程并启动。

程序代码 12-1　线程建立与启动

```
using System;
using System.Threading;
class Program
{
    //线程启动后执行的方法，这里是用了静态方法
    static void ThreadRun()
    {
        Console.WriteLine("子线程启动！");
        //子线程开始计数
        for (int i = 0; i < 5; i++)
        {
            Console.WriteLine("{0}", i);
        }
```

```
        Console.WriteLine("子线程结束！");
    }
    static void Main(string[] args)
    {
        Console.WriteLine("主线程启动！");
        //在主线程里创建子线程
        Thread ts = new Thread(new ThreadStart(ThreadRun));
        ts.Start();                                   //启动子线程
        Console.WriteLine("主线程结束！");
    }
}
```

程序代码 12-1 的运行结果如下所示：

```
主线程启动！
子线程启动！
0
1
2
3
4
子线程结束！
主线程结束！
```

在程序代码 12-1 中，主线程建立了子线程，并让其执行方法 ThreadRun。需要说明的是程序代码 12-1 的运行结果不是唯一的，因为线程被分配到的时间片在每一次运行时是不固定的。如果主线程中建立完子线程后也进行计数操作，子线程开始后也立即进行计数，这时两个线程是靠争抢 CPU 而执行的，执行的结果将是不确定的。

在程序代码 12-2 中，为了区分是哪一个线程进行的计数输出，使用了 Thread.CurrentThread.Name 属性，用于设定当前线程的名字。

程序代码 12-2　线程的 Thread.CurrentThread.Name 属性

```
using System;
using System.Threading;
class Program
{
    //线程启动后执行的方法，这里是用了静态方法
    static void ThreadRun()
    {
        //当前线程是子线程，此时是设置子线程名字
        Thread.CurrentThread.Name = "子线程";
        Console.WriteLine("子线程启动！");
        //子线程开始计数
        for (int i = 0; i < 5; i++)
        {
            Console.WriteLine("{0}：{1}", Thread.CurrentThread.Name, i);
        }
        Console.WriteLine("子线程结束！");
    }
    static void Main(string[] args)
    {
        //设置主线程名字
```

```
            Thread.CurrentThread.Name = "主线程";
            Console.WriteLine("主线程启动！");
            //在主线程里创建子线程
            Thread ts = new Thread(new ThreadStart(ThreadRun));
            ts.Start();                                         //启动子线程
            for (int i = 0; i < 5; i++)                         //主线程开始计数
            {
                Console.WriteLine("{0}:{1}", Thread.CurrentThread.Name, i);
            }
            Console.WriteLine("主线程结束！");
            Console.ReadLine();
        }
    }
```

程序代码 12-2 的输出结果如下所示：

```
主线程启动！
主线程：0
主线程：1
主线程：2
主线程：3
主线程：4
主线程结束！
子线程启动！
子线程：0
子线程：1
子线程：2
子线程：3
子线程：4
子线程结束！
```

当进程一启动就会带有一个主线程，这个线程不是自定义的，想要操作它的实例只能通过静态属性或静态方法。在程序代码 12-2 中，通过 Thread.CurrentThread 的 Name 属性来设置主线程的名字。当然这些静态属性或方法也可以放在子线程里，所以对于子线程的实例至少可以通过两种方式来获得，一种是通过定义时的线程对象（例如在程序代码 12-2 中的 Thread ts 中的 ts）来获得，一种就是通过线程类的静态属性 Thread.CurrentThread 来获得。

12.2.2 线程的并行性

程序代码 12-2 中创建了一个线程用来打印 0~4 五个数，如果线程完成更复杂的任务，并且往往是要在后台一直运行，所以一旦该线程开始运行，系统大部分资源又会被该线程占用，直到其运行结束为止，这样也就失去了原先创建该线程的意义。

为解决这个问题，C#中 Thread 类又提供了一个 Sleep 函数，该函数的参数是一个数值，其数值的单位是毫秒。Sleep 函数被调用时，该线程所占用的系统资源（例如 CPU 资源）会被释放掉，从而其他线程可以得到一些资源进行相应的操作。程序代码 12-3 是在程序代码 12-2 的基础上增加了 Sleep 语句，这样当主线程计一个数之后进入休眠状态；此时 CPU 是空闲的（如果不考虑其他系统正在运行的进程），子线程就可以在此时获得 CPU 并计数，子线程计一个数之后，也进入休眠状态；此时 CPU 是空闲的，主线程又可以获得 CPU 并计数……，如此反复，主进程和子进程就交替进行计数。

程序代码 12-3　线程的 Sleep 函数的使用

```
using System;
using System.Threading;
class Program
{
    //线程启动后执行的方法，这里是用了静态方法
    static void ThreadRun()
    {
        //当前线程是子线程，此时是设置子线程名字
        Thread.CurrentThread.Name = "子线程";
        Console.WriteLine("子线程启动！");
        //子线程开始计数
        for (int i = 0; i < 12; i++)
        {
            Console.WriteLine("{0}：{1}", Thread.CurrentThread.Name, i);
            Thread.Sleep(10);    //让当前线程休眠 10 毫秒
        }
        Console.WriteLine("子线程结束！");
    }
    static void Main(string[] args)
    {
        //设置主线程名字
        Thread.CurrentThread.Name = "主线程";
        Console.WriteLine("主线程启动！");
        //在主线程里创建子线程
        Thread ts = new Thread(new ThreadStart(ThreadRun));
        ts.Start();                                   //启动子线程
        for (int i = 0; i < 12; i++)                  //主线程开始计数
        {
            Console.WriteLine("{0}:{1}", Thread.CurrentThread.Name, i);
            Thread.Sleep(10);//让当前线程休眠 10 毫秒
        }
        Console.WriteLine("主线程结束！");
        Console.ReadLine();
    }
}
```

程序代码 12-3 的运行结果如下所示：

```
主线程启动!
主线程：0
子线程启动!
子线程：0
主线程：1
子线程：1
主线程：2
子线程：2
主线程：3
子线程：3
主线程：4
子线程：4
```

```
主线程结束!
子线程结束!
```

从以上输出结果可知，主线程与子线程是交替运行的，而不是等主线程运行完毕才去运行子线程，或者是等子线程运行完毕才去运行主线程，这正好反映出线程的并行性。前面的结果之所以总是一个线程运行完，另一个线程才运行是因为程序运行得太快。如果想规定指定时段运行 Sleep 函数，可以使用 TimeSpan 对象：

```
Thread.Sleep(new TimeSpan(iHour, iMin, iSec) );
```

该对象是用来生成一段延迟时间，当延迟时间到之后再传送到 Sleep 方法中，以规定线程休息多长的时间。TimeSpan 有如下四种构造函数：

```
public TimeSpan(long);
public TimeSpan(int, int, int);
public TimeSpan(int, int, int, int);
public TimeSpan(int, int, int, int, int);
```

第一个构造函数中的参数是多少个 100 纳秒。剩下的三个构造函数的参数依次是：天数、小时数、分钟数、秒数、毫秒数。Sleep 方法会抛出如下三种异常：

（1）当时间参数小于 0 时，会抛出 ArgumentException。

（2）当线程执行 Sleep 函数时被中断，会抛出 ThreadInterruptedException。

（3）当没有相应的权限时为 SecurityException。

程序代码 12-4 用以捕获到上述的几种异常并做相应处理。

程序代码 12-4　线程的 Sleep 函数的异常处理

```
public class MyThread
{
    public void Thread1()
    {
        for (int i = 0; i < 10; i++)
        {
            Thread thr = Thread.CurrentThread;
            Console.WriteLine(thr.Name + "=" + i);
            Try
            {
                Thread.Sleep(1) ;
            }
            catch (ArgumentException ae)
            {
                Console.WriteLine(ae.ToString() );
            }
            catch (ThreadInterruptedException tie)
            {
                Console.WriteLine(tie.ToString() );
            }
            catch (SecurityException se)
            {
                Console.WriteLine(se.ToString() );
            }
        }
    }
}
```

12.2.3 多线程的优先级别

线程是靠争夺 CPU 时间片来执行代码的，当某个线程抢夺的时间片越多，其利用 CPU 时间就越多，该线程执行的速度也就越快，而决定这个争抢能力的就是靠线程的优先级。一般情况下，如果有优先级较高的线程在工作，就不会给优先级较低的线程分配任何时间片。

高优先级的线程可以完全阻止低优先级的线程执行，因此在改变线程的优先级时要特别小心。要设置一个线程的优先级可以通过改变其 Priority 属性的值来实现，一个线程的 Priority 属性可以被设置为如下属性值：

- ThreadPriority.Highest
- ThreadPriority.AboveNormal
- ThreadPriority.Normal
- ThreadPriority.BelowNormal
- ThreadPriority.Lowest

上面所定义的属性值的优先级别是按从高到低进行排序的，其中线程默认的优先级别是 ThreadPriority.Normal，原则上相同优先级的线程会获得相同的 CPU 时间。一旦给线程设置了优先级，操作系统会根据线程的优先级调度线程的执行。这里要注意一个问题，操作系统可以在线程间切换时动态地调整线程的优先级，这样有时候在程序中设定的线程优先级可能得不到给定的效果，因为此线程可能已经被操作系统更改了优先级。另外，线程的优先级不影响该线程的运行状态，只要确保该线程的状态在操作系统调度该线程之前为 Running 就可以了，可以在线程定义时或线程运行时随时改变线程的优先级。

程序代码 12-5 说明了更改线程优先级的效果。该程序代码创建了两个线程，其中一个线程的优先级设置为 ThreadPriority.Highest，一个线程的优先级使用其默认的 ThreadPriority.Lowest。两个线程都使用同一个方法进行计数输出，两个线程运行一段设定的时间。

程序代码 12-5 线程的优先级

```
using System;
using System.Threading;
public class MyThread
{
    public void ThreadPriorityTest()
    {
      for (int i = 0; i < 10; i++)
      {
          Thread thr = Thread.CurrentThread;
          Console.WriteLine(thr.Name + "=" + i);
          //Thread.Sleep(1) ;              //此语句注释去掉，将会使两个子进程交替计数
      }
    }
}
public class MyClass
{
    public static void Main()
    {
```

```
            Console.WriteLine("线程开始之前");
            MyThread ts1 = new MyThread();
            MyThread ts2 = new MyThread();
            Thread thp1 = new Thread(new ThreadStart(ts1.ThreadPriorityTest));
            Thread thp2 = new Thread(new ThreadStart(ts2.ThreadPriorityTest));
            thp1.Name = "子线程 1";
            thp2.Name = "子线程 2";
            thp1.Priority = ThreadPriority.Highest;
            thp2.Priority = ThreadPriority.Lowest;
            thp1.Start();
            thp2.Start();
            Console.WriteLine("线程结束！");
            Console.ReadLine();
        }
    }
```

程序代码 12-5 的运行结果如下所示：

```
线程开始之前
子线程 1=0
子线程 1=1
子线程 1=2
子线程 1=3
线程结束！
子线程 2=0
子线程 2=1
子线程 2=2
子线程 2=3
```

由程序的执行结果可以看出线程是按照优先级别从高到低执行的。在这个程序中有三个线程，优先级别从高到低分别是子线程 1、主线程和子线程 2。当主线程开始执行并启动两个子线程后，高级别的子线程 1 先执行完毕，然后主线程执行完成，最后是优先级最低的子线程 2。另外，当把程序中的语句“Thread.Sleep(1) ;”前的注释去掉时，由于子线程 1 计数输出一次后，就要休眠 1 秒，那么有可能被子线程抢得 CPU 的执行时间，两者之间可能轮流执行，但子线程 1 抢得 CPU 的时间会更多一些。

12.2.4 线程的后端与前端运行

.NET 中有两种类型的线程，一种是前台线程，一种是后台线程。所谓后台线程是说该线程与父进程紧密连接在一起，隐藏在父进程的后面，所以一旦父进程终止运行，该线程本身也会被立即终止，不管线程是否已经真正结束。相反，一个运行在前端的线程却是独立于父进程的，一旦该线程开始运行，即使父进程已经终止运行，这个线程却会照样独立运行，直到运行结束或者被其他程序强行终止。C#中一个线程的默认设置为前端运行，所以在前面所有例子中，虽然 Main 函数几乎是才开始就结束运行，但所有线程却都依旧运行，直到结束。在建立新线程后，可通过对 Thread 类的对象中的 IsBackground 属性设置来决定该线程是前台线程还是后台线程。当该属性值为 true 时就说明所建立的是后台线程；为 false 时为前台进程，默认值是 false。

程序代码 12-6 是一个建立两个后台运行的线程的程序。

程序代码 12-6　后台线程

```
using System;
using System.Threading;
public class MyThread
{
    public void ThreadPriorityTest()
  {
   for (int i = 0; i < 10; i++)
   {
    Thread thr = Thread.CurrentThread;
    Console.WriteLine(thr.Name + "=" + i);
    Thread.Sleep(1) ;
   }
  }
}
public class MyClass
{
  public static void Main()
  {
   Console.WriteLine("线程开始之前");
   MyThread ts1 = new MyThread();
   MyThread ts2 = new MyThread();
   Thread thp1 = new Thread(new ThreadStart(ts1.ThreadPriorityTest));
   Thread thp2 = new Thread(new ThreadStart(ts2.ThreadPriorityTest));
   thp1.Name = "子线程 1";
   thp2.Name = "子线程 2";
   thp1.IsBackground =true;
   thp2.IsBackground =true;
   thp1.Start();
   thp2.Start();
   Console.WriteLine("线程结束！");
  }
}
```

程序代码 12-6 的运行结果如下所示：

```
线程开始之前
线程结束!
子线程 1=0
子线程 2=0
```

12.2.5 线程的方法和状态

在任何时候，线程都处于某种状态之中。线程的状态是由 Thread 类中的 ThreadState 属性来标识，该属性包含的状态有 5 种，包括：

- Aborted：线程处于 Stopped 状态中。
- AbortRequested：已对线程调用了 Thread.Abort 方法后的挂起状态。
- Running：线程已启动，正在运行中。
- Stopped：线程已停止。
- Unstarted：尚未对线程调用 Thread.Start 方法。

● WaitSleepJoin：由于调用 Sleep 或 Join，线程已暂停。

通过读取 ThreadState 属性，可以获得当前线程的工作状态。线程的初始状态为 Unstarted，当其调用 Thread 类中的 Start()方法来启动线程时，线程的生命周期就开始了，即进入了 Running 状态。一个线程开始之后，可以被挂起，即进入了 AbortRequested 状态，挂起以后可以由其他线程重新启动；可以将线程处于休眠状态，即进入了 WaitSleepJoin 状态，休眠以后可以由其他线程进行唤醒；可以中断一个线程；线程执行完以后会进入 Stopped 状态，此时若没有任何引用指向线程对象，垃圾回收器就会从内存中删除线程对象，此时线程的生命周期结束。

ThreadState 为线程定义了一组所有可能的执行状态。一旦线程被创建后，就至少处于其中的某一种状态下，直到线程结束。线程的各种状态之间的转换是依据表 12-2 中 Thread 类的方法来进行的。在这几种方法中，Join 方法最难理解。当前线程调用别的线程 Join 时，当前线程就会进入等待状态，等待调用线程完成所有操作后，当前线程才能继续执行。Join 方法有两个版本：一个是不带参数的，调用形式如 A.Join()；另一种是带有时间参数的，调用形式如 A.Join(20)，此时 Join 的方法中的参数时间表示当前线程最多能等待调用线程的毫秒数，如果超过这个时间那么当前线程就不等了继续往下执行。程序代码 12-7 是 Join 方法的应用。

程序代码 12-7　线程的 Join 方法的应用

```
using System;
using System.Threading;
class Test
{
    //时间变量，初始化为 1000 毫秒
    static int waitTime = 1000;
    public static void Main()
    {
        Console.WriteLine("主线程开始");//创建线程并开始
        Thread newThread = new Thread(new ThreadStart(Work));newThread.Start();
        //调用 Join 方法，等待 2 秒钟
        if ( newThread.Join( 2*waitTime ) )
        {
            Console.WriteLine("新的线程结束");
        }
        else
        {
            Console.WriteLine("Join 操作超时");
        }
        Console.WriteLine("主线程结束");
        Console.ReadLine();
    }
    static void Work()
    {
        Console.WriteLine("新的线程被执行");
        Thread.Sleep(waitTime);
    }
}
```

程序代码 12-7 的运行结果如下所示：

```
主线程开始
新的线程被执行
新的线程结束
主线程结束
```

在这个例子中主线程创建一个线程 newThread，创建完后随即启动该线程；然后在主线程里调用了 Join 方法，调用后主线程处于等待状态，等到子线程 newThread 执行完成后，主线程才继续进行。在 Join 方法里设置了等待时间值，如果超过这个时间那么主线程就不等子线程了，而是继续往下执行（这也是为什么把等待时间设为子线程停留时间的两倍的原因）；如果把子线程方法里面的 Thread.Sleep 方法停留时间加长那么就会出现“Join 操作超时”的运行结果。如果 Join 没有参数，那么主线程就会一直等到子线程结束才能继续往下执行。

12.3 线程同步

12.3.1 线程同步的基本概念

当多个线程共享数据，且其中一个或多个线程要修改数据时，就有可能引起数据不统一等问题，但如果一次只允许一个线程去访问操纵共享数据的代码就可以解决共享数据冲突的问题。当一个线程访问操纵共享数据的代码时，其他线程都要等待，直到该访问线程结束，才可以继续执行另一个等待操纵数据的某个线程。这样，每个访问数据的线程都可以避免与其他线程同时访问数据，这种方式称为互斥或线程同步。例如两个线程同时访问同一个资源，那么如果线程 1 访问时线程 2 停下等待，线程 2 访问时线程 1 停下来等待，这就是同步；如果两个线程同时访问不分彼此，就是线程异步。线程同步还可以在必须以特定的顺序执行任务时，显式地控制代码的运行次序。

当多个线程可以调用单个对象的属性和方法时，对这些调用进行同步处理是非常重要的。否则，一个线程可能会中断另一个线程正在执行的任务，使该对象处于一种无效状态，成员不受这类中断影响的类叫做线程安全类。

线程同步实际上就是使线程协调一致的工作。.NET 中提供很多同步对象，主要包括 Monitor（监视器）、Mutex（互斥锁）、Semaphore（信号量）等来控制线程同步，这些同步对象叫同步基元，在表 12-3 中说明了这些同步基元的作用。

表 12-3 同步基元

同步基元	说明
Monitor	监视器，支持锁定操作，防止一个或多个线程同时访问资源
Mutex	互斥锁，支持锁定操作，防止一个或多个线程同时访问资源
ReaderWriterLock	只读锁，支持锁定操作，定义支持单个写线程和多个读线程的锁
Semaphore	信号量，也叫信号灯，阻塞线程直到另一个线程信号通知
AutoResetEvent	自动重置事件，支持通知同步，阻塞线程直到另一个线程设置事件
ManualResetEvent	手工重置事件，支持通知同步，阻塞线程直到另一个线程设置事件

使用同步基元进行同步最常见的操作包括锁定和通知。

1. 锁定

锁定是指线程锁定某个资源的操作。一旦资源被锁定，那么正在请求使用该资源的线程会被阻止，直到该锁定被释放为止。锁定机制保证每次只有一个线程可以访问共享资源，例如，一本图书在网上可允许所有注册的用户进行借阅，但同一时刻仅允许一名读者借阅，这样当某位读者借阅了此书后，其他读者必须要等待该读者归还此书后，才能进行借阅，这就使得一个读者借书之后，通过把此书的借阅权利加锁来实现。锁定机制也是这样，某个线程可以给某段代码块加锁，如果另一个线程要执行这段代码需要查看一下这段代码有没有被锁住，如果被锁住就要等待；如果没有被锁住，该线程就可以锁定这段代码然后执行这段代码。C#提供一个 Lock 关键字可以轻松地实现锁定机制。

2. 通知

通知是指一个线程通知另一个线程的操作。当一个线程等待另一个线程的信号通知时，如果没有得到通知该线程会一直等待，直到得到另一个线程的通知为止。通知一般使用 Join 方法，也可以使用同步基元 Mutex、Semaphore、AutoResetEvent（自动重置事件）、ManualResetEvent（手工重置事件）等。线程的这种通知操作一般采用信号灯方式，即像十字路口的信号灯和行人的关系。可以把信号灯看作一条线程，行人看作另一条线程，只有当信号灯线程中绿灯亮起时行人线程才能执行通过操作，这就是信号灯原理，通知机制就是模拟这种机制来实现线程同步的。

12.3.2 锁定机制

C#为同步访问变量提供了一个非常简单的方式，即使用 C#语言的关键字 lock 来锁定变量，其用法如下所示：

```
lock (x)
{
    //加锁的代码段，一般是操作共同资源的代码
}
```

lock 语句把变量放在圆括号中，以包装成对象，称为独占锁或排他锁。当执行带有 lock 关键字的复合语句时，独占锁会保留下来。当变量被包装在独占锁中时，其他线程就不能访问该变量。如果在上面的代码中使用独占锁，在执行复合语句时，这个线程就会失去其时间片。如果下一个获得时间片的线程试图访问变量 x，就会被拒绝，Windows 会让其他线程处于睡眠状态，直到解除了独占锁为止。

同步线程在多线程应用程序中非常重要，但在程序设计过程中应注意以下几个方面：

（1）不要滥用同步。线程同步非常重要，但使用不好会降低性能。原因有两个：首先，在对象上放置和解开锁会带来某些系统开销，但这些系统开销都非常小；第二个原因是线程同步使用得越多，等待释放对象的线程就越多。如果一个线程在对象上放置了一个锁，需要访问该对象的其他线程就只能暂停执行，直到该锁被解开，才能继续执行。因此在 lock 块内部编写的代码越少越好，以免出现线程同步错误。lock 语句在某种意义上就是临时禁用应用程序的多线程功能，也就临时删除了多线程的各种优势。

（2）死锁。死锁是一个错误，在两个线程都需要访问被互锁的资源时发生。假定一个

线程运行下述代码，其中 a 和 b 是两个线程都可以访问对象引用，如下：

```
lock (a)
{
    // 完成某些任务代码块
    lock (b)
    {
        //完成某些任务代码块
    }
}
```

同时，另一个线程运行下述代码：

```
lock (b)
{
    //完成某些任务代码块
    lock (a)
    {
        //完成某些任务代码块
    }
}
```

根据线程遇到不同语句的时间，可能会出现下述情况：第一个线程在 a 上有一个锁，同时第二个线程在 b 上有一个锁。不久，线程 A 遇到 lock(b)语句，立即进入睡眠状态，等待 b 上的锁被解开；然后，第二个线程遇到 lock(a)语句，也立即进入睡眠状态，等待在 a 上的锁被解开时唤醒，但 a 上的锁永远不会解开，因为第一个线程拥有这个锁，目前正处于睡眠状态，在 b 上的锁被解开前是不会醒的，而在第二个线程被唤醒之前，b 上的锁是不会被解开的，结果就是一个死锁。两个线程都不会做任何事，而仅是等待对方进程来解锁。这类问题会使整个应用程序挂起，不能执行任何操作。需要特别说明的是：在这种情况下，另一个线程不可能解开锁；独占锁只能由定义的线程解开。

解决死锁的方法是让两个线程以相同的顺序在对象上声明加锁，就可以避免发生死锁。在上面的实例中，如果第二个线程声明加锁的顺序与第一个线程相同，a 先 b 后，则无论哪个线程先在 a 上加锁，都会在先完成它的任务后，才启动另一个线程。这样，就不会发生死锁了。

但在程序的设计过程中，往往会出现一些间接调用死锁的情况。例如：

```
lock (a)
{
    //完成某些任务代码块
    CallSomeMethod();
}
```

CallSomeMethod()可以调用其他方法，其中有一个 lock(b)语句，此时编写一段代码来避免死锁。

程序代码 12-8 是一个线程中 lock 用法的经典实例，使得到的 balance 不会为负数同时初始化 10 个线程，启动 10 个，但由于加锁，能够启动调用 WithDraw 方法的可能只能是其中几个。该程序代码的运行结果如图 12-1 所示。

程序代码 12-8　线程中 lock 用法

```
using System;
using System.Threading;
```

```
namespace P12_8
{
    class Account
    {
        private Object thisLock = new object();
        int balance;
        Random r = new Random();
        public Account(int initial)
        {
            balance = initial;
        }
        int WithDraw(int amount)
        {
            if (balance < 0)
            {
                throw new Exception("负的 Balance.");
            }
            //确保只有一个线程使用资源，一个进入临界状态，使用对象互斥锁，10 个启动了的
            //线程不能全部执行该方法
            lock (thisLock)
            {
                if (balance >= amount)
                {
                    Console.WriteLine("当前运行的线程名是：" + System.
                        Threading.Thread.CurrentThread.Name + "---------------");
                    Console.WriteLine("调用 Withdrawal 之前的 Balance:" + balance);
                    Console.WriteLine("把 Amount 输入  Withdrawal        :-" + amount);
                    //如果没有加对象互斥锁，则可能 10 个线程都执行下面的减法
                    //加减法所耗时间片段非常小，可能多个线程同时执行，出现负数
                    balance = balance - amount;
                    Console.WriteLine("调用 Withdrawal 之后的 Balance :" + balance);
                    return amount;
                }
                else
                {
                    //最终结果
                    return 0;
                }
            }
        }
        public void DoTransactions()
        {
            for (int i = 0; i < 100; i++)
            {
                //生成 balance 的被减数 amount 的随机数
                WithDraw(r.Next(1, 100));
            }
        }
    }
    class Test
```

```
    {
        static void Main(string[] args)
        {
            //初始化 10 个线程
            System.Threading.Thread[] threads = new System.Threading.Thread[10];
            //把 balance 初始化设定为 1000
            Account acc = new Account(1000);
            for (int i = 0; i < 10; i++)
            {
                System.Threading.Thread t = new System.Threading.Thread(new System.Threading.
                    ThreadStart(acc.DoTransactions));
                threads[i] = t;
                threads[i].Name = "线程" + i.ToString();
            }
            for (int i = 0; i < 10; i++)
            {
                threads[i].Start();
            }
            Console.ReadKey();
        }
    }
}
```

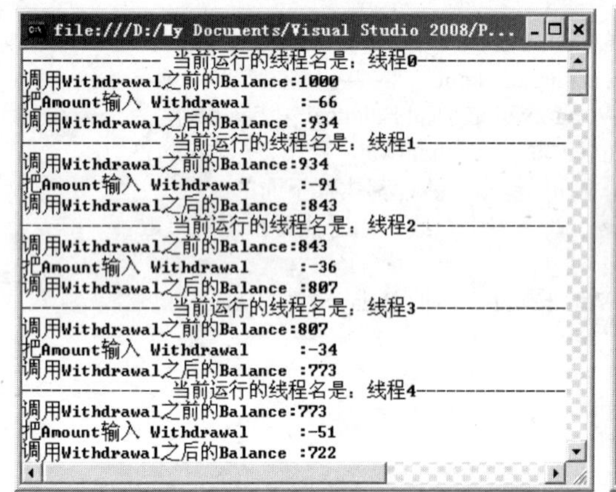

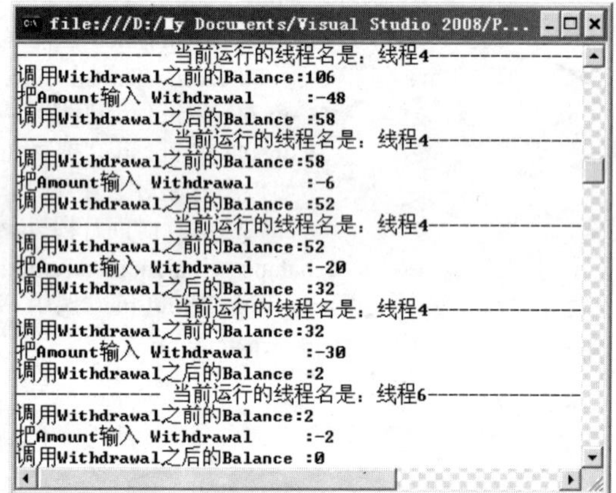

图 12-1 线程中 lock 的用法

12.3.3 通知

线程的通知操作可以这样理解，例如刘同学要到餐厅吃饭，在吃饭之前刘同学先要等待厨师把饭菜做好，然后刘同学才能开始吃饭，吃完饭后刘同学还得付款，付款之后刘同学才能离开。分析一下这个过程，刘同学吃饭可以看作是主线程，厨师做饭是一个线程，服务员收款是一个线程，可以很清楚地看到其中的关系：厨师做完饭后通知刘同学，刘同学才能吃饭，等待收款线程完成后，刘同学这个线程才可以执行离开这个步骤，这样刘同学吃饭才算结束。当然，程序中线程之间有着比这更复杂的联系，所以需要使用线程的通知机制才能很好地控制不产生冲突。

1. AutoResetEvent 类

AutoResetEvent 类用于通知正在等待线程已发生事件，允许线程通过发信号互相通信。AutoResetEvent 类的常用方法如下：

（1）AutoResetEvent(bool initialState)：构造函数，用一个指示是否将初始状态设置为终止的布尔值初始化该类的新实例。布尔变量 initialState 的取值如下：

- false：无信号，子线程的 WaitOne 方法不会被自动调用。
- true：有信号，子线程的 WaitOne 方法会被自动调用。

（2）public bool Reset()：将事件状态设置为非终止状态，导致线程阻止；如果该操作成功，则返回 true；否则，返回 false。

（3）public bool Set()：将事件状态设置为终止状态，允许一个或多个等待线程继续；如果该操作成功，则返回 true；否则，返回 false。

对于具有 EventResetMode.AutoReset（包括 AutoResetEvent）的 EventWaitHandle，Set 方法释放单个线程。如果没有等待线程，等待句柄将一直保持终止状态，直到某个线程尝试等待，或者直到 Reset 方法被调用。

对于具有 EventResetMode.ManualReset（包括 ManualResetEvent）的 EventWaitHandle，调用 Set 方法将使等待句柄一直保持终止状态，直到 Reset 方法被调用。

（4）WaitOne 方法。当在派生类中重写时，阻止当前线程，直到当前的 WaitHandle 收到信号。

WaitHandle.WaitOne() 在派生类中重写时，阻止当前线程，直到当前的 WaitHandle 收到信号。

WaitHandle.WaitOne(Int32, Boolean) 在派生类中被重写时，阻止当前线程，直到当前的 WaitHandle 收到信号，使用 32 位有符号整数度量时间间隔并指定是否在等待之前退出同步域。

WaitHandle.WaitOne(TimeSpan, Boolean) 在派生类中被重写时，阻止当前线程，直到当前实例收到信号，使用 TimeSpan 度量时间间隔并指定是否在等待之前退出同步域。

2. 通知实例

AutoResetEvent 是允许线程通过发信号进行互相通信访问的。通常，此类通信涉及线程需要独占访问资源。

线程通过调用 AutoResetEvent 上的 WaitOne 来等待信号，如果 AutoResetEvent 处于非终止状态的话，则该线程阻塞，并且等待当前控制资源的线程通过调用 Set 发出资源可用信号。

调用 Set 向 AutoResetEvent 发出信号以释放等待的线程，AutoResetEvent 将处于终止状态，直到一个等待的线程释放，然后自动返回非终止状态，如果没有任何线程在等待，则该信号无限期的保持在终止状态。

可以通过将一个 Bool 值传给 AutoResetEvent 的构造函数，用于设置是否为非终止状态。如果传入的为 true，则初始状态为终止状态，否则为 false。

程序代码 12-9 中有一条线程会往一个整型变量里写数字，当写完一个数字后会发信号通知，然后会有一个线程接收到这个信号从这个整型变量里读取数字并显示。

程序代码 12-9　通知

```
using System;
using System.Threading;
class MyMainClass
{
    //创建一个事件变量，初始状态为无信号
    static AutoResetEvent myResetEvent = new AutoResetEvent(false);
    static int number;
    static void Main()
    {
        //建立一个读数字线程
        Thread myReaderThread = new Thread(new ThreadStart(MyReadThreadProc));
        myReaderThread.Name = "读线程";
        myReaderThread.Start();
        for (int i = 1; i <= 100; i++)
        {
            Console.WriteLine("写线程写的值是: {0}", i);//写入整型变量
            number = i;//发送一个信号给写线程
            myResetEvent.Set();//给读线程一个操作时间
            Thread.Sleep(1);
        }//终止读线程
        myReaderThread.Abort();
    }
    static void MyReadThreadProc()
    {
        while (true)
        {
            //停止往下执行直到信号到来
            myResetEvent.WaitOne(); //信号来了后执行的读操作
            Console.WriteLine("{0} 读到的值是: {1}", Thread.CurrentThread.Name, number);
        }
    }
}
```

程序代码 12-9 的运行结果如下所示：

```
写线程写的值是: 1
读线程 读到的值是: 1
写线程写的值是: 2
读线程 读到的值是: 2
......
```

这里要注意在写线程里调用了 Thread.Sleep(1)方法，这个方法是给读线程一定的处理时间，因为读线程处理得慢（读线程要将两个变量输出到屏幕），如果不给读线程足够的处理时间会出现什么情况？想一下交通灯，如果交通灯切换得很快，例如走一步交通灯绿灯亮一

次，那么等行人过了马路交通灯要闪无数次，这无数次信号不但浪费了很多电费，而且极易让汽车撞到行人，这也是交通灯给行人一定时间让行人走完马路的原因。这里的读线程类似于过马路的行人，写线程类似于交通信号灯，写线程跑得快，一定要等一等读线程，等到读线程运行到 WaitOne 等待时，写线程再调用 Set 方法发出信号通知才会有合理的结果。所以在进行信号操作时一定要注意，要让等待的线程先调用 WaitOne 等待，然后发信号线程才能发信号。

本章介绍了进程和线程的基本概念，介绍了线程类 Thread 的使用方法和应该需要注意的问题。线程是有优先级和运行状态的，可以通过 ThreadPriority 枚举来设置线程的优先级，可以通过属性 ThreadState 来得到线程当前的运行状态。

本章还介绍了线程同步问题，这些操作要谨慎使用，因为滥用线程同步很容易造成线程的死锁。

一、简要回答下列问题

1．进程和线程有什么区别？

2．线程是如何创建的？怎样设置线程的优先级？

3．前台线程和后台线程有什么区别？如何将一个线程设置为后台线程？

4．为什么要用多线程？多线程适用于哪种场合？

5．什么是线程同步？为什么需要使用线程同步？C#提供了什么语句可以简单地实现线程的同步？

二、.分析下列程序，回答相关问题

1．根据线程的相关知识，分析以下代码，当调用 test 方法时 i>10 是否会引起死锁？并简要说明理由。

```
public void test(int i)
{
    lock(this)
    {
        if (i>10)
        {
            i--;
            test(i);
        }
    }
}
```

2．多线程 C#程序中，类 MyClass 定义如下：

```
class MyClass {
    ReaderWriterLock rwl = new ReaderWriterLock();
    private int i;
    public void Read()
```

```
        {
            rwl.AcquireReaderLock(Timeout.Infinite);
            Interlocked.Increment(ref i); Thread.Sleep(1000);
            rwl.ReleaseReaderLock();
        }
        public void Write()
        {
            rwl.AcquireWriterLock(Timeout.Infinite);
            Interlocked.Decrement(ref i); Thread.Sleep(1000);
            rwl.ReleaseWriterLock();
        }
    }
```

请问，可以有多少个线程同时调用 Read()并将 i 的值加 1？

参考文献

[1] Christian Nagel;Bill Evjen;Jay Glynn 著．C#高级编程（第 6 版）．李铭译．北京：清华大学出版社，2008 年 10 月．

[2] Karli Watson，Christian Nagel 著．C#入门经典（第 4 版）．齐立波译．北京：清华大学出版社，2009 年 1 月．

[3] 朱晔编著．C#与.NET 3.5 高级程序设计．北京：人民邮电出版社，2009 年 3 月．

[4] Microsoft 著．C#程序设计语言．北京：高等教育出版社，2003 年 8 月．

[5] 郑阿奇编著．C#程序设计教程．北京：机械工业出版社，2008 年 5 月．

[6] 王院峰等编著．C# 3.0 实例精通．北京：机械工业出版社，2009 年 3 月．

[7] 常建功等编著．C# 3.0 完全自学手册．北京：机械工业出版社，2009 年 1 月．

高等院校规划教材

适应高等教育的跨越式发展　　符合应用型人才的培养要求

本套丛书是由一批具备较高的学术水平、丰富的教学经验、较强的工程实践能力的学术带头人和主要从事该课程教学的骨干教师在分析研究了应用型人才与研究人才在培养目标、课程体系和内容编排上的区别，精心策划出来的。丛书共分3个层面，百余种。

程序设计类课程层面

强调程序设计方法和思路，引入典型程序设计案例；注重程序设计实践环节，培养程序设计项目开发技能

专业基础类课程层面

注重学科体系的完整性，兼顾考研学生需要；强调理论与实践相结合，注重培养专业技能

专业技术类应用层面

强调理论与实践相结合，注重专业技术技能的培养；引入典型工程案例，提高工程实用技术的能力

高等学校精品规划教材

本套教材特色：

(1) 遴选作者为长期从事一线教学且有多年项目开发经验的骨干教师

(2) 紧跟教学改革新要求，采用“任务引入，案例驱动”的编写方式

(3) 精选典型工程实践案例，并将知识点融入案例中，教材实用性强

(4) 注重理论与实践相结合，配套实验与实训辅导，提供丰富测试题

新世纪电子信息与自动化系列课程改革教材

名师策划　　名师主理　　教改结晶　　教材精品

教材定位：各类高等院校本科教学，重点是一般本科院校的教学

作者队伍：高等学校长期从事相关课程教学的教授、副教授，学科学术带头人或学术骨干，不少还是全国知名专家教授、国家级教学名师和教育部有关“教指委”专家、国家级精品课程负责人等

教材特色：

(1) 先进性和基础性统一

(2) 理论与实践紧密结合

(3) 遵循“宽编窄用”内容选取原则和模块化内容组织原则

(4) 贯彻素质教育与创新教育的思想，采用“问题牵引”、“任务驱动”的编写方式，融入启发式教学方法

(5) 注重内容编排的科学严谨性和文字叙述的准确生动性，务求好教好学